全砖国家3D打印与智能制造技能大赛成果转化系列教材

3D打印造型技术

主 编 孟献军

机 械 工 业 出 版 社

本书根据教学实际需求并结合金砖国家3D打印与智能制造技能大赛命题方案编写，共分为五篇，即规范解读篇、理论知识篇、实践任务篇、综合训练篇、创意作品案例篇。其中，规范解读篇主要对大赛技术规范和评分标准进行解读；理论知识篇与实践任务篇主要介绍三维扫描与数据处理、正向设计实践应用、3D打印技术实践应用的理论知识与实践操作案例；综合训练篇以大赛任务书为主线，讲解各任务的具体操作过程；创意作品案例篇主要介绍部分参赛队在创意阶段创作的作品并对原创设计阶段任务进行分析。本书在内容安排上始终以3D打印造型技术相关的知识点与技能点为主线，将逆向设计、正向设计、创新创意等元素融会贯通，最终转化为工作所需的技能。

本书可作为金砖国家3D打印与智能制造技能大赛3D打印造型技术辅导用书，还可作为3D打印造型技术高技能人才培养指导用书。

图书在版编目（CIP）数据

3D 打印造型技术 / 孟献军主编 . — 北京：机械工业出版社，2018.5（2022.7 重印）

ISBN 978-7-111-60328-3

Ⅰ. ① 3…　Ⅱ. ①孟…　Ⅲ. ①立体印刷 - 印刷术　Ⅳ. ① TS853

中国版本图书馆 CIP 数据核字（2018）第 138845 号

机械工业出版社（北京市百万庄大街 22 号　邮政编码 100037）
策划编辑：陈玉芝　王　博　责任编辑：陈玉芝　王　博
责任校对：佟瑞鑫　封面设计：路恩中
责任印制：张　博
北京中科印刷有限公司印刷
2022 年 7 月第 1 版第 2 次印刷
187mm × 260mm · 11 印张 · 296 千字
标准书号：ISBN 978-7-111-60328-3
定价：49.80 元

电话服务　网络服务
客服电话：010-88361066　机 工 官 网：www.cmpbook.com
010-88379833　机 工 官 博：weibo.com/cmp1952
010-68326294　金 书 网：www.golden-book.com
　机工教育服务网：www.cmpedu.com

金砖国家 3D 打印与智能制造技能大赛成果转化系列教材
编委会名单

《3D 打印造型技术》编委会

前 言

金砖国家3D打印与智能制造技能大赛是由中国、南非、俄罗斯、巴西及印度五国结成的金砖国家技能发展联盟发起并组织的技术创新大赛，旨在推动高新技术在专业技能人才培养领域的应用，本书是在充分吸收技能大赛成果的基础上，结合当前院校新设专业的参赛培训需求编写而成的。

本书以培养高技能应用型人才为目的，以就业为导向，以打造职业岗位核心能力为目标，突出实训环节，培养学生的动手实践能力，为后续课程的学习和就业打下良好基础。本书采用项目化的编写模式，力争做到理论论述简明扼要，突出“三维扫描与数据处理”“正向设计”“3D打印技术”三项技术的应用与整合，使内容具有较强的实用性、综合性和可操作性。

本书在内容的总体安排上，采用“项目引领、任务驱动”的模式，按照真实产品的创意设计制作过程，由浅入深分解为若干个工作任务进行循序渐进的操作辅导讲述。每个任务又分为任务描述、任务准备、任务实施三部分展开。通过各项目任务的学习，可以提高学生的动手能力及分析、解决问题的能力，提高学生的职业能力，实现“产、学、研”一体化，为培养“大众创业、万众创新”的生力军奠定基础。

本书编写过程中得到了杭州职业技术学院、北京太尔时代科技有限公司、北京三维天下科技股份有限公司、广州中望龙腾软件股份有限公司等学校教师、公司技术人员的大力支持，同时还参考了许多教材、文献及资料，在此对相关人员深表感谢。

由于时间仓促和编者水平有限，书中不足之处在所难免，恳请广大读者批评指正。

编　者

目录

前言

第一篇 规范解读篇

项目一 金砖国家3D打印与智能制造技能大赛3D打印造型技术大赛规程 ……2
项目二 金砖国家3D打印与智能制造技能大赛3D打印造型技术大赛评分标准 ‥5

第二篇 理论知识篇

项目一 数据采集与数据处理 ……8
项目二 正向设计 ……12
项目三 3D打印技术……15

第三篇 实践任务篇

项目一 三维扫描与数据处理……20
任务一 三维扫描（Basic）……20
任务二 数据处理……23
任务三 三维建模……27
项目二 正向设计实践应用……34
任务一 手机支架的设计……34
任务二 小型电风扇的设计……50
项目三 3D打印技术实践应用……71
任务一 3D打印机操作……71
任务二 卡扣制作……79
任务三 定位器制作……84

第四篇 综合训练篇

项目一 计算机游戏手柄数字化设计与成形……88
任务一 计算机游戏手柄三维数据采集……89
任务二 计算机游戏手柄三维建模……94
任务三 计算机游戏手柄创新设计……103
任务四 手机游戏手柄及连接件打印与后处理……105
任务五 职业素养……107
项目二 洗车水枪数字化设计与成形……109
任务一 洗车水枪三维数据采集……109
任务二 洗车水枪三维建模……114
任务三 洗车水枪创新设计……146
任务四 洗车水枪、扳机及支架打印与后处理……148
任务五 职业素养……150

第五篇 创意作品案例篇

项目一 原创设计阶段任务分析……152
一、原创设计阶段任务描述……152
二、职业能力简介……152
三、职业能力在原创作品设计案例中的体现……153
项目二 原创设计作品展示……154
案例1：IRON MAN可穿戴式铠甲……154
案例2：自动化机械手臂……155
案例3：多层镂空可转动特色玲珑球……156
案例4：双驱动自由小车……157
案例5：Riding Cool主动进气式夏凉座……158
案例6：茶润金砖……159
案例7：水陆两栖勘探履带车……160
案例8：倾斜拨盘式硬币分类器……161
案例9：摩天轮式立体停车库……162
案例10：盲文日历……163
案例11：多功能手摇榨汁机创新设计……164
案例12：智能饭盒……165
案例13：向日葵……166
案例14："壁虎"杯……167

第一篇

规范解读篇

项目一　金砖国家 3D 打印与智能制造技能大赛 3D 打印造型技术大赛规程

1

一、竞赛内容

为全面考查参赛选手的综合职业素养和技能水平，促进金砖五国和“一带一路”范围内各国对 3D 打印技术的应用，推动 3D 打印技术与创新创意相结合，金砖国家 3D 打印与智能制造技能大赛 3D 打印造型技术大赛主要包括两个阶段，第一阶段为原创设计阶段，第二阶段为数字化设计与成形阶段，具体内容如下。

（一）原创设计阶段

本阶段设两个主题，由各参赛队任选一个主题完成原创设计，制作时间为 1 个月，具体要求如下：

1. 主题描述

（1）“互联网 +”先进制造类方向。各参赛队按照竞赛主题，自行设计和制造参赛作品。要求参赛作品具有完整结构与特定功能，应具有一定的创新功能与运动功能，并由多个零件组成，组成参赛作品的零件 80% 以上应为 3D 打印件。鼓励使用先进理论和先进技术进行优化设计。

（2）“互联网 +”文化创意类方向。各参赛队按照竞赛主题，自行设计和制造艺术设计、生活用品、装饰摆件和家居装饰类作品，室内设计、空间设计、装修装饰、家居设计、环境艺术、园林设计类作品，角色设计、场景设计、静物设计和游戏道具类作品。参赛作品应具有一定的创新性与文化表现力，由多个零件组成。组成参赛作品的零部件 80% 以上应为 3D 打印件。鼓励使用先进理论和先进技术进行优化设计。

所提交作品须为原创且没在其他相关赛事中获奖，如出现雷同，相关参赛作品将记零分。

2. 具体内容、成果形式与考查点　见表 1-1-1。

表 1-1-1　具体内容、成果形式与考查点

具体内容	成果形式	考查点
产品创意说明	作品答辩说明书	功能和结构、使用价值、节约成本、人性化设计、团队合作、事故预防、环保和创新性
展板设计与制作	展板	创意设计表达能力
产品	实物或者模型	设计成果的物化能力
声明及授权	作品原创性声明； 作品版权使用授权书	

（二）数字化设计与成形阶段

第二阶段竞赛内容将以任务书形式公布。任务将针对目前批量化生产的具有鲜明自由曲面的产品（或零部件）进行三维扫描、数字建模与 3D 打印，根据要求进行局部的创新（或改良）设计。此阶段竞赛时间为 6h，具体任务要求如下：

任务 1：第一阶段创意答辩。答辩每队限定 1 名学生，总时长不超过 15min，其中陈述 10min，评委提问 5min。该任务主要考查参赛团队第一阶段（原创设计阶段）作品的创意设计过程。考查点主要有：展示能力、功能和结构、使用价值、成本控制、人性化设计、团队合作、事故预防、环

保和创新性。

任务 2：产品三维数据采集。利用给定的三维扫描设备和相应辅助用品，对指定的外观较为复杂的样品进行三维数据采集。该任务主要考查选手数据采集的能力。

任务 3：产品三维建模。根据三维扫描所采集的数据，选择合适软件，对上述产品外观进行三维数据建模。该任务主要考查选手的三维建模能力，特别是曲面建模能力。

任务 4：产品创新设计。利用给定样品和已经完成的任务 3 内容，按给定要求对样品中部分结构或零件进行创新设计。该任务主要考查选手应用综合知识进行创新设计的能力。

任务 5：产品 3D 打印与后处理。选手根据任务 4 创新设计后产品的三维模型数据和赛场提供的 3D 打印机及软件，进行参数设定和加工。该任务主要考查选手选择最佳路径和方法，按时高质量完成指定产品加工任务以及后期处理等方面的能力。

任务 6：职业素养。该任务主要考查竞赛队在本阶段竞赛过程中以下方面的表现。

1）设备操作的规范性。

2）工具、量具的使用。

3）现场的安全、文明生产。

4）完成任务的计划性、条理性以及遇到问题时的应对措施等。

二、技术平台

（一）软件平台

（1）操作系统：MS-Windows 7。

（2）文字处理软件：MS-Office 2010。

（3）设计软件：Geomagic Design X，3D One Plus 2017。

（4）扫描软件系统：Wrap_Win3D 三维扫描系统。

（5）3D 打印软件系统：UPBox3D 打印系统。

（二）设备器材

1. 赛场提供统一品牌计算机　计算机最低配置为：双核处理器，4GB 内存，500GB 硬盘，1GB NVIDIA 独显，显示器。

2. 比赛用 Wrap_Win3D 三维扫描设备　主要参数见表 1-1-2。

表 1-1-2　Wrap_Win3D 三维扫描仪主要参数

技术指标	技术原理	单工业相机白光光栅扫描技术
	光栅类别	独立式数码光栅
	产品结构	先进的主流一体化工业结构的箱体设计
	接口线缆	安全稳定工业级插头线缆，非多接头组合式线缆
	单幅扫描范围	300mm × 210mm × 200mm（长 × 宽 × 高）
	扫描距离 /mm	600
	扫描点距 /mm	0.2~1.1
	单幅扫描时间	<3s
	相机分辨率	130 万像素
	扫描精度	L 单幅扫描 / 对角线长度
	球空间误差	0.005+L/15000
	球面度误差	0.005+L/40000
	平面度误差	0.005+L/25000
	扫描方式	非接触式（拍照式）

（续）

技术指标	拼接方式	全自动拼接
	输出文件格式	ASC、STL、IGS、OBJ
	扫描物体尺寸 /mm	250~600
通用性要求	扫描数据可以保存为标准点云 txt 文件格式，支持导入主流逆向软件 Geomagic Design X、Imageware 等	

3. 比赛用 3D 打印机　打印机有 UP Plus 2 和 UP BOX 两台，主要参数见表 1-1-3、表 1-1-4。

表 1-1-3　UP Plus2 打印机

技术指标	产品型号	UP Plus2
	打印尺寸	140mm × 140mm × 135mm（长 × 宽 × 高）
	喷头数量	1
	层分辨率 /mm	0.15~0.4
	定位精度 /mm	X/Y 轴为 0.0015，Z 轴为 0.0003
	喷嘴直径 /mm	0.4
	打印耗材	ABS、PLA
	耗材直径 /mm	1.75
	外形尺寸	245mm × 350mm × 260mm（长 × 宽 × 高）
通用性要求	支持的系统	Windows7、8、10

表 1-1-4　UP BOX 打印机

技术指标	产品型号	UP BOX
	打印尺寸	255mm × 205mm × 205mm（长 × 宽 × 高）
	喷头数量	1
	层分辨率 /mm	0.1~0.4
	定位精度 /mm	X/Y 轴为 0.0015，Z 轴为 0.0003
	喷嘴直径 /mm	0.4
	打印耗材	ABS
	耗材直径 /mm	1.75
	外形尺寸	485mm × 520mm × 495mm（长 × 宽 × 高）
通用性要求	支持的系统	Windows7、8、10

项目二　金砖国家 3D 打印与智能制造技能大赛 3D 打印造型技术大赛评分标准

2

一、评分标准指定原则

依据金砖国家 3D 打印与智能制造技能大赛 3D 打印造型技术大赛技术规程中公布的成绩评定内容及方法，本着“科学严谨、公平公正、可操作性强”的原则，由大赛专家组制订评分标准，对参赛选手完成任务的情况实施综合评定，全面评价参赛选手的水平。

二、评分方法

根据大赛技术规程中“评分指标体系”“各竞赛任务考核要点”“评分方法”的描述对参赛选手进行评分，评分采取现场评分与结果评分相结合的方法。

1. 现场评分　现场评分是裁判依据评分标准对选手原创设计阶段提交的作品、第一阶段创意答辩以及职业素养进行评分。

2. 结果评分　结果评分是裁判依据评分标准，根据选手提交的任务文件或者作品进行评分。主要有：产品三维数据采集、产品三维建模、产品创新设计、产品 3D 打印与后处理四个任务。

三、评分细则

本赛项评分细则按竞赛任务分述如下：

（一）评分指标体系（见表 1-2-1）

表 1-2-1　评分指标体系

比赛内容	考核指标	比例
第一阶段：创意答辩	功能和结构、使用价值、成本控制、人性化设计、团队合作、事故预防、环保与创新性	50%
第二阶段：数据采集与再设计	产品三维数据采集①	5%
	产品三维建模②	10%
	产品创新设计	15%
第二阶段：3D 打印	产品 3D 打印与后处理	15%
	职业素养	5%

① “产品三维数据采集”不能破坏被测量实物原型，否则酌情扣 1~3 分。

② “产品三维建模”禁止使用整体点云拟合的建模方式，否则记零分；利用最终建模结果反向推导形成 stl 和 txt 文件记零分。

（二）各竞赛任务考核要点（见表 1-2-2）

表 1-2-2　各竞赛任务考核要点

任务	评分要点
创意答辩	主要考查选手第一阶段创意设计作品的功能和结构、使用价值、节约成本、人性化设计、团队合作、事故预防、环保和创新性

（续）

任务	评分要点
产品三维数据采集	以选手扫描得到的点云（经过取舍后的）作为评分对象，以产品标准三维模型为依据。点云的完善率占 40%，主要考核选手对产品中复杂曲面、构造扫描的科学把控能力，该分值由专家根据经验结合计算机自动比对结果进行评分。点云的精确性占 60%，主要考核选手利用三维扫描设备对基本面扫描精度的把握能力，该分值由计算机自动比对结果为评分主要依据
产品三维建模	以选手三维建模作为评分对象，以产品标准三维模型为依据。对象模型的完整性占 30%，主要考核选手能否在规定时间内完成各部分结构的三维建模，按预先设定的各部分分值计分。对象模型的特征线准确性占 20%，按对象模型特征线与标准三维模型特征线误差计分，主要考核选手对零件分型面、曲面建模面的分区能力。整体精确度占 50%，将对象模型与标准模型进行计算机自动比对，按结果进行分等计分，误差在 ±0.05mm 以内得分，否则不得分，主要考核选手三维建模综合能力（禁止采用整体点云拟合的方式建模，否则记零分）
产品创新设计	结合模具成形、产品构造等机械制造专业知识，进行指定产品零件（特别是外观塑料件）的创新设计，要求满足 3D 打印成形工艺、强度和装配等指定的技术要求
产品 3D 打印与后处理	导入“产品创新设计”阶段的数据模型文件至赛场提供的 3D 打印设备配套的操作软件中，进行产品零件的工艺设计及加工程序的编制。利用已经编制的加工程序，选择工作参数，进行创意产品外观零件的加工制作。主要考核选手 3D 打印设备加工的准备、加工参数的设定、模型制作工艺性等综合能力。打印完成后，剥离产品的支撑材料，进行产品的表面打磨加工并与产品原件进行装配测试
职业素养	主要考查设备操作的规范性，处理完成后工件与工具的安装与摆放、加工后设备的清理保养以及加工时是否有事故等要素

第二篇

理论知识篇

项目一　数据采集与数据处理

1

一、数据采集与数据处理技术简介

1. 逆向工程（Reverse Engineering） 也称反向工程或反求工程，大意是根据已有产品，通过分析推导出具体的实现方法。对现有的模型或样品，利用3D数字化测量仪器，准确、快速地测得其轮廓坐标，并进行三维CAD曲面重构得到数字模型，在此基础上再设计，得到新产品，实现产品“再创新”，再通过传统加工或者快速成形机制作样品（见图2-1-1）。

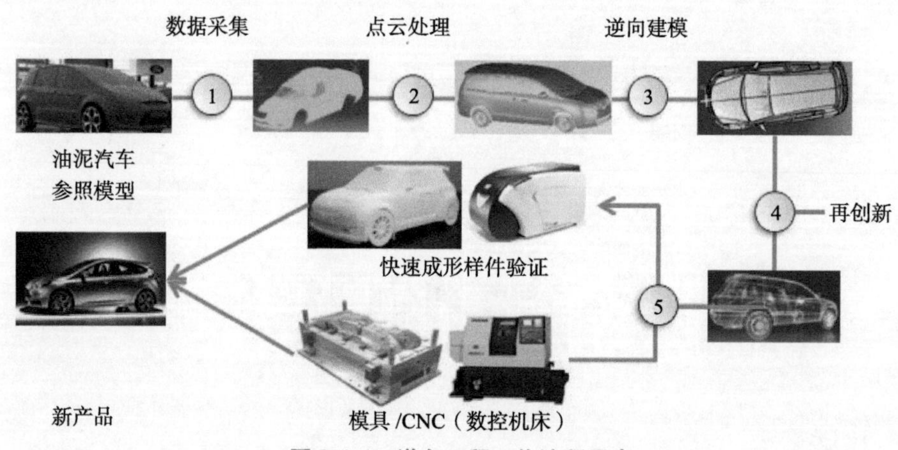

图2-1-1　逆向工程工作流程示意

逆向工程的工作流程中有三个概念，即“数据采集”“数据处理”与“快速成形技术”。这里先介绍“数据采集”与“数据处理”。

（1）数据采集也称三维扫描，是集光、机、电和计算机技术于一体的高新技术，主要用于对物体空间外形、结构及色彩进行扫描，以获得物体表面的空间坐标。其重要意义在于能够将实物的立体信息转换为计算机能直接处理的数字信号，为实物数字化提供了相当方便快捷的手段。

三维扫描技术能实现非接触测量，具有速度快、精度高的优点，而且其测量结果能直接与多种软件接口，这使它在CAD（计算机辅助设计）、CAM（计算机辅助制造）、CIMS（计算机集成制造系统）等技术应用日益普及的今天很受欢迎。在发达国家的制造业中，三维扫描仪作为一种快速的立体测量设备，因测量速度快、测量精度高、非接触、使用方便等优点而得到越来越多的应用。

（2）数据处理指的是逆向工作流程中应用到的两类软件技术。第一类是点云处理软件。三维测量设备获取的物体三维数字化信息主要为空间上离散的三维点坐标信息，因此在后期曲面重建造型之前要对获取的大量三维数据信息进行处理，以获得完整、准确的点云数据用于后续的造型工作。点云数据处理的主要工作包括：点云去噪、点云光顺、点云采样等。第二类是逆向建模软件，功能是根据处理好的点云数据还原模型特征，用于设计修改、加工或3D打印。

2. 数据采集技术的发展历程　数据采集技术经历了点测量、线测量、面测量三代发展历程，具体内容如下：

（1）第一代：点测量。点测量主要通过每一次的测量点反映物体表面特征，优点是精度高，缺点是速度慢。如果要做逆向工程，其在测量较规则物体上有优势，适合用于物体表面几何公差检测。代表系统有：三坐标测量仪（见图 2-1-2）、点激光测量仪。

（2）第二代：线测量。线测量通过一段有效的激光线（一般为几厘米，过长会发散）照射物体表面，再通过传感器得到物体表面数据信息，适合扫描中小件物体，扫描景深小（一般只有 5cm），精度较高。此代系统是发展比较成熟的，其新产品最高精度已经达到 0.01μm。代表系统有：三维激光扫描仪、三维手持式激光扫描仪（见图 2-1-3）和关节臂 + 激光扫描头。

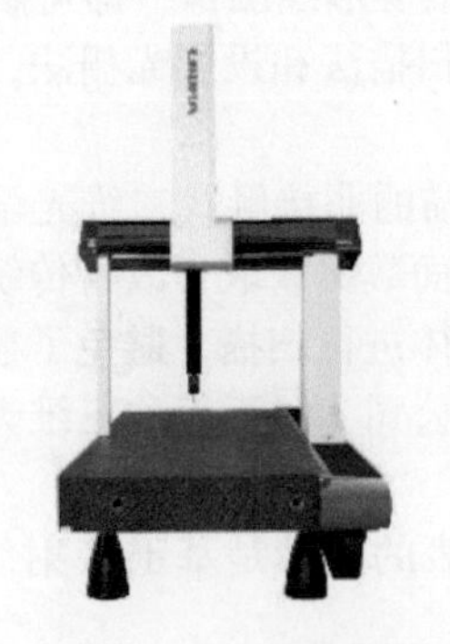

图 2-1-2　三坐标测量仪

图 2-1-3　三维手持式激光扫描仪

（3）第三代：面扫描。面扫描通过一组（一面光）光栅的位移，同时经过传感器而采集到物体表面的数据信息，适合对大中小物体进行扫描，精度较低，但扫描速度极快，单面面积为 400mm × 300mm 时，时间≤ 5s，测量景深很大，一般为 300~500mm，甚至更大。代表系统有：三维扫描仪（又称为结构光扫描仪）、光栅式扫描仪和三维摄影测量系统等。图 2-1-4 所示为 Win3DD 三维扫描仪。

图 2-1-4　Win3DD 三维扫描仪

二、三维扫描技术的分类

目前市场上三维扫描仪种类很多，而测量系统与物体的作用不外乎光、声、机、电等方式。图 2-1-5 所示为主要的几何形状三维测量技术分类。

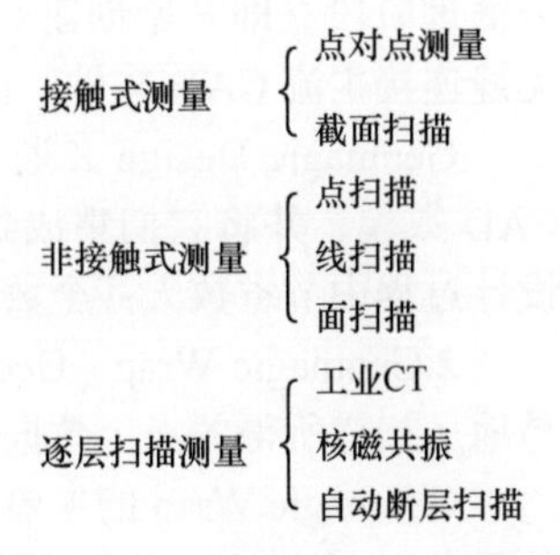

图 2-1-5　主要的几何三维测量技术分类

1. 接触式测量（坐标测量机）　传统的坐标测量机多采用机械探针等触发式测量头，可通过编程规划扫描路径进行点位测量，每一次获取被测形面上一点的 x、y、z 坐标值。这种测量速度很慢。20 世纪 90 年代初，英国 Renishaw 公司和意大利 DEA 公司等著名的坐标测量机制造商先后研制出新一代“力 - 位移传感器”的扫描测量头，可以在工件上进行滑动测量，连续获取表面的坐标信息。三坐标测量仪（见图 2-1-2）的特点是测量精度高，对被测物的材质和色泽无特殊要求，是一种非常有效且可靠的三维数字化手段，但不能对软物体进行精密测量，同时价格昂贵，对使用环境要求高，测量速度慢、数据密度低，过程需人工干预，还需要对结果进行探头损伤及探头半径补偿。这些不足限制了它在快速反应领域中的应用。

2. 非接触式线扫描　激光线结构光扫描测量法是一种基于三角测量原理的主动式结构光编码测量技术，又称为光切法（Light Sectioning Method）。这种测量方法是通过将一激光线结构光投射到三维物体上，利用 CCD（电荷耦合器件）摄取物面上的二维变形线图像，即可解算出相应的三维坐标，比较有代表性的产品如图 2-1-3 所示。相对于激光点扫描法和投影光栅法，光切法在测量精度和速度两方面都较理想。

3. 非接触式面扫描（Win3DD 三维扫描仪）　采用面扫描的非接触式三维光学扫描方式，可针对外观复杂、自由曲面、柔软易变形或易磨损的物体进行表面数据获取，改善传统激光扫描仪精度低、效率差及行程限制等缺陷，增强的计算方法可对深色物体进行扫描，避免了显影剂的喷涂与清洗工作。比较有代表性的产品为北京三维天下科技股份有限公司（以下简称三维天下公司）自主研发的 Win3DD 三维扫描仪（见图 2-1-4）。

4. 逐层扫描测量　CT（计算机断层扫描）技术最具代表的产品是基于 X 射线的 CT 机（见图 2-1-6），它以测量物体对 X 射线的衰减系数为基础，用数学方法经过计算机处理而重建断层图像。该方法最早应用于医疗领域，目前已经开始用于工业领域（工业 CT），特别是针对中空物体的无损三级测量。作为目前最先进的非接触式检测方法，它可对物体的内部形状、壁厚，尤其是构造进行测量。但它存在空间分辨率较低、获得数据的积分时间较长、重建图像计算量大、造价高、只能获得一定厚度截面的平均轮廓等缺点。

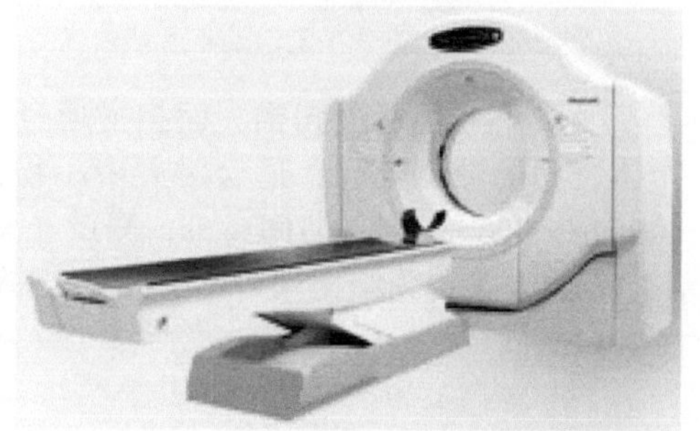

图 2-1-6　CT 机

伴随着工艺水平、计算机技术的发展，CT 也实现了飞速的发展。多排螺旋 CT 投入使用的机型已经发展到了 320 排，同时各个厂家也在研究更先进的平板 CT。CT 与 PET（正电子发射型计算机断层显像）相结合的产物——PET/CT 在临床上得到普遍运用，特别是在肿瘤的诊断上具有很高的应用价值。

三、数据处理软件介绍

1.Geomagic Design X　Geomagic Design X（原 Rapidform XOR）是韩国 INUS 公司研发的逆向工程软件，拥有强大的点云处理能力和正向建模能力，是业界领先的进行扫描数据处理和承接挑战性项目的所需工具。它可处理十亿个以上的点云数据，拥有一套完整的数据处理功能，可以跳过点云清理阶段立即开始创建 CAD 数模，快速创建实体和曲面，适合工业零部件的逆向建模工作，可无缝连接主流 CAD 软件，包括 SolidWorks、Siemens NX、Autodesk Inventor 和 PTC Creo。

Geomagic Design X 通过最简单的方式，对 3D 扫描仪采集的数据创建出可编辑且基于特征的 CAD 数模，并将它们集成到现有的工程设计流程中，缩短从研发到完成设计的时间，可以在产品设计过程中节省数天甚至数周的时间。

2.Geomagic Wrap　Geomagic Wrap 是由美国 Raindrop（雨滴）公司研发的逆向工程软件，可轻易地从扫描所得的点云数据创建出完美的多边形模型和网格，并可自动转换为 NURBS 曲面。

Geomagic Wrap 的主要功能包括：自动将点云数据转换为多边形（Polygons），快速减少多边形数目（Decimate），并把多边形转换为 NURBS 曲面，曲面分析（公差分析等）输出与 CAD/CAM/CAE 匹配的文件格式（IGS、STL、DXF 等）。

三维天下公司与美国 3D Systems 公司深度合作，共同开发出全新的 Wrap_Win3D 三维扫描系统。该系统集成了 Win3DD 三维扫描仪和 Geomagic Wrap 数据处理软件各自的优势功能，将扫描 - 数据处理 - 封装在一个软件完成，节约了软件间相互转换以及扫描拼错位再重扫的时间，大大提高了工作效率、易用性和便捷性。

四、数据采集与数据处理技术发展趋势

三维扫描技术是以非接触式激光、照相、白光干涉等方式为主，具有很高的测量精度，适合做相对尺寸的测量与质量管理；光学扫描速度快、精确度适当，并且可以扫描立体的物品，从而获得大量点云数据，以利于曲面重建。扫描完成后在计算机读出数据，通常这部分被称为反求工程前处理。

得到产品的数据后，以反求工程软件进行点数据处理，经过分门别类、族群区隔、点线面与实体误差的比对后，再重新建构曲面模型，产生 CAD 数据，进而可以制作 RP Part（快速原型部分），以确认结构与几何外形，或 NC 加工与模具制造，这些是属于后处理部分。

三维扫描技术从产生以来，到目前已经发展出多种扫描原理。从三维数据的采集方法上来看，非接触式的方法由于同时拥有速度快和精度高的特点，因而在反求工程中应用最为广泛，其中激光三角形法又根据光源的不同可以分为点光源和线光源两种方式，且不同方式得到的数据的组织方法是不一样的。基于接触式的连续扫描测量方法由于具有比较高的精度，也得到了部分应用，但是从与速度和价格相关的指标来看比非接触式差一些。

在人机工程、虚拟现实、服装 CAD 领域中，数字化三维扫描仪在国内外同类机型上具备独占鳌头的优势，能将人体结构数字化，即通过对人体进行多角度的瞬间快速拍摄，自动实现点云数据拼接，并生成数字图像和点云数据。随着研究开发的进一步发展，各种新的三维扫描技术将不断出现，并被应用到商业系统中，现有的三维扫描技术也将不断被完善以满足制造业生产的需要。

项目二　正向设计

2

一、正向设计技术简介

一般工业产品开发是从确定预期功能与规格目标开始的，然后构思产品结构（见图 2-2-1），进行每个零部件的设计、制造以及检验，再经过装配、性能测试等程序完成整个开发过程，每个零部件都有设计图样，并按确定的工艺文件加工。整个开发流程为构思—设计—产品，即正向工程。

图 2-2-1　构思产品结构

二、正向设计技术常用软件

1. 中望 3D 软件　中望 3D 软件是一款高性价比的 CAD/CAM 一体化软件（见图 2-2-2），包含造型设计、模具设计、装配、工程图、数控编程、逆向工程和钣金设计等功能模块，具有兼容性强、易学易用等特点，能帮助工程师轻松完成从概念到产品的设计。目前，中望 3D 软件已在工业设计、机械产品设计、模具设计、数控加工和消费品等领域有着越来越广泛的应用，许多世界领先的制造厂家开始使用中望 3D 软件来推动新产品的开发，并改善设计流程及制造工艺。

图 2-2-2　中望 3D 软件

2.UG 软件　UG 是 Unigraphics 的缩写。UG 软件是一个交互式 CAD/CAM 系统（见图 2-2-3），它功能强大，可以轻松实现各种复杂实体及造型的构建。它在诞生之初主要基于工作站，但随着 PC（个人计算机）硬件的发展和个人用户的迅速增长，UG 软件在 PC 上的应用取得了迅猛增长，目前已经成为模具行业三维设计的主流应用软件之一。UG 软件的开发始于 1990 年 7 月，是基于 C 语言开发实现的。UG NX 是一个在二维和三维空间无结构网格上使用自适应多重网格方法开发的一个求解偏微分方程的软件工具，能够灵活地支持多种离散方案。

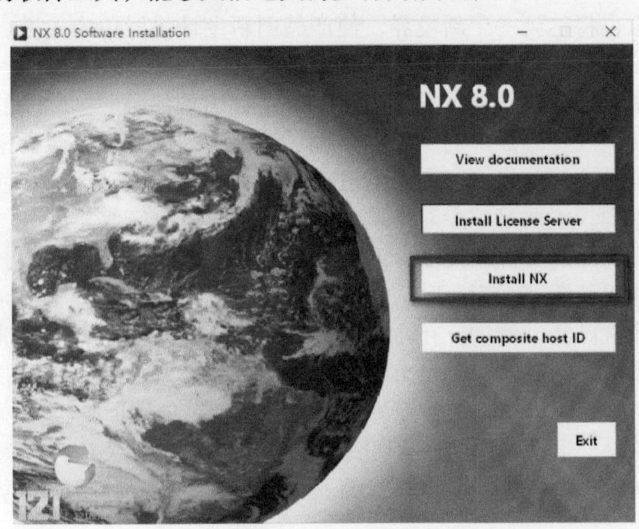

图 2-2-3　UG 软件

3. 3D One Plus 软件　3D One Plus 软件（见图 2-2-4）具有简洁灵动的程序界面，使用最自然的交互方式，通过“搭积木”的形式让初学者使用简单的功能快速搭建出自己的模型作品。该软件有丰富的资源库可供用户选择，即使用户不懂制图、设计也可以随意拖拽出不同的模型来组装自己的 3D 场景。3D One Plus 软件还着眼于对各大功能模块进行简化，使得界面简洁、功能强大、操作简单且易于上手。

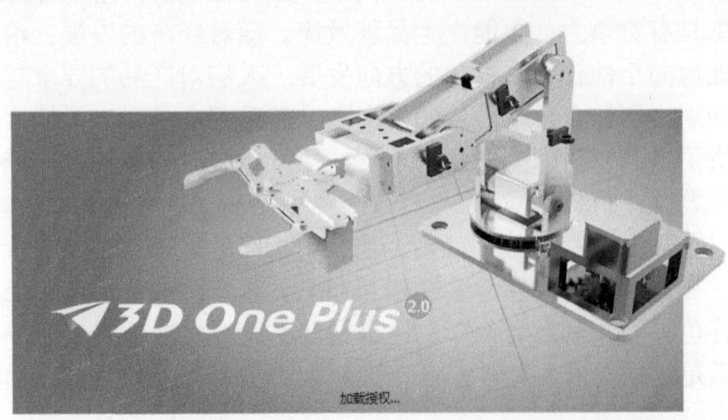

图 2-2-4　3D One Plus 软件

三、正向设计技术发展趋势

正向设计发展趋势主要指计算机辅助设计、绿色设计、家族化系列产品设计和个性化产品设计的发展趋势。

1. 计算机辅助设计的发展趋势　计算机辅助设计是以计算机技术为支柱的信息时代的产物。与以往产品设计相比，其在设计方法、过程、质量和效率等各方面都发生了质的变化，把产品的创新性、外观造型、人机工程等设计提升到一个新的高度。一个新产品可以有多个创新切入点，例如功能、结构、原理、形状、人机、色彩、材质和工艺等，而这些创新切入点均可以利用先进的计算机技术，进行预演、模拟和优化，使产品创新能在规定的时间内准确、有效地实现。比如在计算机辅助产品造型方面，使实体模型向产品模型转化成为可能；在人机界面方面，多媒体、虚拟现实等技术的发展，使产品人机交互界面的设计有了全新的突破。常用产品设计软件有 3DMAX、Pro/Engineer 等。随着计算机技术的进一步发展，计算机辅助设计将会使人们对设计过程有更深的认识，对设计思维的模拟也将达到一个新境界，使产品创新设计手段更为先进、有效，人机交互方式更加自然、人性。

2. 绿色设计的发展趋势　绿色设计是 20 世纪 80 年代出现的一股国际性的设计思潮，源于人们对现代技术所引起的环境及生态破坏的反思，体现了设计师的道德和社会责任心的回归。它的主要内容包括产品制造材料的选择和管理，产品的可拆卸性和可回收性设计。绿色设计经历了以下几个发展阶段：工艺改变过程，主要是减少对环境有害的工艺，减少废气、废水、废渣的排放；废物的回收再生，主要是提高产品的可拆卸性能；改造产品，主要是改变产品结构、材料，使其易拆、易换、易维修，使能源消耗最低；对环境无害的绿色产品设计，这点是当前设计师们正在努力的方向。绿色设计涉及的领域非常广泛，例如，在建筑方面，绿色建筑要求在高空建筑上设计空中花园，使人们身在高空也能呼吸新鲜的空气和欣赏大自然的风光；在装修材料方面，倡导绿色装修成为当今的一大潮流，尽量减少居室装修材料的使用量，选择绿色无污染环保材料；在交通工具、家用电器、家具等设计方面，特别是交通工具（汽车）的绿色设计备受设计师关注，因为交通工具是空气和噪声污染的主要来源，同时也消耗大量的宝贵资源。可以说，绿色设计将成为今后工业设计发展的主要方向之一。

3. 家族化系列产品设计的发展趋势　一般情况下，人们常把相互关联的成组、成套的产品称为系列产品，这类产品在功能上具有关联性、独立性、组合性和互换性等特征。系列产品主要有四种形式：成套系列、组合系列、家族系列和单元系列。其中家族系列产品可以由若干功能独立的产品构成，如意大利设计师 Fiocco 设计的厨房小用品系列，它们的功能各不相同。家族系列产品也可以是同样的功能，只是在形态、色彩、材质或规格上有所不同而已，这和成套系列产品有相似之处，如设计师 Maggioni 设计的小垃圾箱系列，功能相同，仅仅是外形和色彩有所区别。总之，家族系列产品在商业竞争中更具有竞争力，更能产生品牌效应。随着经济的发展，消费者的消费行为变得更加复杂，市场需求加速向个性化、多样化的方向发展。人们对产品的要求越来越高，体现在对产品功能、形态、色彩和规格等综合需求质量的提高上。而系列产品对于柔性生产方式具有非常重要的意义，它巧妙地解决了量产与需求多样化的矛盾，使产品能以最低成本生产出来，因而系列产品设计也是目前流行的一大设计趋势。

4. 个性化产品设计的发展趋势　当今社会，消费者不同的需求、欲望和价值观念，在设计领域中将占更重要的位置。在设计中使理性与感性相互补充、相互渗透、和谐相处，并且注重设计的非统一性，突出个性与特色，强调创意与创新，这也是产品设计发展的趋势之一。凡是符合产品内在结构和功能，并且能满足物质需求和精神需求，为广大消费者喜爱的设计，都将受到市场的认可与欢迎。

在 21 世纪，融入全球经济的中国工业设计应当把握机遇，担负起促进传统与现代、民族性与国际性双向交流，填补鸿沟的历史使命，早日介入世界现代设计浪潮，力争把具有中国特色的设计推向世界，纳入世界的轨道。这就需要设计者不断地研究产品设计的发展趋势，以人为本，体现现代、绿色和个性的理念，不断满足不同人群的消费需求和价值取向。设计者既要结合实际，又要敢于大胆想象与创新，努力追赶设计的发展趋势，创造出新时代艺术与科技相结合的崭新产品。

项目三 3D 打印技术 3

一、3D 打印技术简介

3D 打印技术是由 CAD 模型直接驱动的快速制造任意复杂形状三维物理实体的技术总称。其基本过程是：首先设计出所需零件的计算机三维模型（数字模型、CAD 模型），然后根据工艺要求，按照一定的规律将该模型离散为一系列有序单元，通常在 Z 向将其按一定厚度进行离散（习惯称为分层），把原来的 CAD 模型变成一系列的层片，再根据每个层片的轮廓信息，输入加工参数，自动生成数控代码，最后由快速成形机生成一系列层片并自动将它们连接起来，得到一个三维物理实体。这样就将一个复杂的三维加工转变成对一系列二维层片的加工，因此大大降低了加工难度，并且成形过程的难度与待成形的物理实体形状和结构的复杂程度无关，即降维制造（见图 2-3-1）。

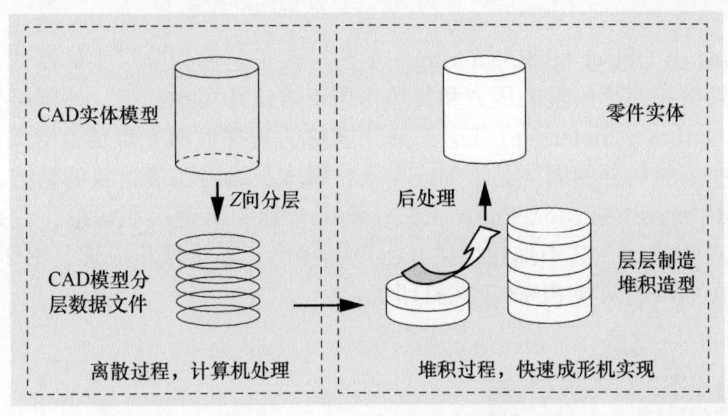

图 2-3-1 3D 打印基本过程

在 3D 打印技术的发展过程中，人们对该项技术的认识逐步深入，其内涵也在逐步扩大。3D 打印技术主要采用了分层制造的思想，实际上这一思想是自古即有的，如房屋、大坝等各种建筑都是分层制造的，但它成为一项成形技术、一个自动化的过程来制造零件则是计算机技术、数控技术、激光技术、材料和机械科学等发展和集成的结果，具有鲜明的时代特征。在成形概念上它以离散 / 堆积成形为指导思想，在控制上以计算机和数控为基础，以最大柔性为目标。因此，只有在计算机技术和数控技术高度发展的今天，才有可能产生 3D 打印技术。CAD 技术实现了零件的曲面或实体造型，能够进行精确的离散运算和繁杂的数据转换；先进的数控技术为高速精确的二维扫描提供必要的基础，这是精准高效堆积材料的前提；而材料科学的发展则为 3D 打印技术奠定了坚实的基础，其每一项进步都将给 3D 打印技术带来新的发展机遇。目前，3D 打印技术中材料的转移形式可以是自由添加、去除、添加和去除相结合等多种形式，构成三维物理实体的每一层片一般为 2.5 维层片，即侧壁为直壁的层片，同时也出现了由 3 维层片构成实体的工艺。

在 3D 打印技术的发展过程中，各个研究机构和人员均按照自己的理解赋予其不同的称谓，如自由成形制造（Freeform Fabrication，FF）、实体自由成形制造（Solid Freeform Fabrication，SFF）、分层制造（Layered Manufacturing，LM）、添加制造（Additive Manufacturing，AM）或材料添加制造（Material Increse Manufacturing，MIM）、直接 CAD 制造（Direct CAD Manufacturing，DCM）和即时

制造（Instant Manufacturing，IM）等。3D 打印技术的不同称谓即反映了其不同方面的重要特征。

二、3D 打印常见工艺

新 3D 打印技术的产生和发展结合了众多高新技术，如计算机辅助设计、数控技术、激光技术和材料技术，并将随着这些技术的更新而不断发展。目前已出现的 3D 打印技术常见工艺有：

1.SL（Stereolithography）工艺　该工艺称为光固化或立体光刻，是最早出现的一种 3D 打印工艺，它采用激光逐点照射光固化液态树脂使之固化成形，是目前应用最广泛的一种高精度成形工艺。图 2-3-2 所示为采用 SL 工艺制作的叶轮原型。

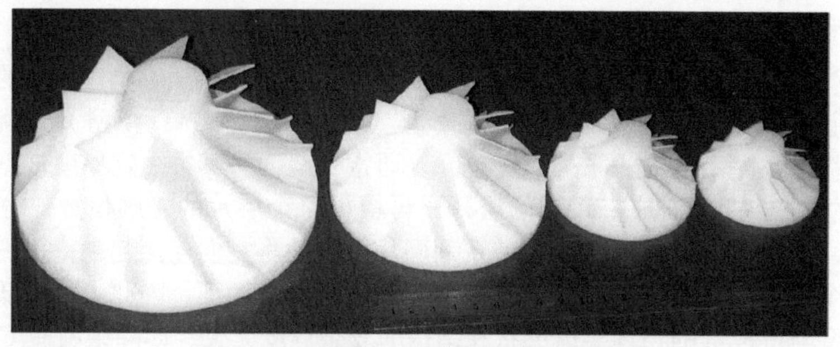

图 2-3-2　采用 SL 工艺制造的叶轮原型

2.LOM（Laminated Object Manufacturing）工艺　该工艺称为分层实体制造，它采用激光切割箔材，箔材之间靠热熔胶在热压辊的压力和传热作用下熔化并实现黏结，一层层叠加成形。

3.SLS（Selective Laser Sintering）工艺　该工艺称为选择性激光烧结，它采用激光逐点烧结粉末材料，使包覆于粉末材料外的固体黏结剂或粉末材料本身熔融实现材料的黏结。

4.FDM（Fused Deposition Modeling）工艺　该工艺称为熔融沉积成形，它采用丝状热塑性成形材料，连续地送入喷头后在其中加热熔融并由喷嘴挤出，逐步堆积成形。图 2-3-3 所示为北京太尔时代科技有限公司生产的两种 FDM 工艺打印机。

UP BOX+ 打印机

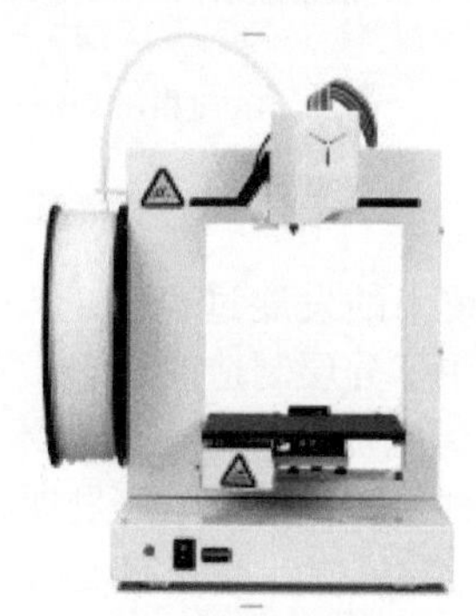

UP PLUS 2 打印机

图 2-3-3　FDM 工艺打印机

5.3DP（Three Dimensional Printing）工艺　该工艺称为三维印刷，它采用逐点喷射黏结剂来黏结粉末材料的方法制造原型，该工艺可以制造彩色模型，在概念型应用方面很有竞争力。

6.PCM（Patternless Casting Manufacturing）工艺　该工艺称为无木模铸造，它采用逐点喷射黏结剂和催化剂，即两次同路径扫描的方法来实现铸造用树脂砂粒间的黏结。

7.BPM（Ballistic Particle Manufacturing）工艺　该工艺称为弹道粒子制造，它用一个压电喷射（头）系统来沉积熔化了的热塑性塑料的微小颗粒。其喷头安装在一个 5 轴的运动机构上，对于零件中悬臂部分，可以不加支撑，而在制造过程中出现的“不连通”的部分还要加支撑。

8.3DPlotting（Three Dimentional Plotting）工艺　该工艺称为三维绘图，它采用类似喷墨打印的方法喷射熔融材料使其堆积成形。

9.MJS（Multiple Jet Solidification）工艺　该工艺称为多相喷射固化，它采用活塞挤压熔融材料使其连续地由喷嘴挤出的方法来堆积成形。

10.SGC（Solid Ground Curing）工艺　该工艺称为实体磨削固化，它采用掩模版技术使一层光固化树脂整体一次成形，不像 SL 设备那样每一层树脂是逐点照射固化成形的，这样就提高了原型制造速度。

11.CC（Contour Craft）工艺　该工艺称为轮廓成形工艺，它采用堆积轮廓和浇注熔融材料相结合的方法来成形，在堆积轮廓时采用了简单的模具，形成的原型层片为准三维结构。

12.RIPF（Rapid Ice Prototype Forming）工艺　该工艺称为低温冰型快速成形，它采用脉宽调制喷头高频喷射离散水滴，在低温下堆积冰原型。

13.BEM（Bio-materials Extrusion Modeling）工艺　该工艺称为生物材料挤压建模，它采用喷头挤压生物活性材料，并由喷嘴连续喷出来制造细胞生长的支撑框架。

三、3D 打印技术发展趋势

3D 打印技术从产生到现在，发展十分迅速。与过去相比，其在制造目标和能力等方面都有了很大的变化和提高，应用领域逐步扩展。在这一领域，美国一直处于领先地位，各种工艺大多最先出现在美国。紧随其后的是日本，其研究主要集中在光固化树脂成形方面。欧洲也有许多研究机构和厂家开展多种 3D 打印工艺的研究。

我国 3D 打印方面的研究始于 20 世纪 90 年代初，最早是清华大学于 1992 年开始 3D 打印技术的研究工作。目前，华中科技大学、西安交通大学、清华大学和北京隆源自动成型系统有限公司等学校和企业在 3D 打印工艺原理研究、成形设备开发、材料和工艺参数优化研究等方面做了大量卓有成效的工作，一些企业开发的 3D 打印设备已接近或达到商品化机器的水平。南京航空航天大学、华侨大学、大连理工大学、哈尔滨工业大学、北京航空工艺研究所等多家高等院校和科研机构也正在陆续开展 3D 打印工艺、材料和应用方面的研究工作。近几年，3D 打印技术正在朝两个方向发展，如图 2-3-4 所示。

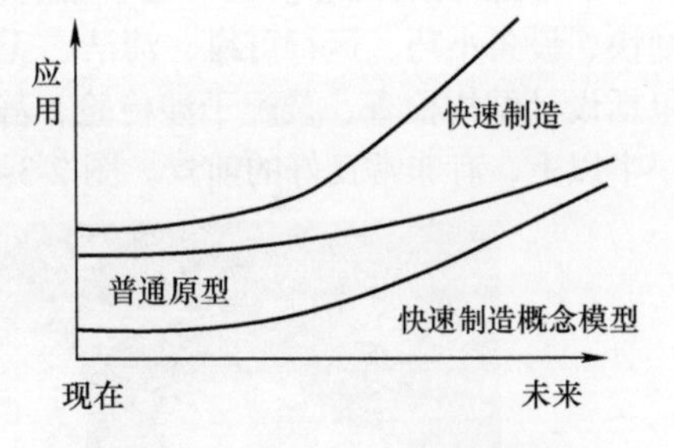

图 2-3-4　3D 打印技术发展趋势

随着 3D 打印技术的发展，一方面原型的精度、材料性能及成形速度不断提高，另一方面设备和材料价格不断下降，加上三维 CAD 系统的逐渐普及，3D 打印应用领域及市场越来越广。结合这些年的发展情况来看，普通原型的制造在应用中所占比例越来越少，概念模型和功能零件的打印将占据大部分 3D 打印的应用。

1. 快速制造　直接制造功能零件一直是 3D 打印研究的热点和最具挑战性的方向，许多企业和科研机构都在致力于这方面的研究。功能零件对强度、刚度、耐温性、耐蚀性及精度等有较高的要求，一般的 3D 打印原型很难达到。直接金属成形精度虽然较低，但可以制作具有材料梯度的原型，满足一些特殊用户的要求。高性能的造型材料是直接制造零件的关键，依靠材料特性优势，能够直接制作功能零件。

用大功率激光束、电子束以及其他高能束熔覆金属堆积成形是特种合金材料成形的新工艺，目前的研究成果已显示出该方法具有巨大的生命力。图 2-3-5 所示为采用激光熔覆工艺制造的大型金属毛坯件。

图 2-3-5　采用激光熔覆工艺制造的大型金属毛坯件

将合金粉末和金属丝材熔化形成一颗熔融的合金微滴单元（离散）消耗的功率远远小于重型锻压设备锻造锭子或钢坯所需的功率，前者仅数千瓦，后者则达数千千瓦，相差数千倍，其他各种设备和工厂投资也是数百倍之差。从此例我们可看到 3D 打印技术在重型加工工业中的巨大潜力。

2. 快速制造概念模型　用于概念设计的原型对精度和物理化学特性要求不高，主要要求成形速度快、设备小巧、运行可靠、清洁、无噪声、操作简便以及缩短设计反馈周期。概念模型主要的应用包括设计结构检查、装配干涉检验、静动力学试验、人机工程试验等，范围广泛，占 3D 打印应用的一半以上，有非常良好的前景。图 2-3-6 所示为用于骨科手术规划的盆骨快速原型。

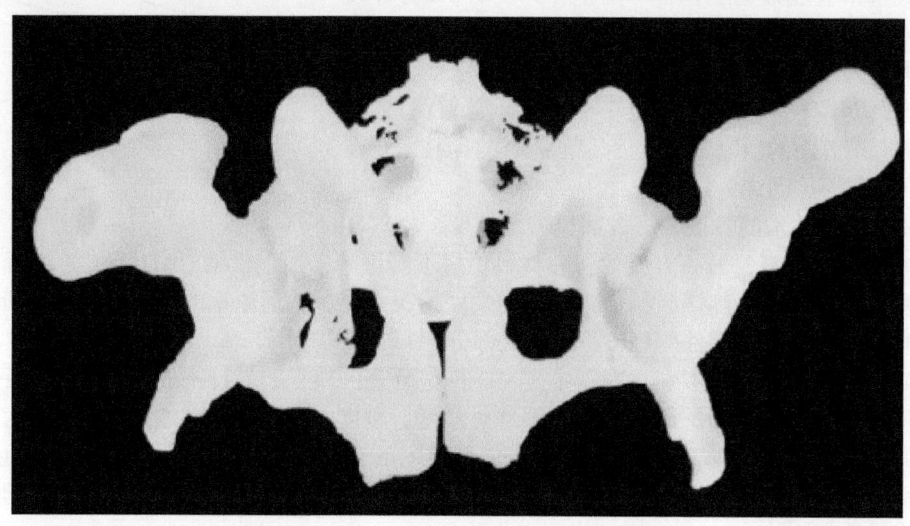

图 2-3-6　用于骨科手术规划的盆骨快速原型

第三篇

实践任务篇

项目一　三维扫描与数据处理

1

任务一　三维扫描（Basic）

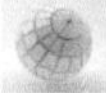

任务描述

使用 Win3DD-M 三维扫描设备、Wrap-win3D 三维扫描软件完成给定工件外观各面的三维扫描，获取工件表面三维点云数据且满足精度要求。

【任务目标】

1. 学习三维扫描设备扫描原理及基本操作。
2. 学习 Wrap-win3D 三维扫描软件基本操作。
3. 学习扫描前期喷粉、粘贴标志点等处理。
4. 学习三维扫描相关辅助工具的使用方法。

任务准备

1. 表面处理　经观察发现该 Basic 模型表面为深紫色，会影响正常扫描效果，所以在其表面喷涂一层显像剂再进行扫描，从而获得更加精确的点云数据，为之后的 CAD 实体建模打下基础。

【导师有话说】喷涂显像剂注意事项：喷涂距离约为 30cm，尽可能薄且均匀。

2. 粘贴标志点　因要求为扫描整体点云，所以需要粘贴标志点，以进行拼接扫描。该特征工件按图 3-1-1 所示粘贴较为合理，当然还有其他粘贴方式。

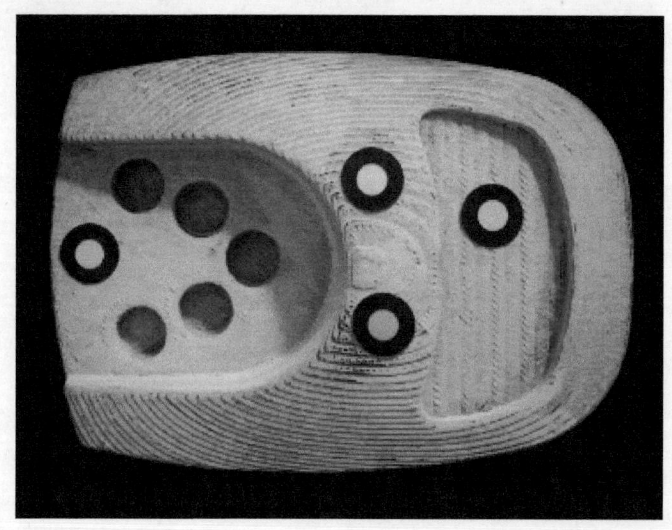

图 3-1-1　粘贴标志点

【导师有话说】粘贴标志点时要保证拼接扫描策略的顺利实施，必须根据工件的长、宽、高合理分布粘贴。

3. 制定扫描策略　观察发现该 Basic 模型整体结构较为规则，为了让扫描过程更方便、快捷，我们选用辅助工具（转盘）来对其进行拼接扫描。

【导师有话说】使用辅助工具扫描能够节省扫描时间的同时，也可以减少贴在物体表面标志点的数量。

任务实施

Step 1：新建工程并命名，例如“saomiao-Basic”。将 Basic 模型放置在转盘上（见图 3-1-2a），确定转盘和 Basic 模型在十字中间后缓缓旋转转盘一周，在软件最右侧实时显示区域观察，确保能够扫描到整体；观察实时显示区域处 Basic 模型的亮度（可以通过软件设置相机曝光值来调整亮度）；检查扫描仪到 Basic 模型的距离，此距离可以依据实时显示区域的白色十字与黑色十字重合确定，当重合时距离约为 600mm，此高度下点云提取质量最好。如图 3-1-2 所示，调整好所有参数即可单击【扫描操作】，开始第一步扫描。

a）Basic 模型

b）参数调整

图 3-1-2　扫描前的准备

Step 2：转动转盘一定角度，必须保证与上一步扫描有公共重合部分，即上一步和该步能够同时看到至少三个标志点重合（该设备为三点拼接，但是建议使用四点拼接），如图 3-1-3 所示。

图 3-1-3　三点拼接

Step 3：与 Step 2 类似，向同一方向继续旋转一定角度后扫描，如图 3-1-4 所示。

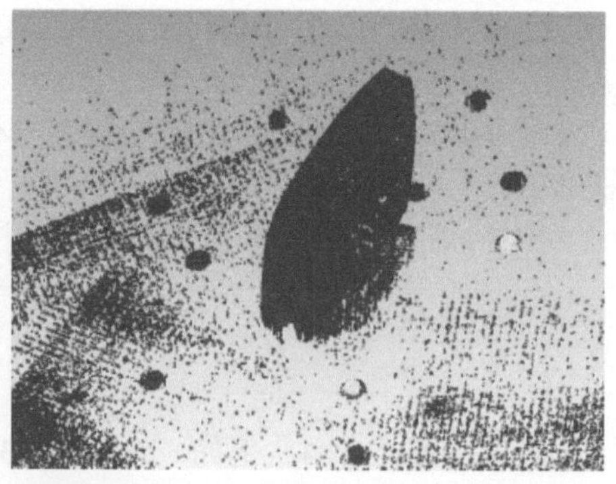

图 3-1-4　旋转扫描

Step 4：与 Step 2 类似，向同一方向继续旋转一定角度扫描，直到完成上表面扫描，如图 3-1-5 所示。

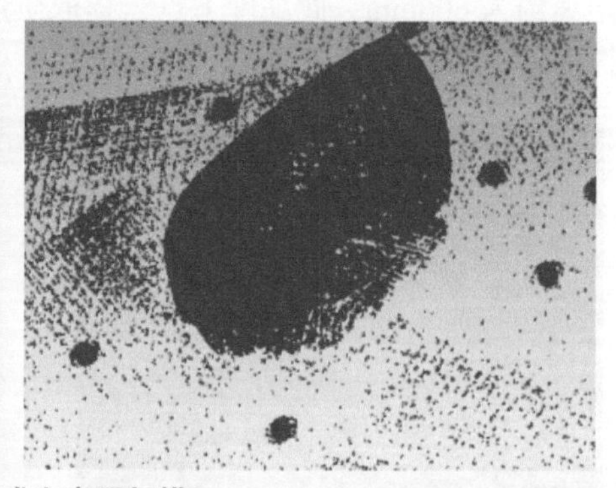

图 3-1-5　完成上表面扫描

Step 5：将 Basic 模型从转盘上取下，翻转转盘，同时也将 Basic 模型进行翻转扫描下表面。通过之前手动粘贴的标志点来完成拼接过程，同 Step 2 类似，向同一方向旋转一定角度进行扫描，如图 3-1-6 所示。

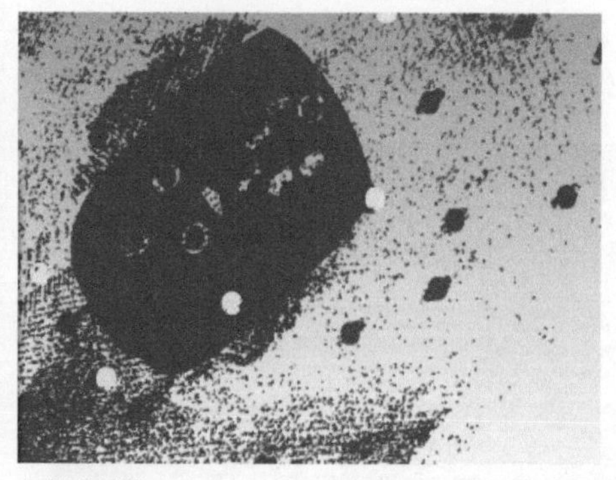

图 3-1-6　翻转扫描

执行两次或三次扫描，直到获得完整的 Basic 模型的点云数据。转盘转动的角度决定了扫描次数，角度越小，扫描次数越多，反之扫描次数就会减少，原则是将数据采集完整。到此，扫描工作完成。清理扫描仪工作环境，将各工具恢复到原始位置。

在模型管理器中选择要保存的点云数据，在菜单栏中单击【点】-【联合点对象】按钮，将多组数据合并为一组。选择保存的点云数据，单击右键选择对话框中的【保存】按钮，将其保存在指定的目录下，格式为“.asc”。后续使用 Geomagic Wrap 点云处理软件进行点云处理。

注意事项： 扫描步骤的多少根据操作者的扫描经验及扫描时物体的摆放角度而定，扫描步骤越少，扫描数据越小。因此在扫描完整的前提下尽量减少不必要的扫描步骤，以减少累积误差的产生。

任务二　数据处理

任务描述

使用 Geomagic Wrap（原 Geomagic studio）点云处理软件将任务一采集得到的三维数据点进行取舍处理、噪音处理，并封装成三角面片用于三维逆向建模。

【任务目标】

1）熟悉 Geomagic Wrap 去掉扫描过程中产生的噪音的方法。

2）熟悉 Geomagic Wrap 将点云文件三角面片化（封装），保存为 STL 文件格式的方法。

3）熟悉 Geomagic Wrap 封装后的三角面片数据处理方法。

任务准备

学习并熟悉软件中用到的一些主要命令。

1. 点阶段主要操作命令

1）着色：为了更加清晰、方便地观察点云的形状，对点云进行着色。

2）选择非连接项：指同一物体上具有一定数量的点形成点群，并且彼此间分离。

3）选择体外孤点：选择与其他多数的点云具有一定距离的点。距离越远，敏感度数值越低。

4）减少噪音：因为逆向设备与扫描方法的缘故，扫描数据存在系统误差和随机误差，其中误差比较大、超出允许范围的扫描点，就是噪音。

5）封装：对点云进行三角面片化。

2. 多边形阶段主要操作命令

1）删除钉状物：“平滑级别”设置在中间位置，使点云表面趋于光滑。

2）填充孔：修补因为点云缺失而造成的漏洞，可根据曲率趋势进行修补。

3）去除特征：先选择有特征的位置，应用该命令可以去除特征，并使该区域与其他部位形成光滑的连续状态。

4）减少噪音：将点移至正确的统计位置以弥补噪音（如扫描仪误差）造成的影响。噪音会使锐边变钝或使平滑曲线变粗糙。

5）网格医生：集成了删除钉状物、补洞、去除特征和开流形等功能，对于简单数据能够快速处理完成。

任务实施

Step 1：打开扫描保存文件“saomiao-Basic.asc”。启动 Geomagic Wrap 软件，选择菜单【文件】-【打开】命令或单击工具栏上的【打开】图标，系统弹出“打开文件”对话框，查找数据文件并选中“saomiao-Basic.asc”，然后单击【打开】按钮，在工作区显示载体如图 3-1-7 所示。

Step 2：将点云着色。为了更加清晰、方便地观察点云的形状，将其着色。选择菜单栏【点】-【着色点】，着色后的视图如图 3-1-8 所示。

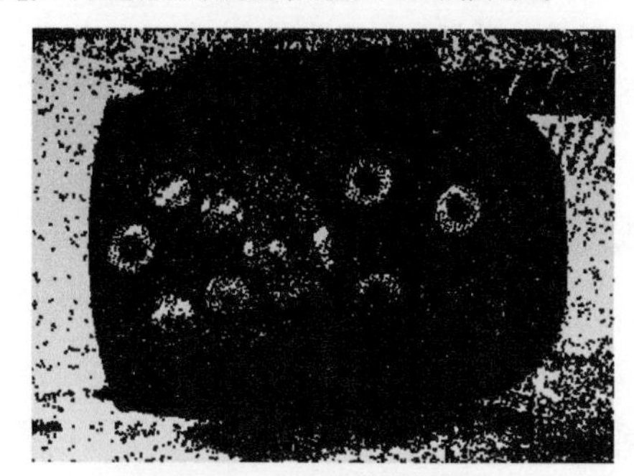

图 3-1-7　载体的显示

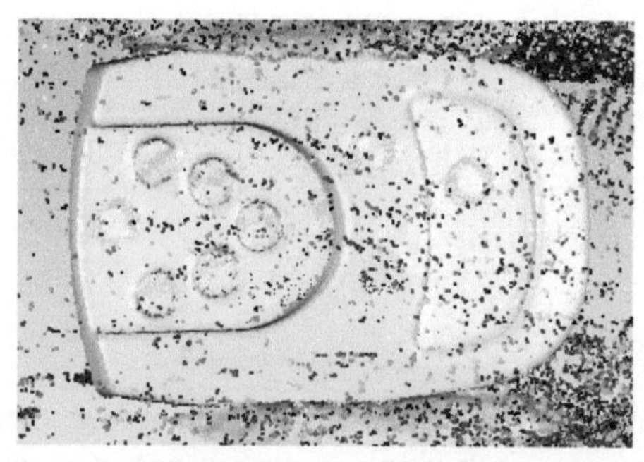

图 3-1-8　点云的着色

Step 3：设置旋转中心并反转选区。为了更加方便地观察点云的放大、缩小或旋转，对其设置旋转中心。在操作区域单击鼠标右键，选择【设置旋转中心】，在点云适合位置单击即可。

选择工具栏中的【套索选择工具】，勾画出工件的外轮廓，点云数据呈现红色，单击鼠标右键选择【反转选区】，选择菜单【点】-【删除】或按下 Delete 键，如图 3-1-9 所示。

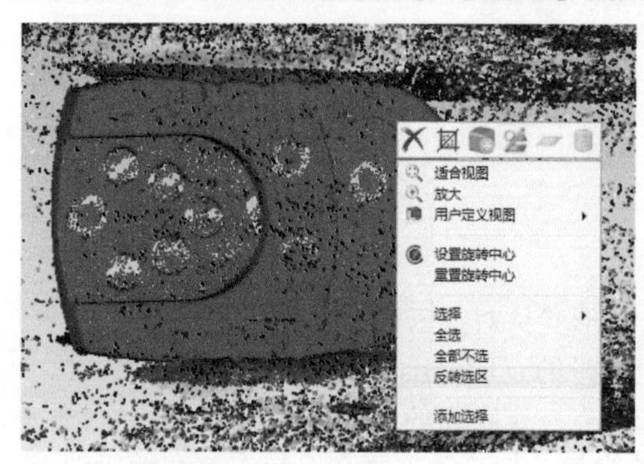

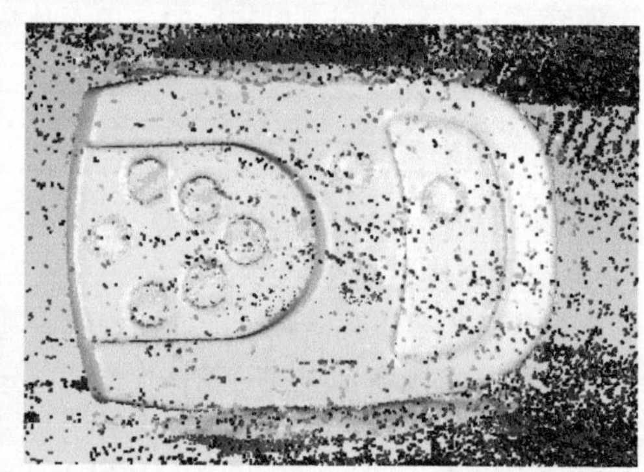

图 3-1-9　选区的反转

Step 4：选择非连接项。选择菜单栏【点】-【选择】-【非连接项】按钮，在管理器面板中弹出【选择非连接项】对话框。

在【分隔】的下拉列表中选择低分隔方式，这样系统会选择在拐角处离主点云很近但不属于主点云部分的点。“尺寸”设置为默认值 5.0mm，单击上方的【确定】按钮，点云中的非连接项被选中，并呈现红色，如图 3-1-10 所示。选择菜单【点】-【删除】或按下 Delete 键进行删除。

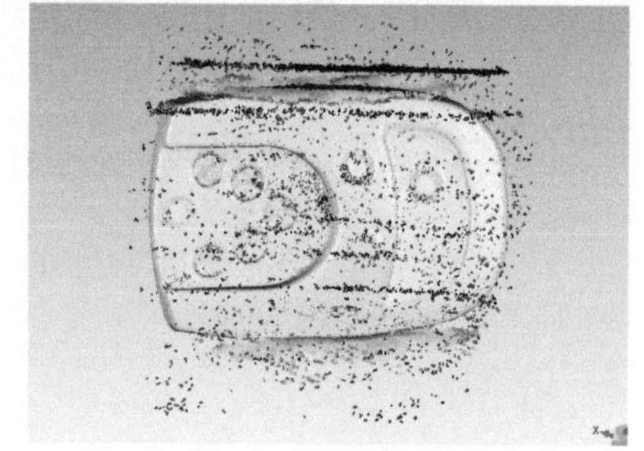

图 3-1-10　非连接项的选择

Step 5：删除体外孤点。选择菜单【点】-【选择】-【体外孤点】按钮，在管理面板中弹出【选择体外孤点】对话框，设置【敏感度】的值为 100，也可以通过单击右侧的两个三角号增加或减少【敏感度】值，此时体外孤点被选中，呈现红色，如图 3-1-11 所示。选择菜单【点】-【删除】或按 Delete 键进行删除（此命令操作 2~3 次为宜）。

Step 6：删除非连接点云。选择工具栏中【套索选择工具】，将非连接点云删除，如图 3-1-12 所示。

图 3-1-11　体外孤点

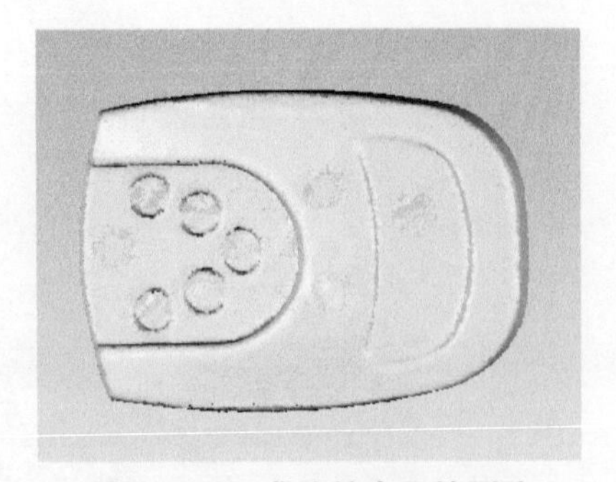

图 3-1-12　非连接点云的删除

Step 7：减少噪音。选择菜单【点】-【减少噪音】按钮，在管理器模块中弹出【减少噪音】对话框，如图 3-1-13 所示。

选择【棱柱形（积极）】，将“平滑度水平”滑标调到“无”，“迭代”设置为 5，“偏差限制”设置为 0.05mm。

选中【预览】选框，定义“预览点”为 3000，代表被封装和预览的点数量。选中【采样】选项。用鼠标在模型上选择一小块区域来预览，预览效果如图 3-1-13 所示。

左右移动“平滑度水平”滑标，同时观察预览区域的图像有何变化。本例将“平滑度水平”滑标设置在第二个档位，单击【应用】按钮，退出对话框。

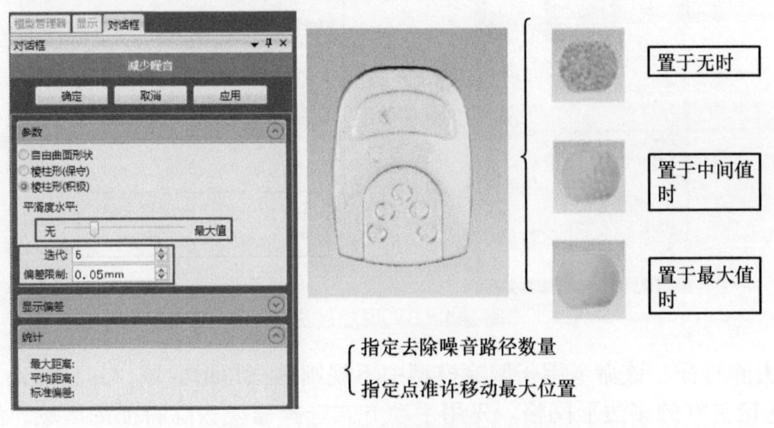

图 3-1-13　噪音的减少预览效果

Step 8：封装数据。选择菜单栏【点】-【封装】按钮，系统会弹出图 3-1-14 所示的【封装】对话框，该命令将围绕点云进行封装计算，使点云数据转换为多边形模型。

选择【采样】，通过设置点间距来对点云进行采样。可以人为设定目标三角形的数量，设置的数量越大，封装之后的多边形网格越紧密。最下方的滑标能够调节采样质量的高低，可以根据点云数据的实际特性，进行适当调整。

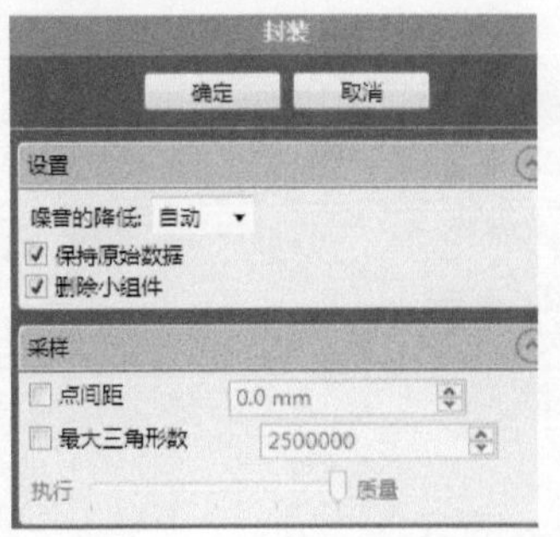

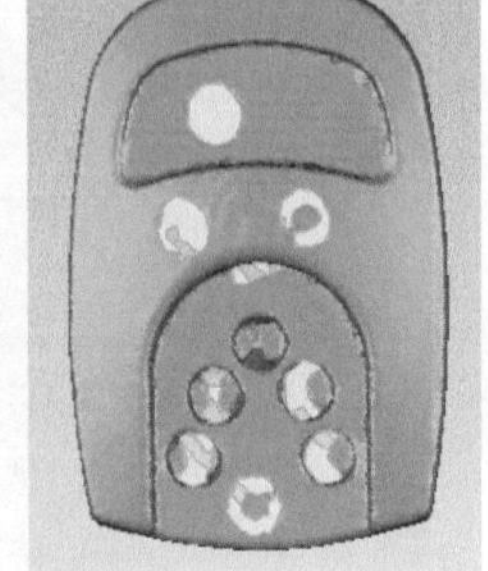

图 3-1-14　数据的封装

Step 9：删除钉状物。选择菜单栏【多边形】-【删除钉状物】按钮，在模型管理器中弹出图 3-1-15 所示的【删除钉状物】对话框。“平滑级别”滑标处在中间位置，单击【应用】。

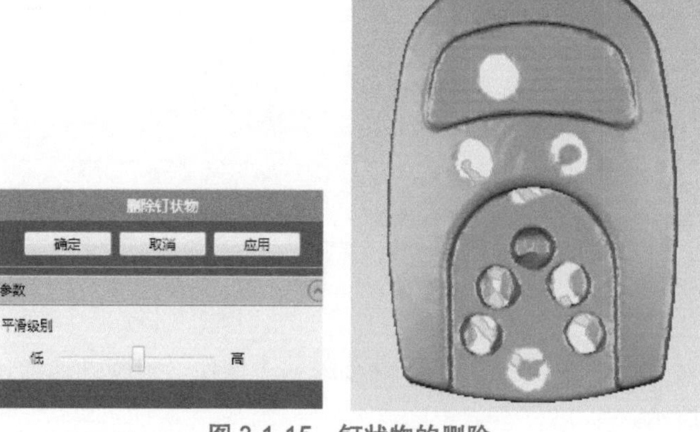

图 3-1-15　钉状物的删除

Step 10：全部填充。选择菜单栏【多边形】-【全部填充】按钮，在模型管理器中弹出图 3-1-16 所示的【全部填充】对话框。可以根据孔的类型搭配选择不同方法进行填充。图 3-1-16 所示为三种不同方法。

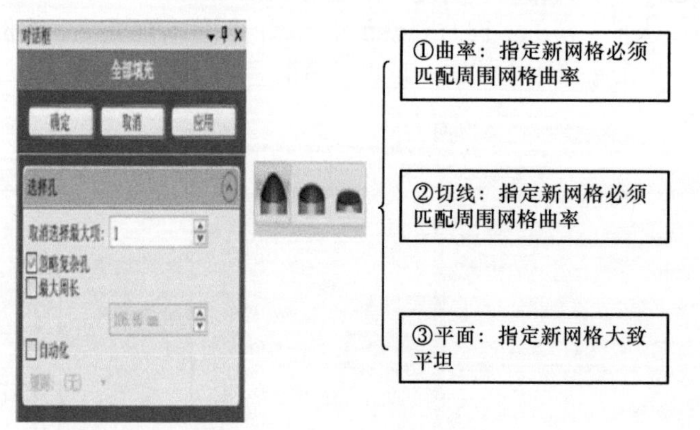

图 3-1-16　填充的方法

Step 11：去除特征。该命令用于删除模型中不规则的三角形区域，并且插入一个更有秩序且与周边三角形连接更好的多边形网格。先用手动方式选择需要去除特征的区域，然后执行【多边形】-【去除特征】命令，如图 3-1-17 所示。

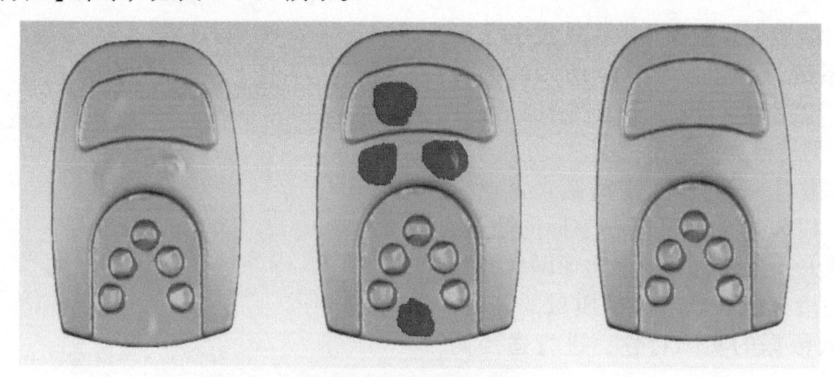

图 3-1-17　特征的去除

点云文件最终处理效果如图 3-1-18 所示。

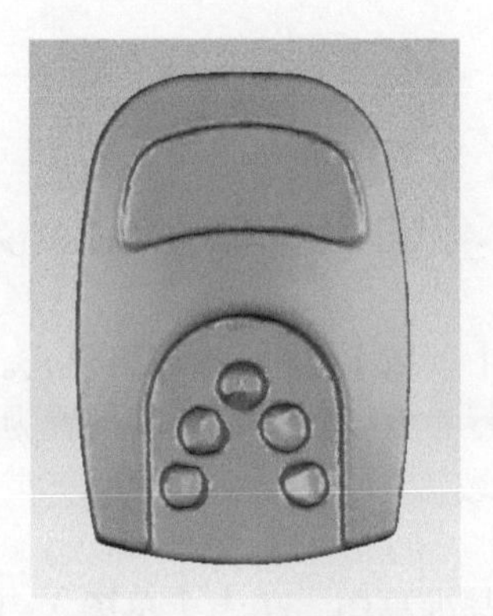

图 3-1-18　最终效果

Step 12：数据保存。单击左上角软件图标（【文件】按钮），将文件另存为“Basic.stl”格式（用于后续逆向建模）。

任务三　三维建模

任务描述

使用 Geomagic Design X 逆向建模软件对任务二中封装并处理好的三角面片模型进行逆向建模，得到实物的数字化模型。

【任务目标】

1）掌握 Geomagic Design X 坐标系建立的基本方法。
2）掌握 Geomagic Design X 规则模型特征的创建。
3）掌握 Geomagic Design X 中草图的基本功能。
4）掌握 Geomagic Design X 中自由曲面构造的基本功能。

任务准备

1. 熟悉软件界面　菜单栏布局如图 3-1-19 所示。

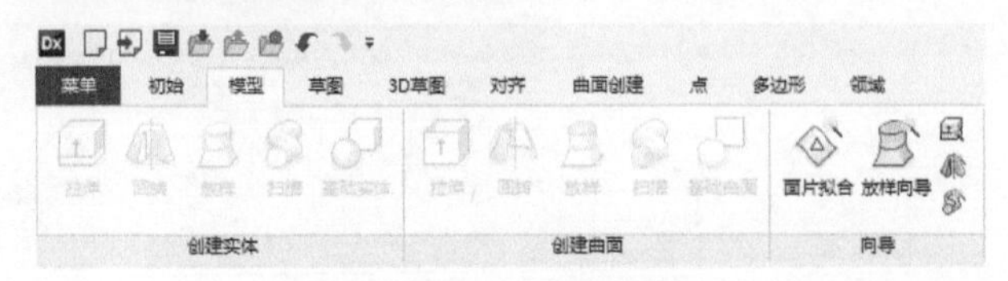

图 3-1-19　菜单栏布局

2. 熟悉草图工具　练习创建和编辑 2D 草图或使用线、圆弧及其他草图工具创建和编辑 2D 面片草图，如图 3-1-20 所示。

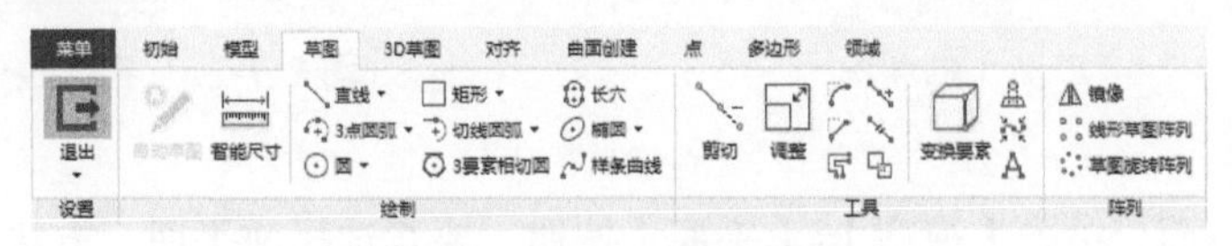

图 3-1-20　草图工具

任务实施

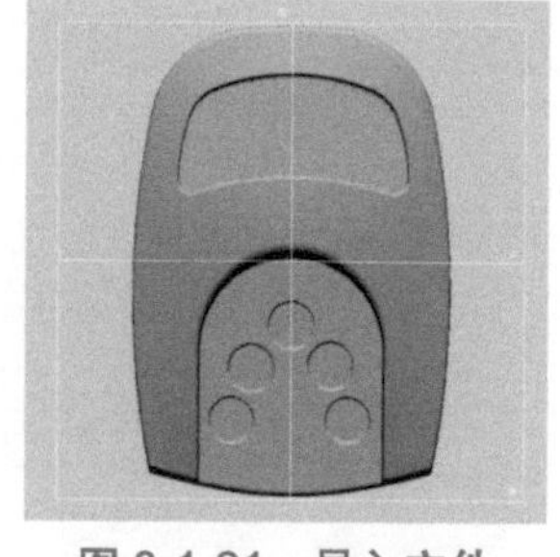

图 3-1-21 导入文件

Step 1：领域组

（1）导入文件。单击【插入】-【导入】，导入 Basic.stl 文件，如图 3-1-21 所示。

（2）领域组。单击菜单栏中的【领域】，进入领域组模式。单击【自动分割】按钮，按图 3-1-22 所示进行参数设置，敏感度设置为“10”，单击按钮，自动用不同颜色区分领域。

Step 2：主体

（1）面片草图。根据面片创建基准草图，单击【草图】-【面片草图】按钮，选择前平面作为基准平面，拖拽细蓝色箭头约 5mm，如图 3-1-23 所示。单击按钮，将得到断面多段线（粉色线）。

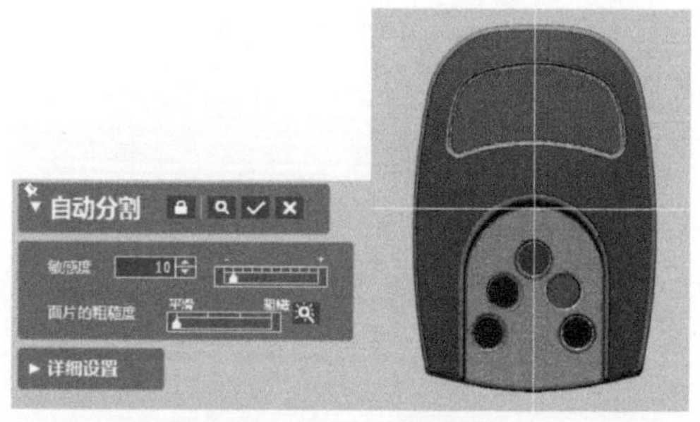

图 3-1-22 自动分割

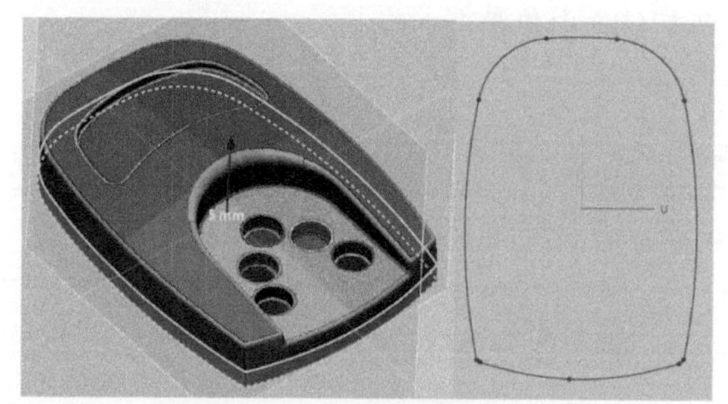

图 3-1-23 主体的面片草图

（2）基准草图。隐藏面片，在多段线的基础上，利用自动草图命令创建草图 1。如图 3-1-24 所示。单击按钮，退出面片草图模式。

（3）拉伸。单击【模型】-【拉伸】按钮，选择特征树的“草图 1”作为基准草图。方法选择【到领域】，详细方法设置为【用领域拟合的曲面剪切】，选择面片的上面，单击按钮，退出实体拉伸模式，如图 3-1-25 所示。

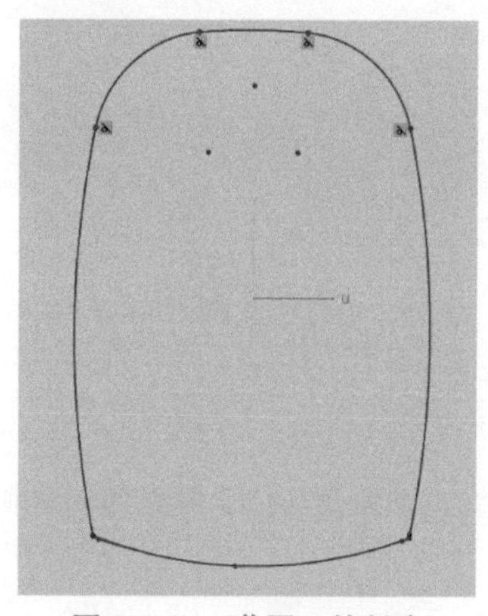

图 3-1-24 草图 1 的创建

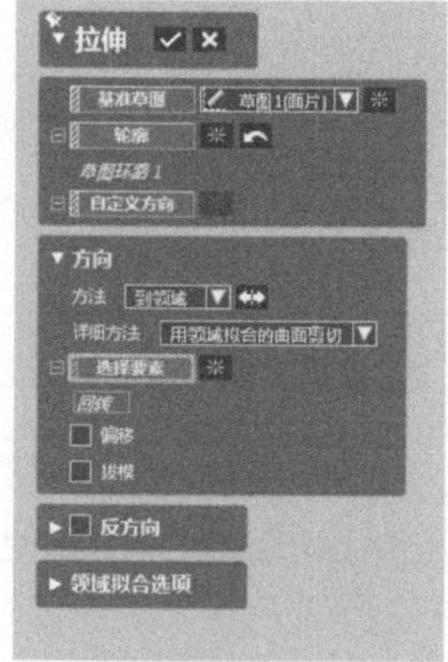

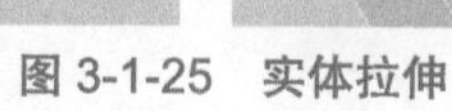

图 3-1-25 实体拉伸

Step 3：剪切体 I

（1）追加参照平面。单击【模型】-【平面】按钮，要素选择前平面，方法选择【偏移】，距离为 40mm，如图 3-1-26 所示，追加新偏移平面 1。

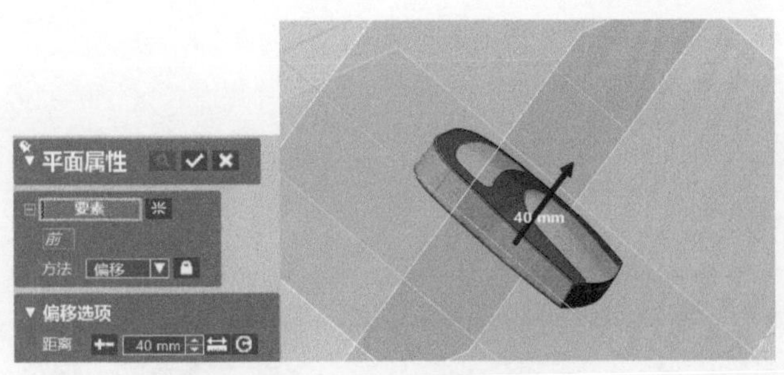

图 3-1-26　参照平面

（2）面片草图。根据面片创建基准草图，单击【草图】-【面片草图】按钮，选择“平面 1”作为基准平面，拖拽细蓝色箭头直至看到特征断面为止，如图 3-1-27 所示。单击✓按钮，将得到断面多段线。

（3）基准草图。隐藏面片，在多段线的基础上，利用【自动草图】命令创建草图 2，如图 3-1-28 所示。单击✓按钮，退出面片草图模式。

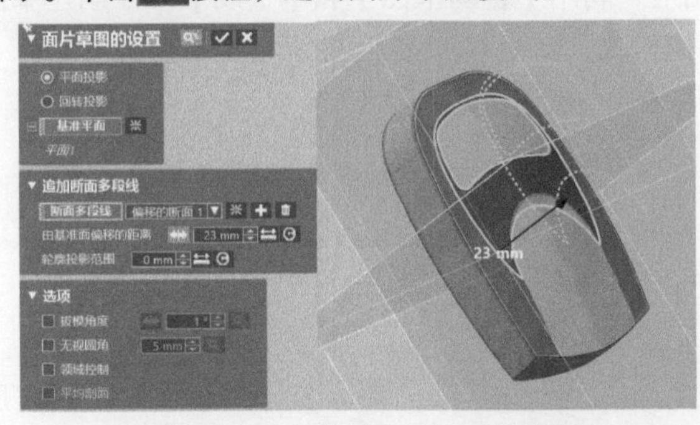

图 3-1-27　剪切体 I 的面片草图

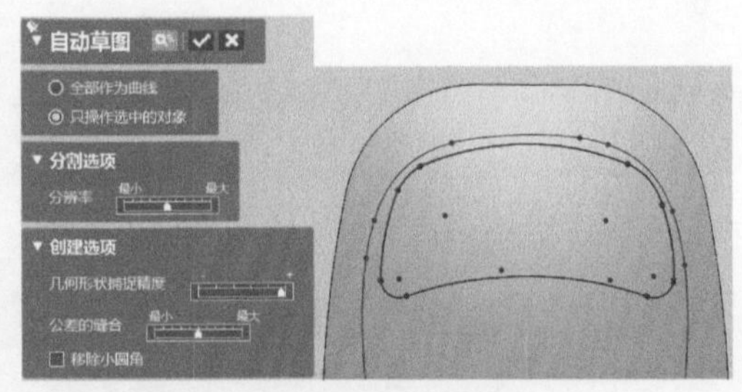

图 3-1-28　草图 2 的创建

（4）拉伸剪切。单击【模型】-【拉伸】按钮，选择特征树的“草图 2”作为基准草图。方法选择【到领域】，详细方法设置为【用领域拟合的曲面剪切】，选择要素为特征面的底平面，结果运算选择【切割】，单击✓按钮，退出实体拉伸模式，如图 3-1-29 所示。

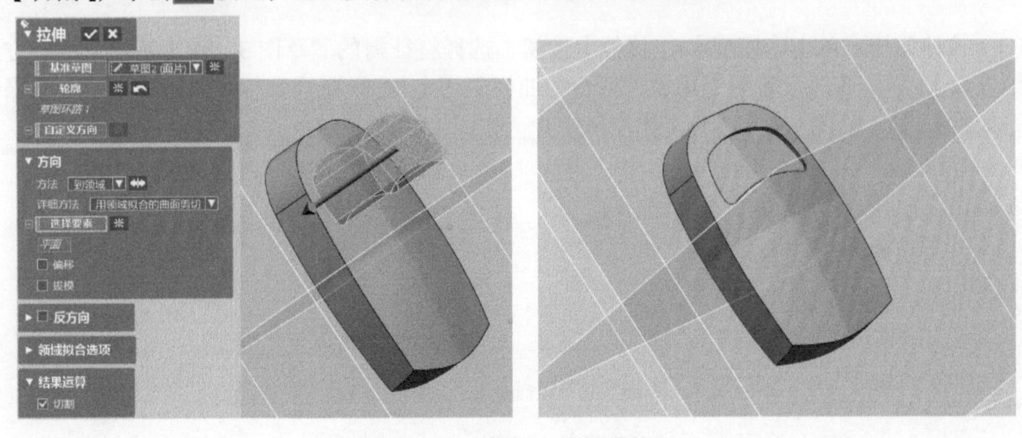

图 3-1-29　草图 2 的拉伸剪切

Step 4：剪切体Ⅱ

（1）面片草图。根据面片创建基准草图，单击【草图】-【面片草图】按钮，选择“平面 1”作为基准平面，拖拽细蓝色箭头直至看到特征断面为止，如图 3-1-30 所示。单击✓按钮，将得到断面多段线。

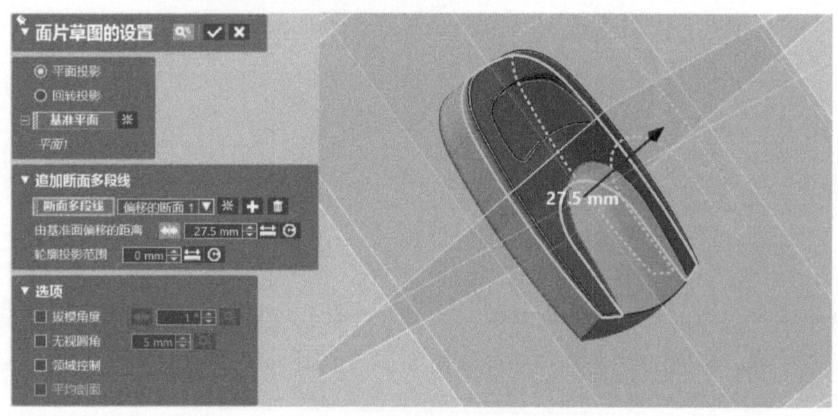

图 3-1-30 剪切体 Ⅱ 的面片草图

（2）基准草图。隐藏面片，在多段线的基础上，利用【自动草图】和【直线】命令创建草图 3，如图 3-1-31 所示。单击✓按钮，退出面片草图模式。

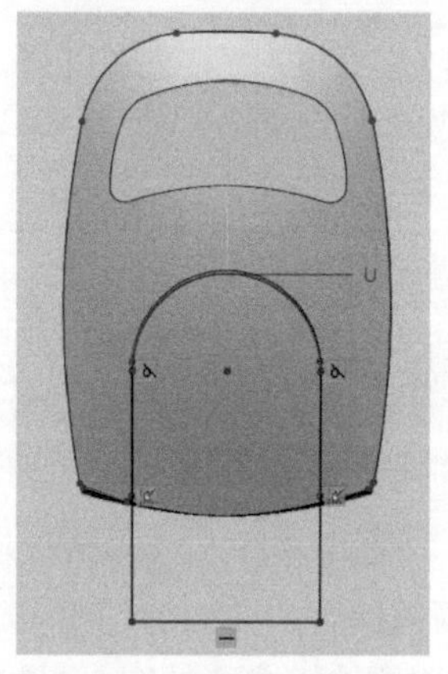

图 3-1-31 草图 3 的创建

（3）拉伸剪切。单击【模型】-【拉伸】按钮，选择特征树的“草图 3”作为基准草图。方法选择【到领域】，详细方法设置为【用领域拟合的曲面剪切】，选择要素为特征面的底平面，结果运算选择【切割】，单击✓按钮，退出实体拉伸模式，如图 3-1-32 所示。

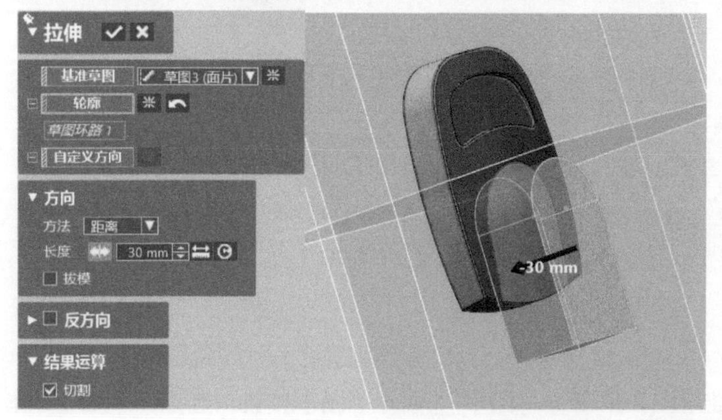

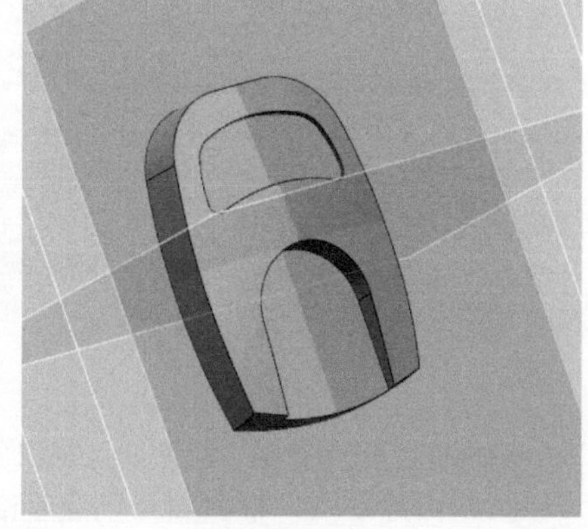

图 3-1-32 草图 3 的拉伸剪切

Step 5：剪切体Ⅲ

（1）面片草图。根据面片创建基准草图，单击【草图】-【面片草图】按钮，选择“平面 1”作为基准平面，拖拽细蓝色箭头直至看到特征断面为止，如图 3-1-33 所示。单击✓按钮，将得到断面多段线。

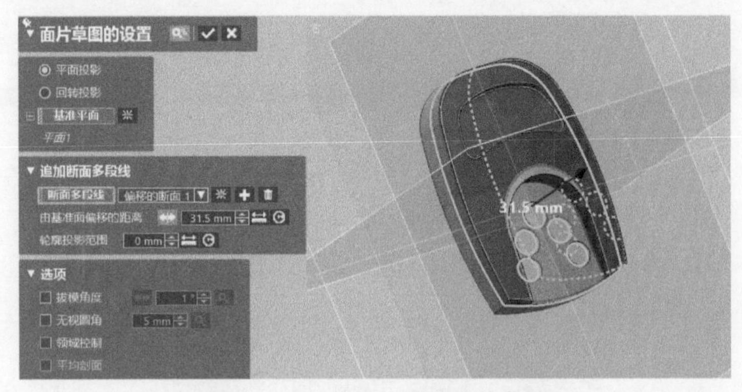

图 3-1-33　剪切体Ⅲ的面片草图

（2）基准草图。隐藏面片，在多段线的基础上，利用【自动草图】命令创建草图 4，如图 3-1-34 所示。单击✓按钮，退出面片草图模式。

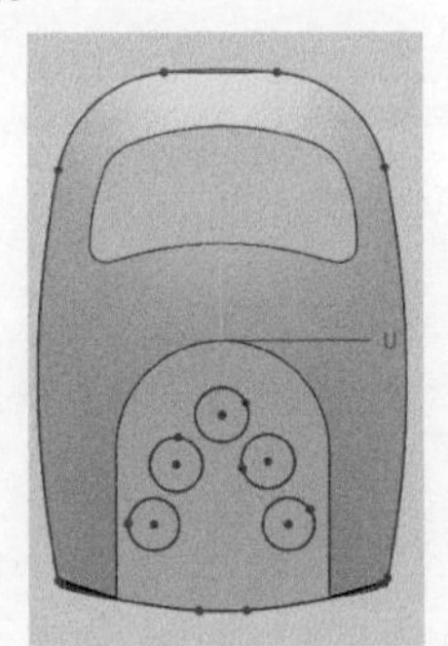

图 3-1-34　草图 4 的创建

（3）拉伸剪切。单击【模型】-【拉伸】按钮，选择特征树的“草图 4”作为基准草图。方法选择【到领域】，详细方法设置为【用领域拟合的曲面剪切】，选择要素为特征面的底平面，结果运算选择【切割】，单击✓按钮，退出实体拉伸模式，如图 3-1-35 所示。

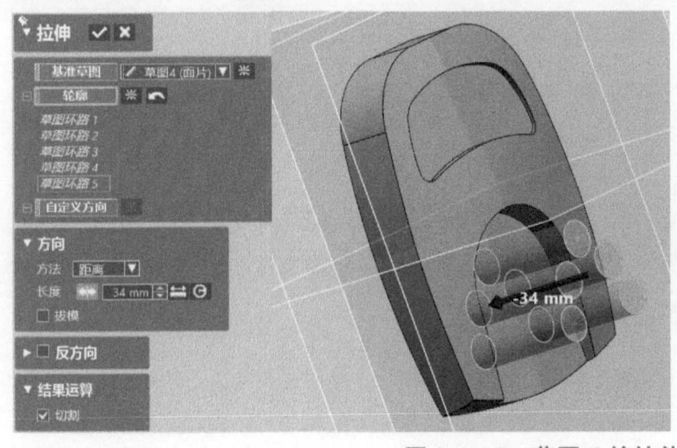

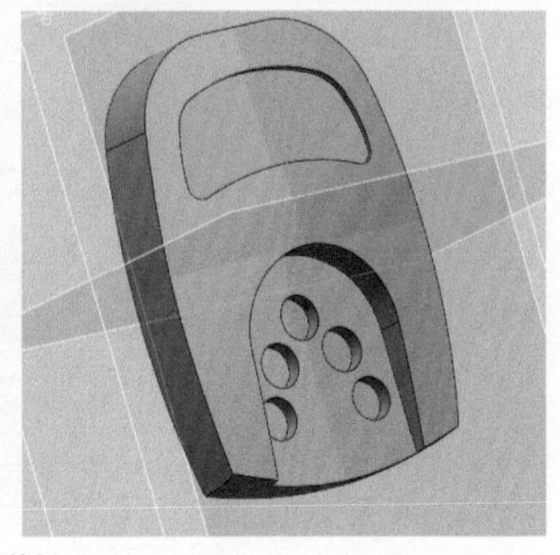

图 3-1-35　草图 4 的拉伸剪切

Step 6：圆角

（1）固定圆角。单击【模型】-【圆角】按钮，要素选择边线，创建半径为 1mm 的固定圆角，如图 3-1-36 所示。

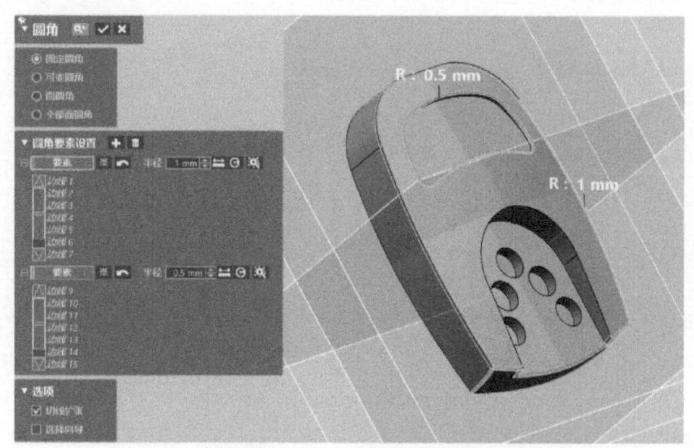

图 3-1-36　半径为 1mm 的固定圆角的创建

单击【模型】-【圆角】按钮，要素选择边线，创建半径为 0.5mm 的固定圆角，如图 3-1-37 所示。

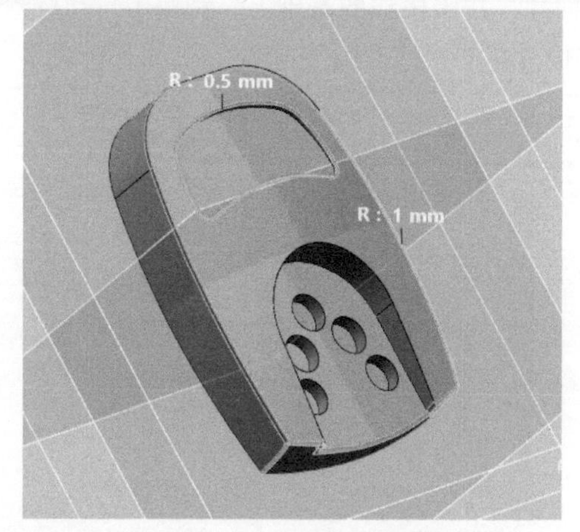

图 3-1-37　半径为 0.5mm 的固定圆角的创建

（2）可变圆角。单击【模型】-【圆角】按钮，要素选择边线，鼠标左键双击半径数值，分别更改为 3mm 和 1mm，如图 3-1-38 所示。

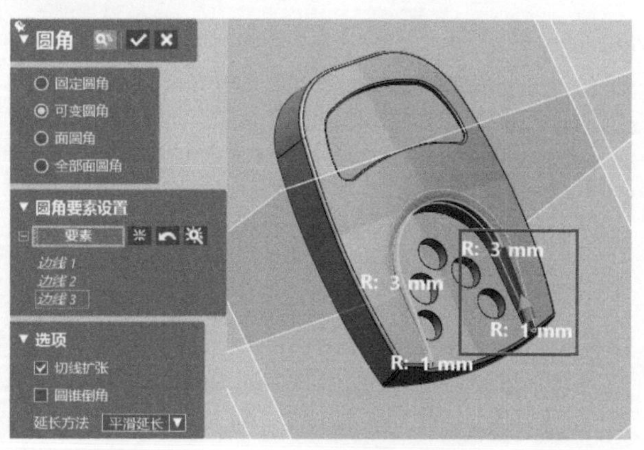

图 3-1-38　可变圆角的创建

最终模型如图 3-1-39 所示。

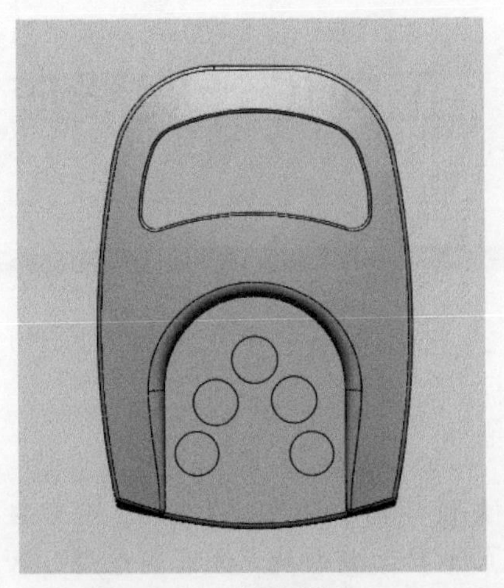

图 3-1-39　最终模型

Step 7：保存数据。单击【菜单】-【文件】-【输出】按钮，要素选择实体模型，单击✓按钮，选择输出位置，格式为 .stp 或者 .igs，如图 3-1-40 所示。

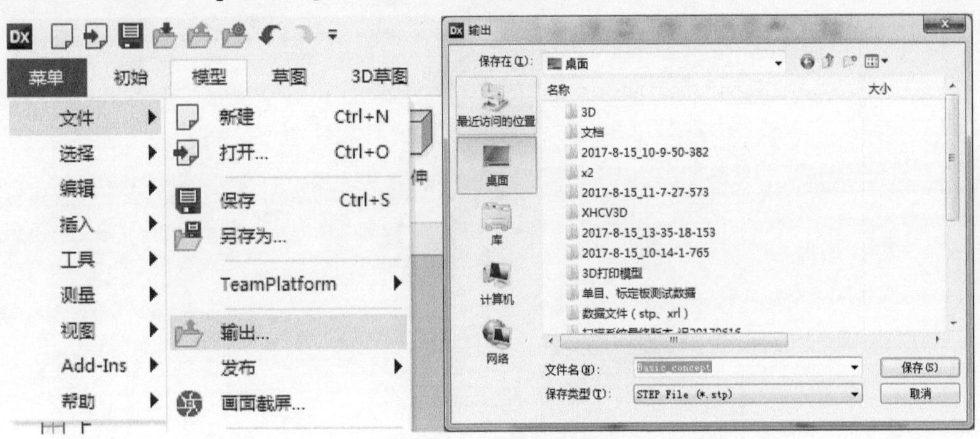

图 3-1-40　数据的保存

项目二　正向设计实践应用

2

任务一　手机支架的设计

任务描述

手机支架有很多类型，本设计属于桌面支架类型，可以在桌子等平面上支撑手机和平板电脑。本支架在传统桌面支架的基础上创新地采用三角造型，加入了空间结构，直线表现简洁大方，曲线表现柔和，直线和曲线交互表现变化多样、层次丰富，带来醒目的视觉冲击效果（见图3-2-1）。

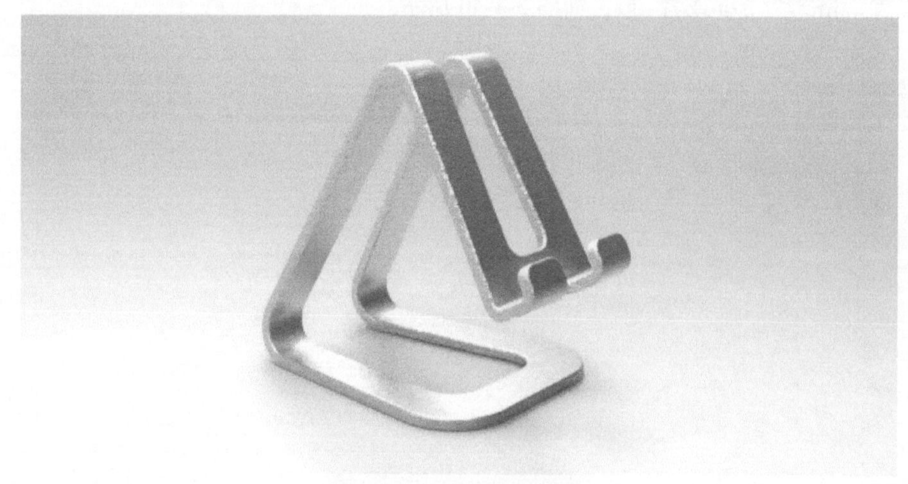

图 3-2-1　手机支架效果

【任务目标】

1）初步学会使用 3D One Plus 软件绘制简单的作品。

2）初步学会作品后续打印设置。

任务准备

1. 参数设计　手机支架尺寸约为 55mm × 39mm × 100mm，壁厚为 4mm。凹槽的最大宽度为 11mm（见图 3-2-2），厚度在 11mm 以下的手机可以使用本支架。

2. 设计分析　支架的凹槽部分为悬空设计，在打印时需要增加支撑。另外整个模型为板形结构，需要承受手机和平板电脑的重量，为了支架的稳固，打印的厚度设置也要增加。

3. 硬件和软件准备　计算机，3D One Plus 软件。

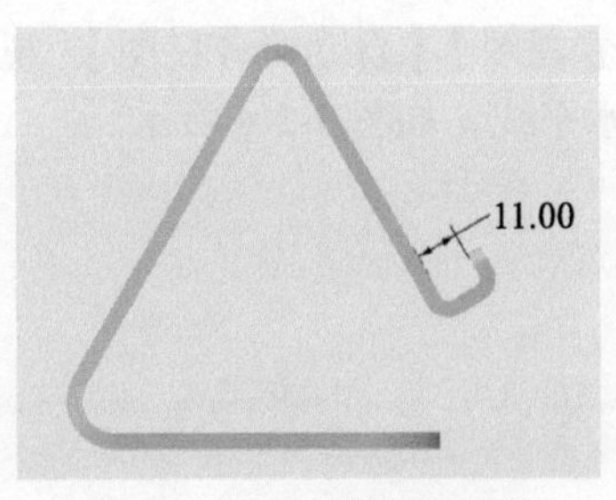

图 3-2-2　凹槽宽度示意

任务实施

Step 1：打开 3D One Plus

（1）双击“3D One Plus”图标，打开设计软件。

（2）单击顶部【工具栏】-【保存】，选择保存位置，文件命名为“手机支架”。

Step 2：创建 3 个相互垂直的基准面

（1）单击左侧【工具栏】-【插入基准面】-【插入 XY 平面】，偏移值设置为“0”，其余参数如图 3-2-3 所示，单击按钮完成创建。

（2）以同样的方法单击左侧【工具栏】-【插入基准面】-【ZX 平面】以及【ZY 平面】，偏移值设置为“0”，完成“ZX 平面”（沿 X 轴移动的平面）以及“ZY 平面”（沿 Y 轴移动的平面）的创建。至此，已创建完成三个相互垂直的基准平面，如图 3-2-4 所示。

图 3-2-3　XY 平面的插入

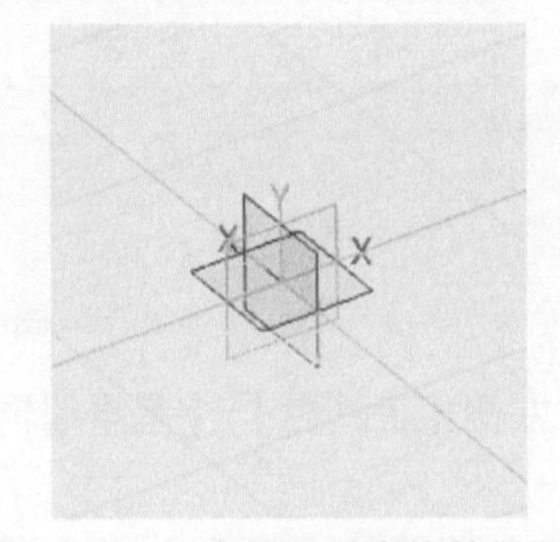

图 3-2-4　三个相互垂直的基准平面

Step 3：创建三角形草图

（1）单击左侧【工具栏】-【草图绘制】-【直线】，然后单击前一步骤创建的 ZX 平面（绿色，沿 X 轴移动的平面）作为草绘平面，进入草绘环境，如图 3-2-5 所示。

a）选取 ZX 平面作为草绘平面

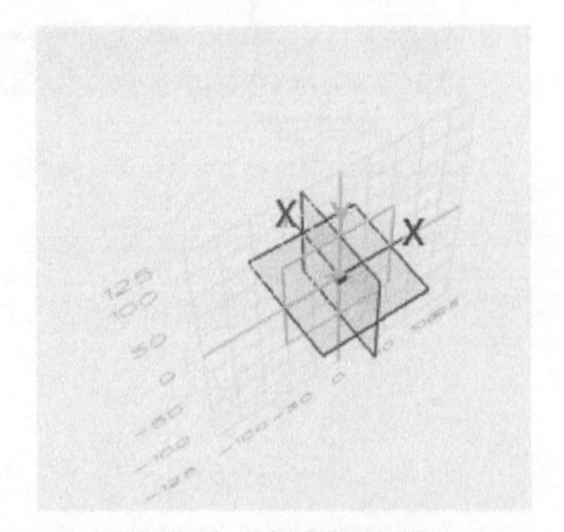

b）网格自动对齐到新的草绘平面

图 3-2-5　草绘平面的设置

（2）单击底部【工具栏】-【查看视图】-【自动对齐视图】，视图自动摆正，方便作图。使用【直线】工具绘制长度为“110.00”的水平线，如图 3-2-6 所示。

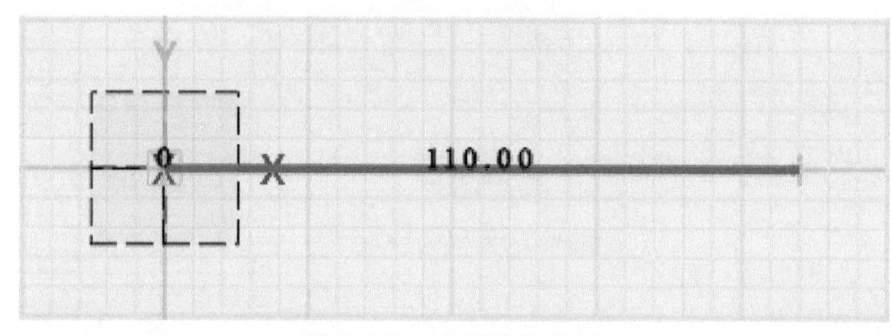

图 3-2-6　水平线的绘制

（3）单击左侧【工具栏】-【基本编辑】-【旋转】，参数设置如图 3-2-7 所示，单击✅完成旋转。

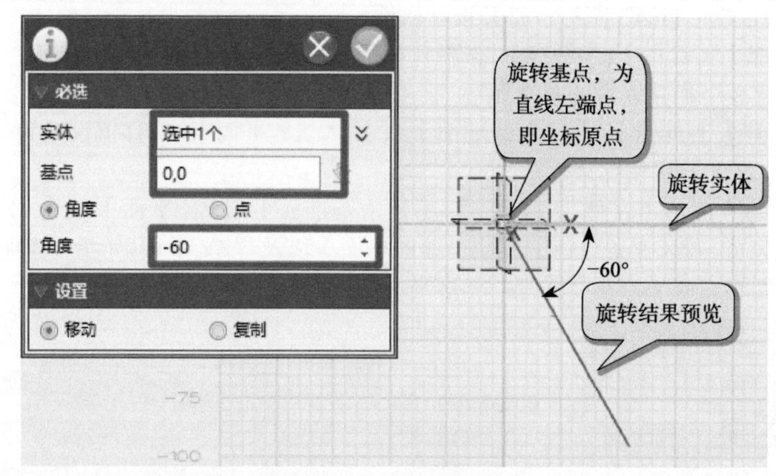

图 3-2-7　直线的旋转

（4）单击左侧【工具栏】-【基本编辑】-【镜像】，参数设置如图 3-2-8 所示，选取镜像线后完成镜像。

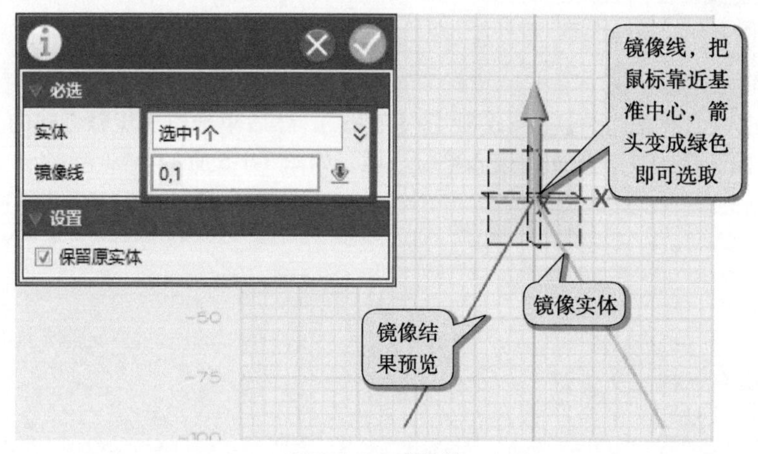

图 3-2-8　镜像线

（5）单击左侧【工具栏】-【草图绘制】-【直线】，头尾连接两根直线的端点，如图 3-2-9 所示。

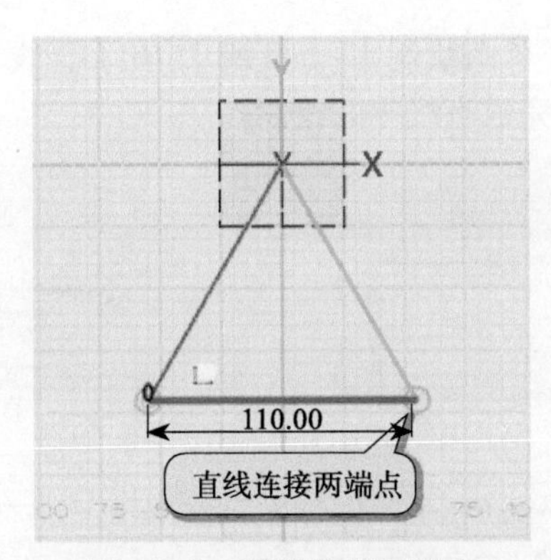

图 3-2-9　直线连接两端点

（6）单击顶部【完成】按钮，退出草绘环境，完成三角形草图的绘制。

Step 4：拉伸三角形草图。单击左侧【工具栏】-【特征造型】-【拉伸】，参数设置如图 3-2-10 所示，单击✅按钮完成拉伸。

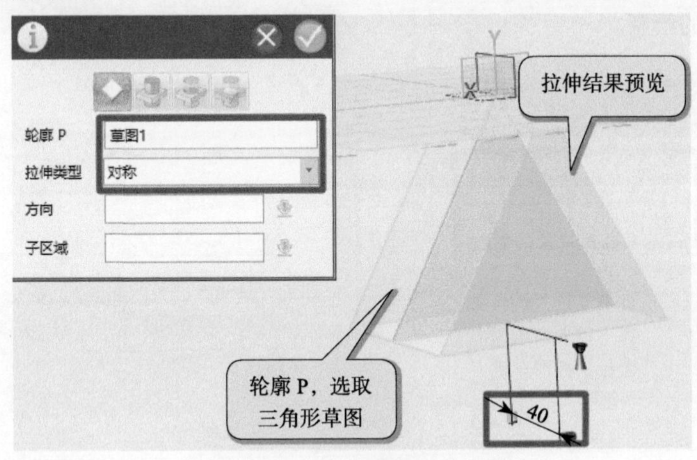

图 3-2-10　三角形草图的拉伸

Step 5：绘制 3 条投影曲线

（1）单击左侧【工具栏】-【草图绘制】-【直线】，选取网格为草绘平面。单击底部【工具栏】-【查看视图】-【自动对齐视图】，视图自动摆正，如图 3-2-11 所示。

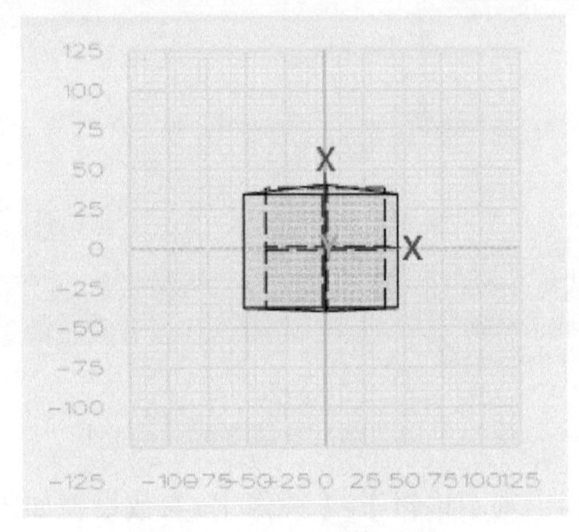
图 3-2-11　视图的对齐

（2）单击左侧【工具栏】-【草图绘制】-【直线】，在【直线】工具对话框中输入坐标点，参数如图 3-2-12 所示。单击✓按钮完成直线 1 的绘制。

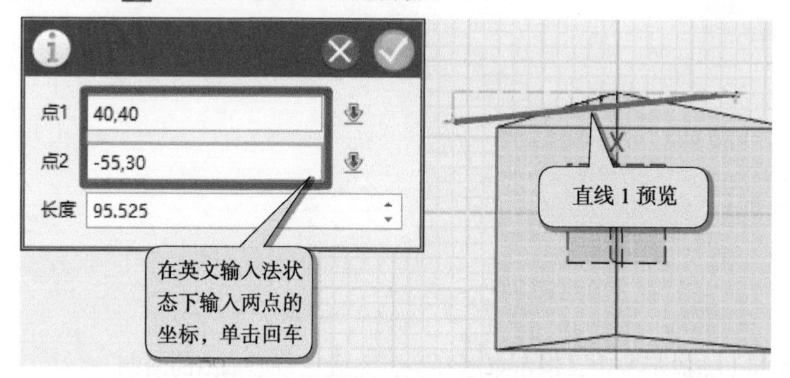

图 3-2-12 输入直线 1 的两点坐标

（3）单击鼠标中键重复【直线】命令，在对话框中输入坐标点，参数如图 3-2-13 所示。单击✓按钮完成直线 2 的绘制。

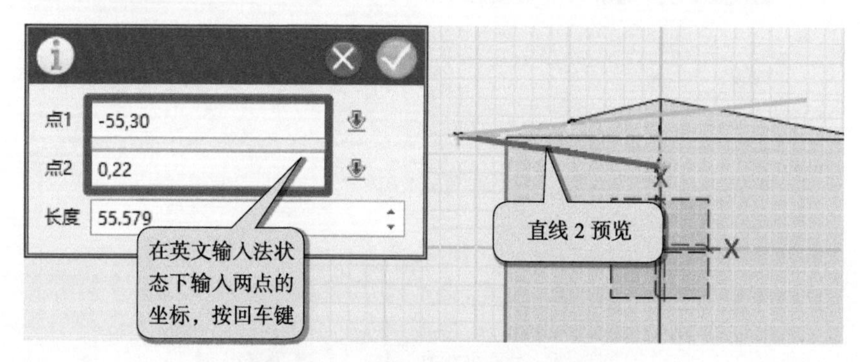

图 3-2-13 输入直线 2 的两点坐标

（4）参照上一步操作继续完成直线 3 的绘制，参数如图 3-2-14 所示。

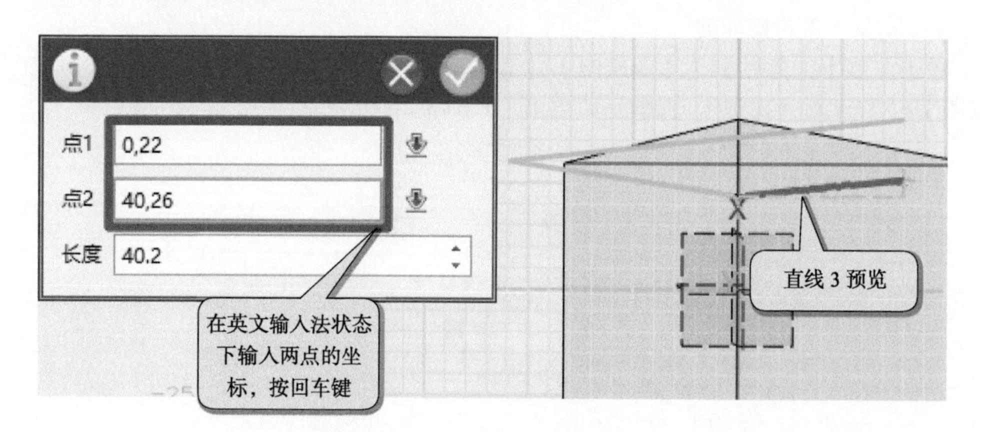

图 3-2-14 输入直线 3 的两点坐标

（5）单击左侧【工具栏】-【基本编辑】-【镜像】，参数设置如图 3-2-15 所示，选取镜像线后完成镜像。

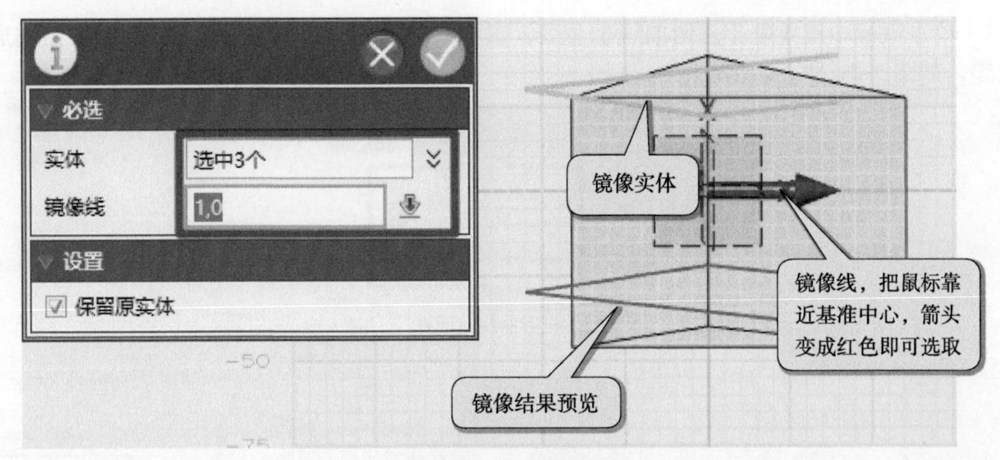

图 3-2-15　镜像线

（6）单击顶部【完成】按钮，退出草绘环境，完成 3 条投影曲线的绘制。

Step 6：投影曲线到面

（1）单击底部【工具栏】-【过滤器】，把过滤器的类型改为“曲线”，如图 3-2-16 所示。

图 3-2-16　过滤器类型的变更

（2）单击左侧【工具栏】-【线框】-【投影曲线】，参数设置如图 3-2-17 所示。单击按钮完成直线 1 的投影，如图 3-2-17b、c 所示。

a）投影曲线对话框

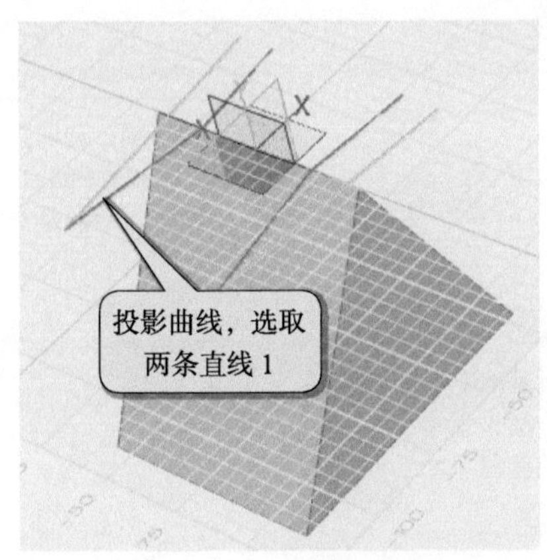

b）曲线选取

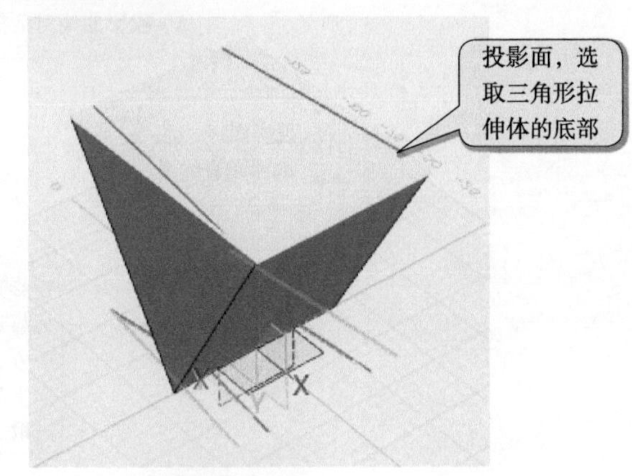

c）投影面选取底面

图 3-2-17　直线 1 投影

（3）单击鼠标中键重复【投影曲线】命令，参数设置如图 3-2-18a 所示。单击✓按钮完成直线 2 的投影，如图 3-2-18b、c 所示。

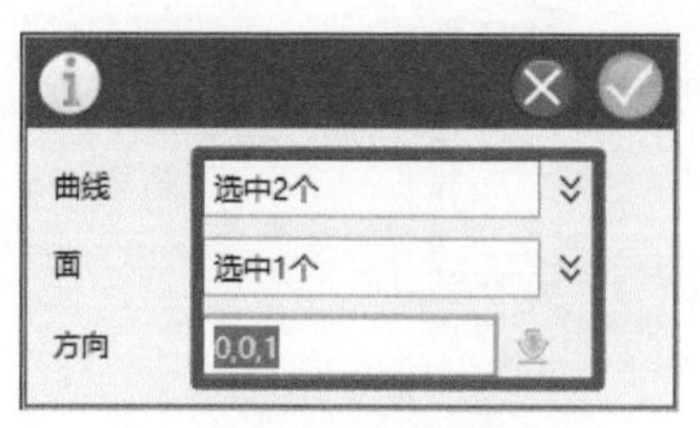

a）投影曲线对话框

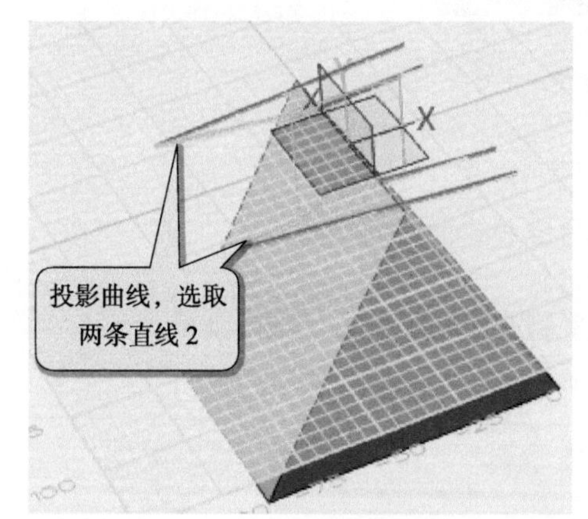

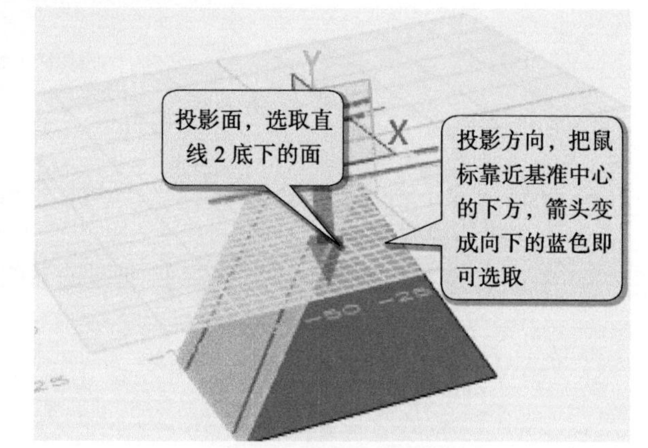

b）曲线选取　　c）投影面直线 2 下面的面

图 3-2-18　直线 2 投影

（4）单击左侧【工具栏】-【线框】-【投影曲线】，参数设置如图 3-2-19a 所示。单击✓按钮完成直线 3 的投影，如图 3-2-19 所示。

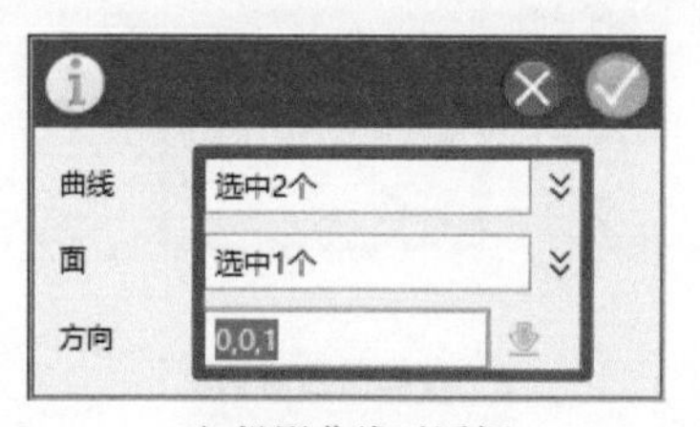

a）投影曲线对话框

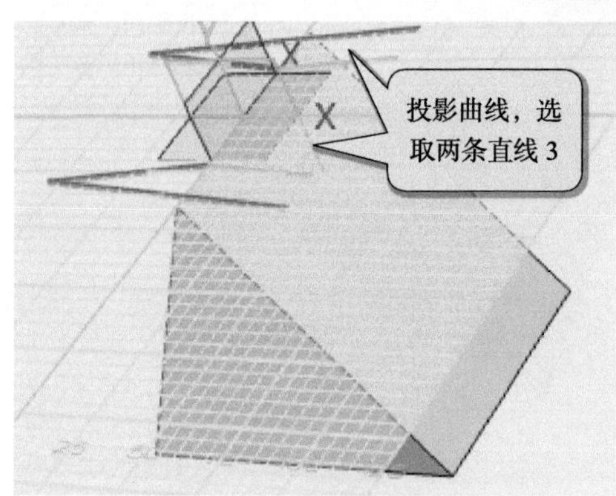

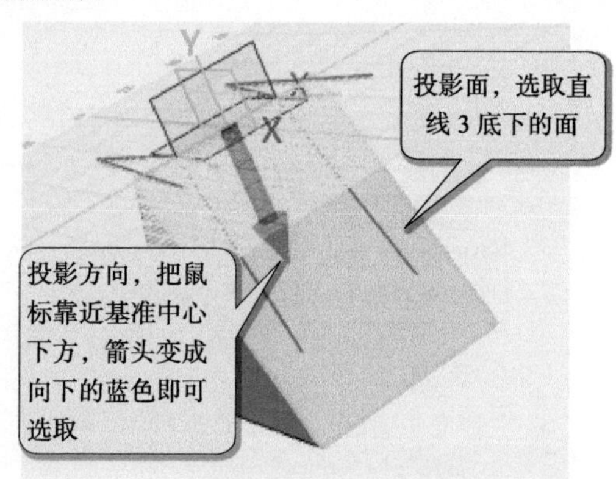

b）曲线选取　　c）投影面直线 3 下面的面

图 3-2-19　直线 3 投影

（5）单击底部【工具栏】-【显示 / 隐藏】-【隐藏几何体】，参数设置如图 3-2-20 所示。单击✅按钮完成直线草图和三角形实体的隐藏。

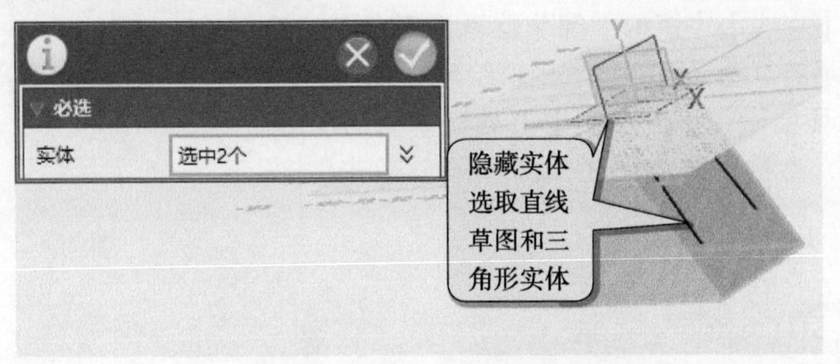

图 3-2-20　草图和三角形实体的隐藏

Step 7：创建 3 个直纹曲面

（1）单击左侧【工具栏】-【面】-【直纹曲面】，参数设置如图 3-2-21 所示。单击✅按钮完成直纹曲面 1。

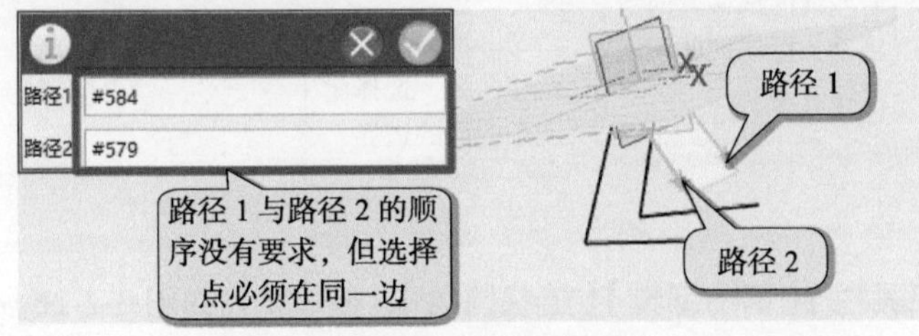

图 3-2-21　直纹曲面 1

（2）参照上一步操作，参数设置如图 3-2-22 所示，完成直纹曲面 2。

图 3-2-22　直纹曲面 2

（3）重复上一步，参数设置如图 3-2-23 所示，完成直纹曲面 3。

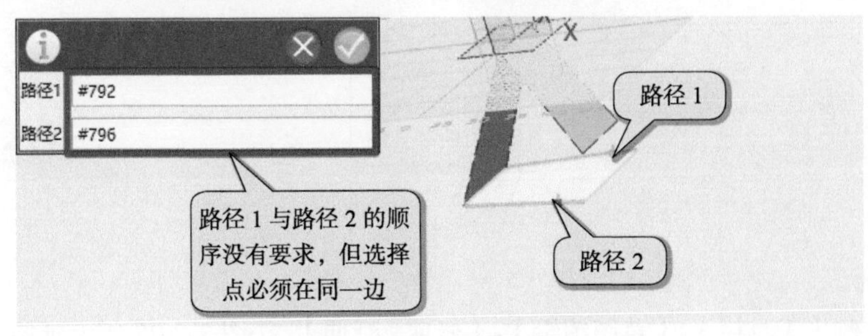

图 3-2-23　直纹曲面 3

Step 8：创建曲面修剪曲线

（1）创建草绘的偏移曲线需要进入到草图环境。单击任意草图绘制命令如【直线】、【矩形】等非编辑类型命令，然后选取图 3-2-24 所示的草绘平面即可进入草绘环境。

（2）进入草绘环境后，单击左侧【工具栏】-【草图编辑】-【偏移曲线】，参数设置如图 3-2-25 所示。单击✓按钮完成曲线的偏移。

图 3-2-24 草绘平面

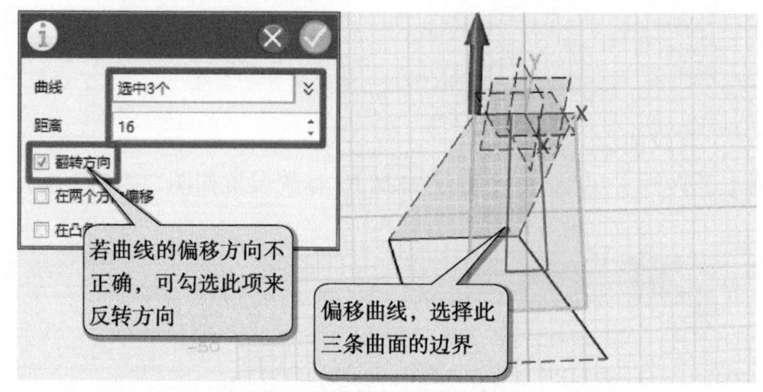

图 3-2-25 曲线的偏移

（3）单击左侧【工具栏】-【草图编辑】-【链状圆角】，参数设置如图 3-2-26 所示，创建两个圆角。

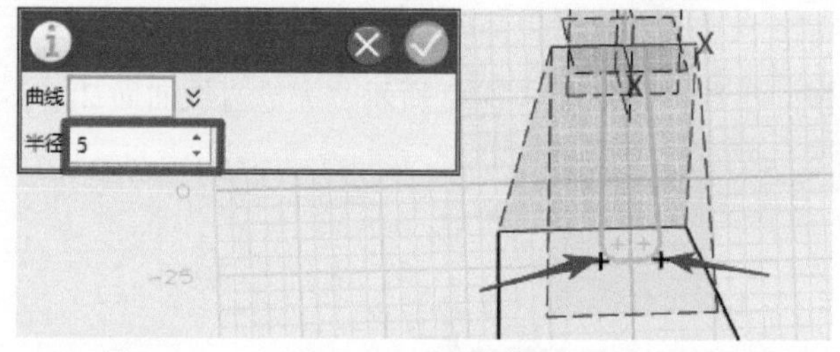

图 3-2-26 圆角 *R*5

（4）单击左侧【工具栏】-【草图绘制】-【直线】，按照图 3-2-27 所示，捕捉三角形实体顶端的两个端点绘制一条直线。

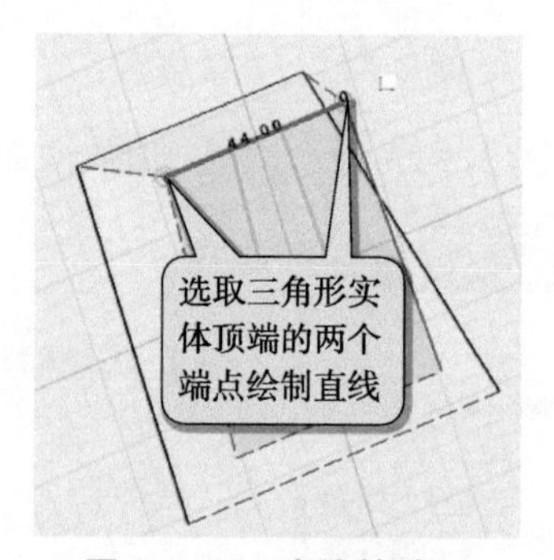

图 3-2-27 直线的绘制

（5）单击左侧【工具栏】-【草图编辑】-【修剪 / 延伸】，按图 3-2-28 所示延伸曲线。

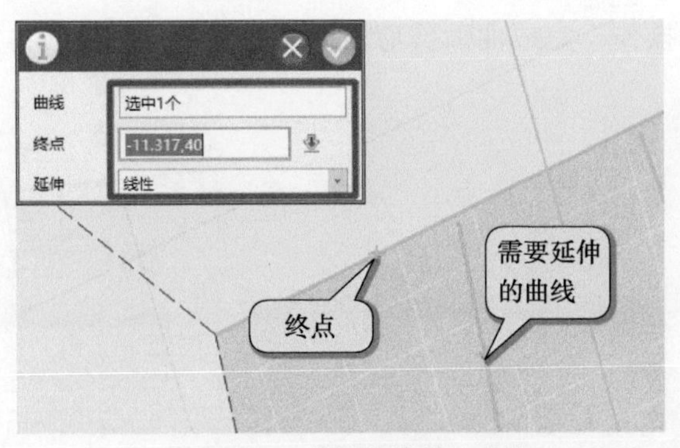

图 3-2-28　曲线的修剪 / 延伸

（6）单击鼠标中键重复【修剪 / 延伸】命令，延伸另外一端的偏移曲线，如图 3-2-29 所示。

图 3-2-29　另一端曲线的修剪 / 延伸

（7）单击左侧【工具栏】-【草图编辑】-【单击修剪】，按图 3-2-30a 所示修剪曲线，结果如图 3-2-30b 所示。

a）单击修剪两端曲线

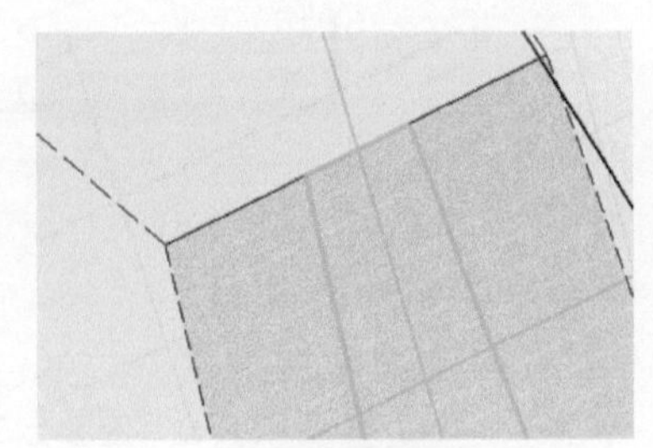

b）修剪结果

图 3-2-30　曲线 1 的修剪

（8）单击顶部【完成】按钮，退出草绘环境，完成曲面修剪曲线 1 的绘制。

（9）重复草图绘制操作，完成曲面修剪曲线 2 的绘制，如图 3-2-31a 所示，参数设置如图 3-2-31a 所示。

a）草绘平面

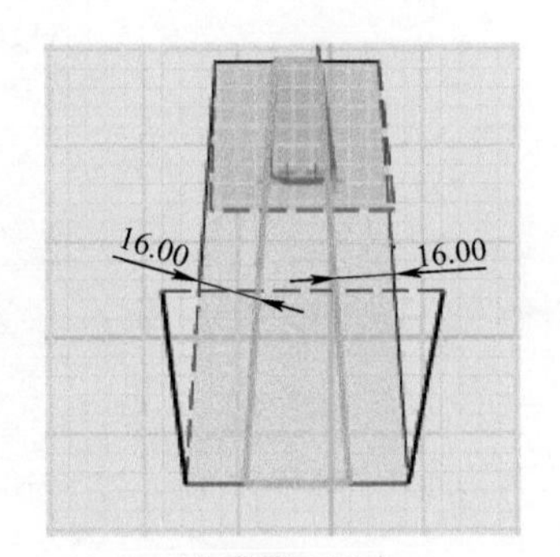

b）曲线 2 尺寸

图 3-2-31　曲线 2 的修剪

（10）重复草图绘制操作，完成曲面修剪曲线 3 的绘制，如图 3-2-32a 所示，参数设置如图 3-2-32b 所示。

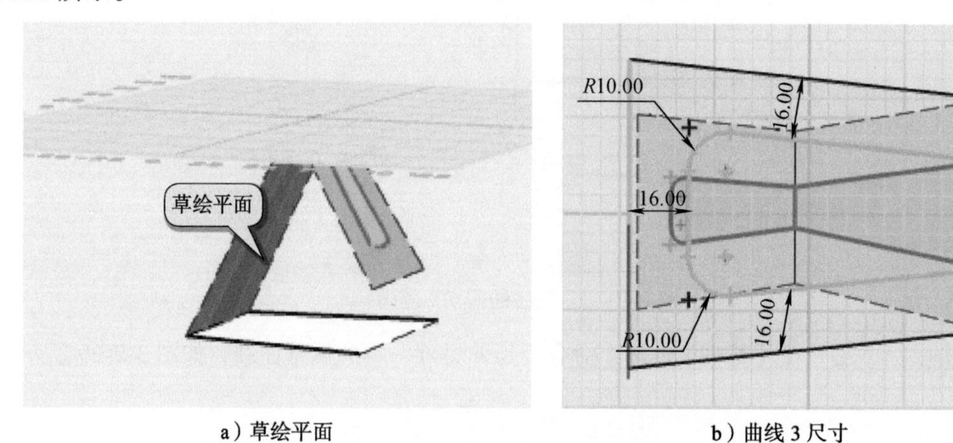

a）草绘平面　　b）曲线 3 尺寸

图 3-2-32　曲线 3 的修剪

Step 9：修剪曲面

（1）单击左侧【工具栏】-【面】-【曲线分割】，参数设置如图 3-2-33 所示。单击按钮完成曲面 1 的分割。

图 3-2-33　曲面 1 的分割

（2）将过滤器类型改为曲面，选取被分割曲面的中间部分，单击 Delete 键将其删除，如图 3-2-34 所示。

图 3-2-34　曲面中间部分的删除

（3）重复曲线分割和删除操作，完成曲面 2 的分割，如图 3-2-35 所示。

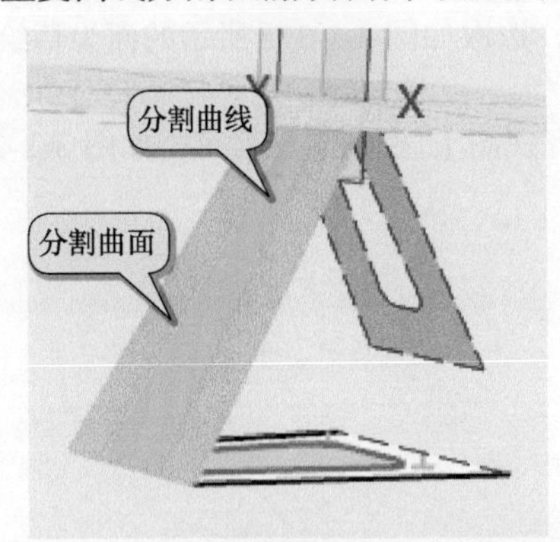

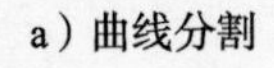

a）曲线分割

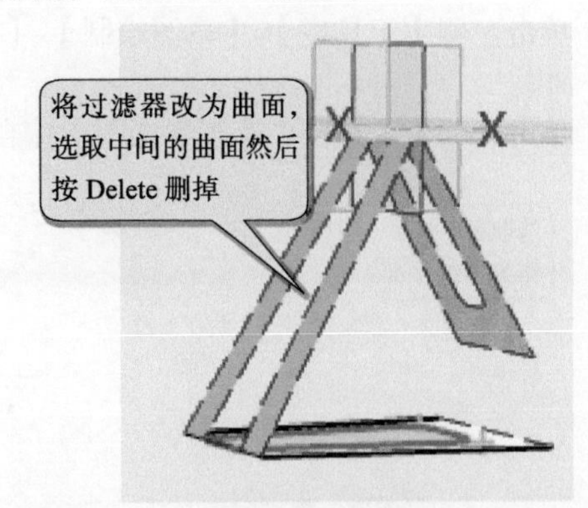

b）删除中间部分曲面

图 3-2-35　曲面 2 的分割

（4）继续重复上述操作，完成曲面 3 的分割，如图 3-2-36 所示。

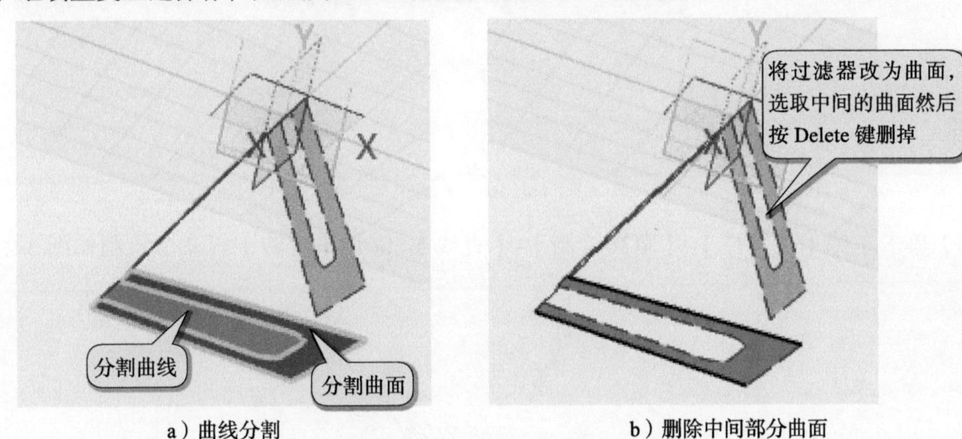

a）曲线分割　　b）删除中间部分曲面

图 3-2-36　曲面 3 的分割

Step 10：曲面圆角

（1）单击左侧【工具栏】-【特征造型】-【圆角】，参数设置如图 3-2-37 所示，完成曲面圆角“*R*8”的创建。

（2）重复上述操作，参数设置如图 3-2-38 所示，完成曲面圆角“*R*4”的创建。

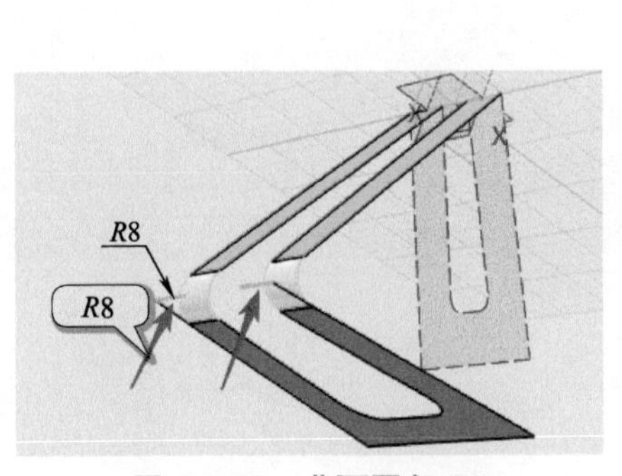

图 3-2-37　曲面圆角 *R*8

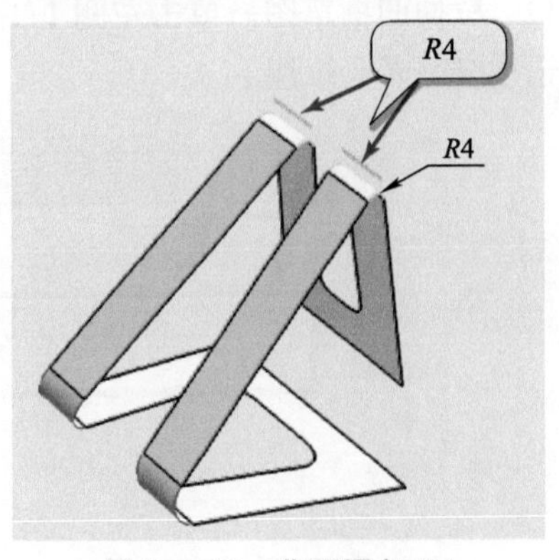

图 3-2-38　曲面圆角 *R*4

Step 11：绘制凹槽草图

（1）单击左侧【工具栏】-【草图绘制】-【直线】，选取如图 3-2-39a 所示的面为草绘平面，进入草绘平面。

（2）单击底部【工具栏】-【查看视图】-【自动对齐视图】，视图自动摆正，如图 3-2-39b 所示。

a）选取草绘平面

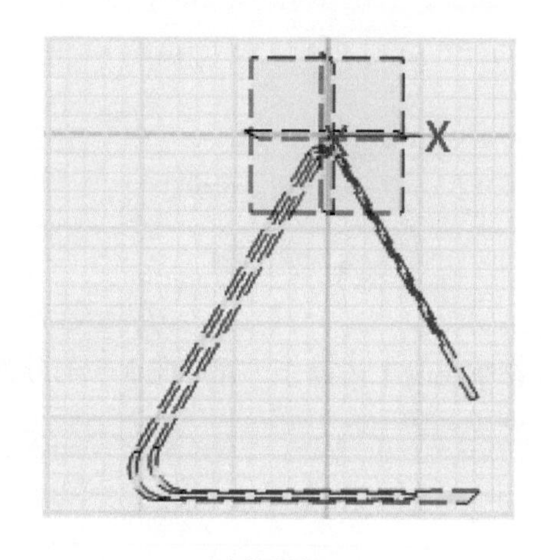

b）视图摆正

图 3-2-39　草绘平面

（3）单击左侧【工具栏】-【草图绘制】-【直线】，配合【旋转】等命令绘制如图 3-2-40 所示的草图。

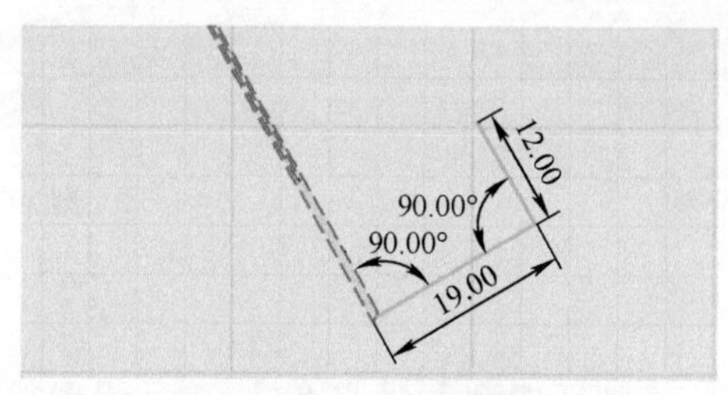

图 3-2-40　沟槽草图

（4）单击顶部【完成】按钮，退出草绘环境，完成沟槽草图。

Step 12：拉伸凹槽草图。单击左侧【工具栏】-【特征造型】-【拉伸】，参数设置如图 3-2-41 所示，单击✓按钮完成拉伸。

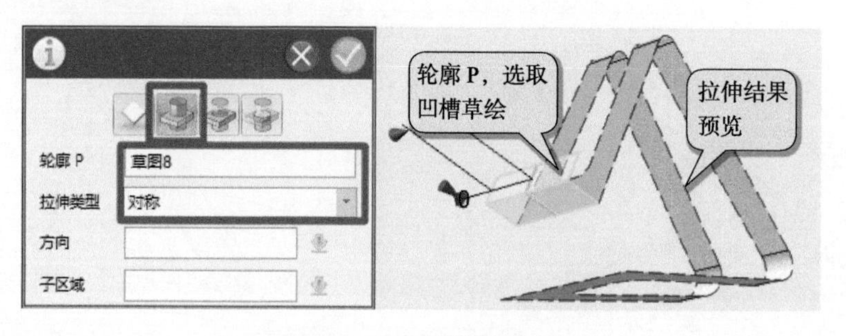

图 3-2-41　凹槽草图的拉伸

Step 13：抽壳。单击左侧【工具栏】-【特殊功能】-【抽壳】，参数设置如图 3-2-42 所示，单击按钮完成抽壳。

图 3-2-42　抽壳

Step 14：凹槽修剪草图

（1）单击左侧【工具栏】-【草图绘制】-【直线】，选取如图 3-2-43a 所示的面为草绘平面，进入草绘平面。

（2）单击底部【工具栏】-【查看视图】-【自动对齐视图】，视图自动摆正，如图 3-2-43b 所示。

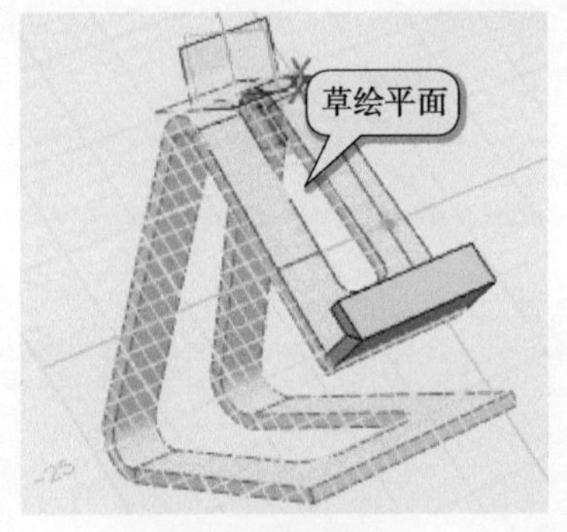

a）选取草绘平面

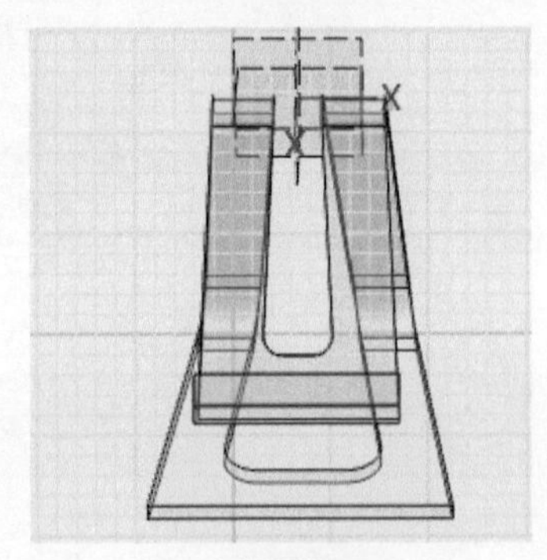

b）视图摆正

图 3-2-43　草绘平面

（3）单击左侧【工具栏】-【草图绘制】-【直线】，配合【偏移直线】等命令绘制如图 3-2-44 所示的草图。

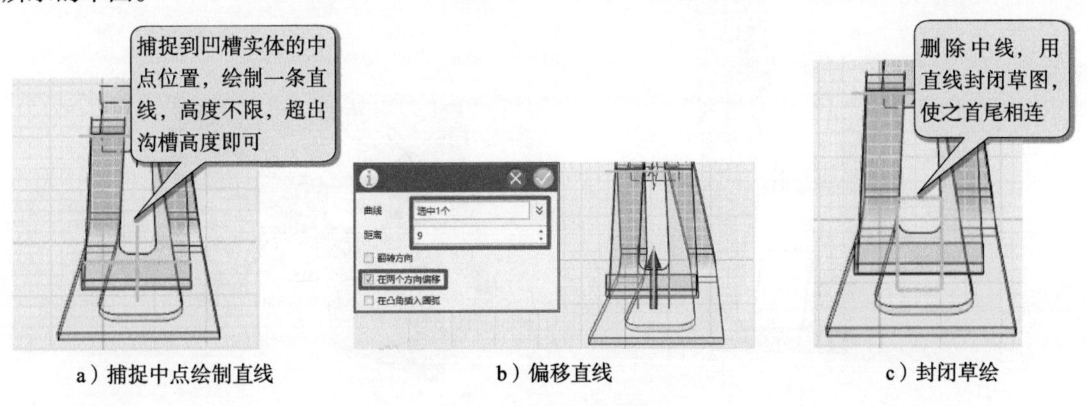

a）捕捉中点绘制直线　　b）偏移直线　　c）封闭草绘

图 3-2-44　凹槽的修剪

Step 15：拉伸修剪凹槽。单击左侧【工具栏】-【特征造型】-【拉伸】，参数设置如图 3-2-45 所示，单击按钮完成凹槽的拉伸。

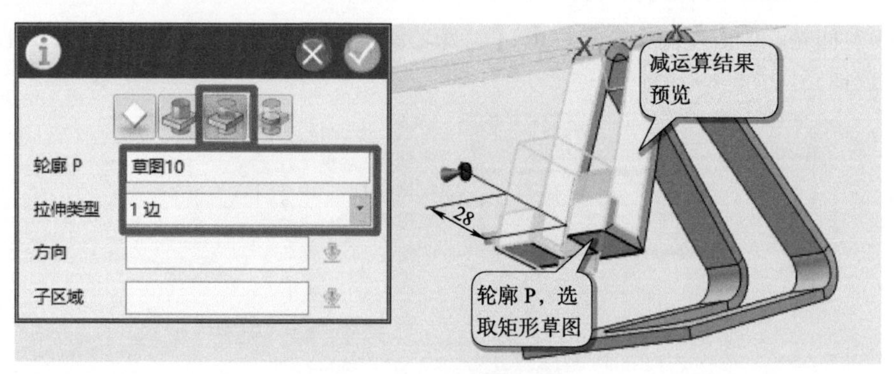

图 3-2-45　凹槽的拉伸

Step 16：实体圆角

（1）单击左侧【工具栏】-【特征造型】-【圆角】，参数设置如图 3-2-46 所示，单击按钮完成实体圆角“*R*4”的创建。

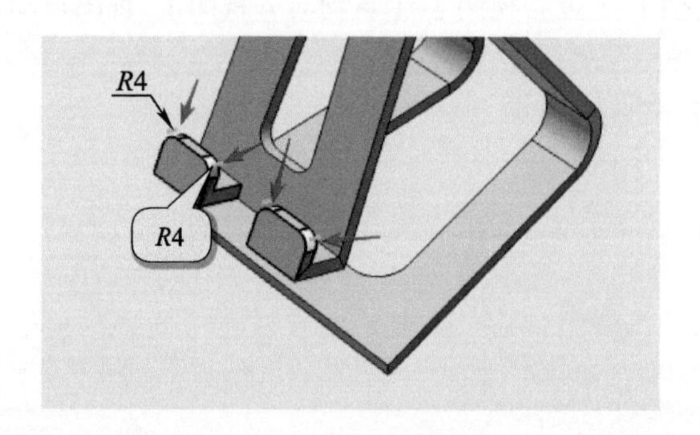

图 3-2-46　实体圆角 *R*4

（2）单击鼠标中键重复【圆角】命令，参数设置如图 3-2-47 所示，单击按钮完成实体圆角“*R*2”的创建。

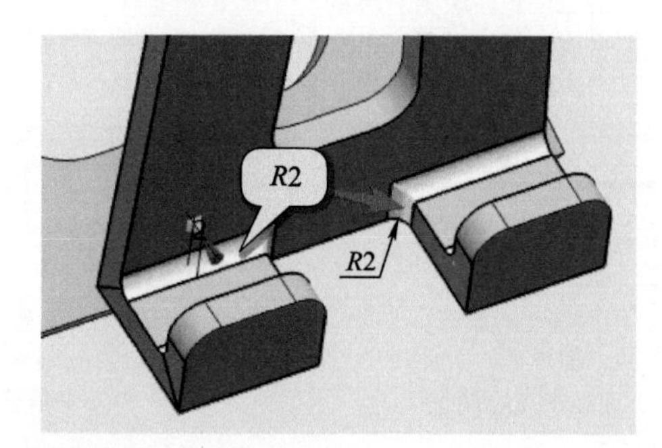

图 3-2-47　实体圆角 *R*2

（3）继续重复上述操作，完成实体圆角“*R*6”“*R*20”和“*R*1”的创建，如图 3-2-48~ 图 3-2-50 所示。

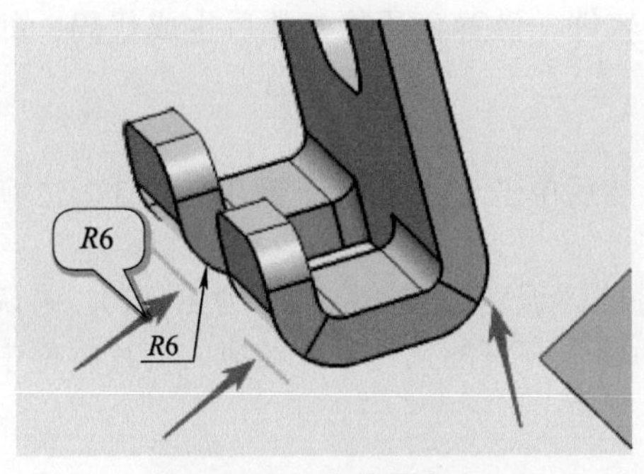

图 3-2-48　实体圆角 *R*6

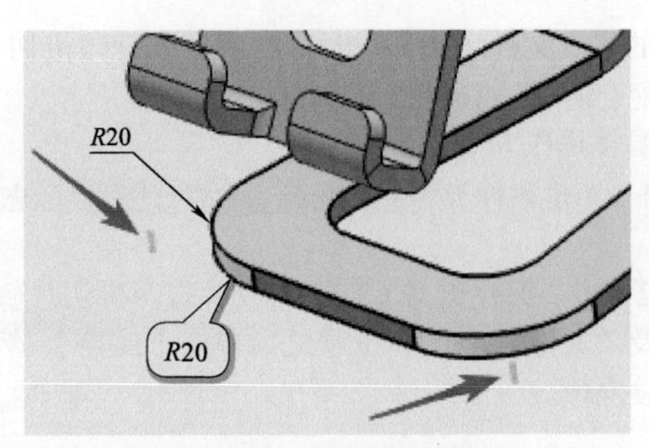

图 3-2-49　实体圆角 *R*20

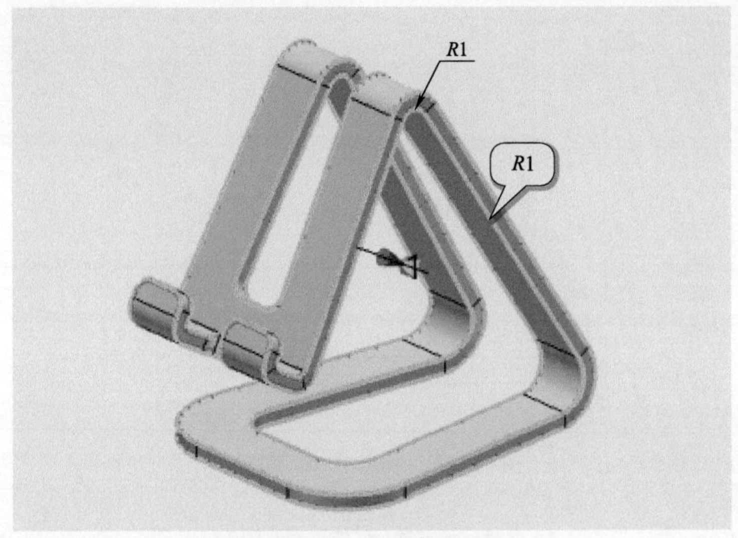

图 3-2-50　实体圆角 *R*1

到此，手机支架的建模已全部完成。

Step 17：后续打印

（1）单击底部【工具栏】-【3D 打印】，如果打印机在"3D 打印机厂商"列表中，可直接选取打印机品牌，然后单击【确定】跳转到相应的切片软件，设置合适的参数后生成代码，即可传输到配套的 3D 打印机进行打印，如图 3-2-51 所示。

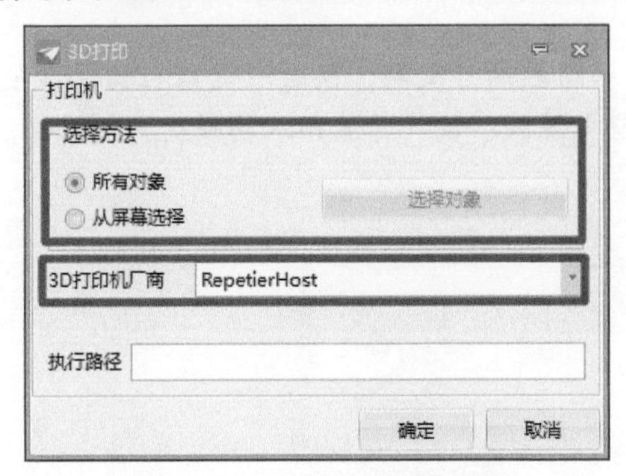

图 3-2-51　一键跳转切片软件

（2）如果打印机不在"3D 打印机厂商"列表中，则需要将模型输出为打印机切片软件能够识别的格式文件（例如 .stl），然后导入打印机切片软件，设置合适的参数后生成代码，即可传输到，配套的 3D 打印机进行打印。

具体操作方法如下：

1）单击软件界面左上角 3D One Plus 标志，然后单击【另存为】，弹出如图 3-2-52 所示对话框。

2）将“保存类型（T）”更改为打印机切片软件能够识别的文件格式（例如 .stl），确认保存位置以及“文件名（M）”无误之后单击【保存】，然后将保存好的文件导入相应的切片软件中即可进行后续操作。

图 3-2-52　另存为 .stl 格式

任务二　小型电风扇的设计

任务描述

本设计属于小型电风扇的支架结构（见图 3-2-53），分为电动机支架、风扇前底座、风扇后底座和电动机后盖，可以相互配合装配。另外购置电动机、电源线、开关和扇叶等零件与支架组装后即成为一个电动风扇，甚至可以把电源接口改成 USB 接口，这样就可以在计算机上使用了。

装配后电动机支架可以转动以调节风向，同时配置限位结构，使得支架只能在一定范围内转动，避免过度转向以致缠绕电源线。设计时兼顾结构强度和轻便性，因此在保证足够强度之后尽量减少支架结构的材料。

图 3-2-53　小型电风扇

【任务目标】

1）学会使用 3D One Plus 软件绘制较为复杂的作品。

2）学会作品后续打印设置。

任务准备

1. 参数设计　风扇装配后尺寸约为 120mm × 163mm × 180mm。

2. 设计分析　电动机支架上有限位装置，是非常细小的结构，设计时需要特别注意；另外电动机支架上的线槽开孔尺寸可以根据实际的电源线直径设定，以避免线槽无法卡住电源线。

3. 设计要求　电风扇支架共有 4 个零件，其相互配合的位置较多，对设计精度和打印机精度有较高要求。

4. 硬件和软件准备　计算机，3D One Plus 软件。

任务实施

小型电风扇的支架包括电动机支架、风扇前底座、风扇后底座和后盖四部分，具体绘制过程如下：

1. 电动机支架的绘制　Step 1：打开 3D One Plus。

（1）双击“3D One Plus”图标，打开设计软件。

（2）单击顶部【工具栏】-【保存】，选择一个保存位置，文件命名为“电动机支架”。

Step 2：绘制支架外圆草图

（1）单击左侧【工具栏】-【草图绘制】-【圆】，选取网格作为草绘平面，然后进入草绘环境，在原点位置绘制“ϕ108”“ϕ128”的圆，如图 3-2-54 所示。

（2）完成草图后单击按钮退出草图。

Step 3：拉伸支架外圆草图。单击底部【工具栏】-【特征造型】-【拉伸】命令，拉伸高度设置为“10”；选择【圆角】命令完成圆角“*R*7”的创建，如图 3-2-55 所示。

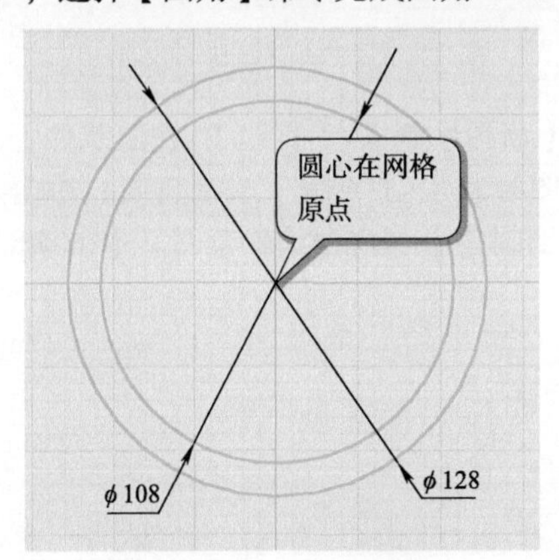

图 3-2-54　支架外圆草图

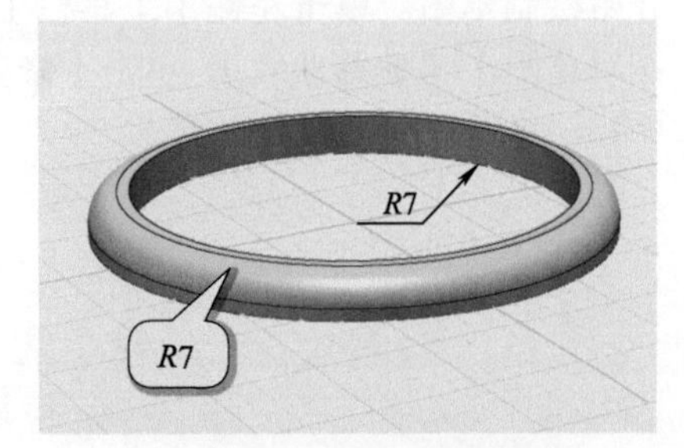

图 3-2-55　支架外圆的拉伸

Step 4：外框抽壳

单击左侧【工具栏】-【特殊功能】-【抽壳】选择绘制造型，厚度设为“−2”，选择底面为开放面，如图 3-2-56 所示。

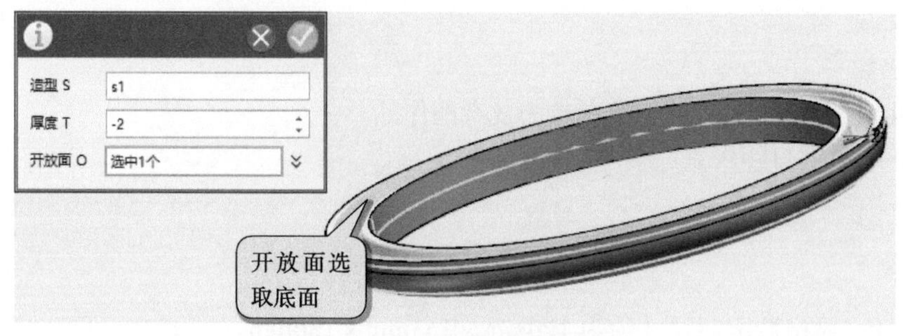

图 3-2-56　支架外框的抽壳

Step 5：电动机支架草图。单击左侧【工具栏】-【草图绘制】-【圆】，然后在上一步的基体圆心位置单击鼠标左键将其作为草绘平面，进入草绘环境，绘制“$\phi30$”的圆，使用【直线】绘制直线；单击左侧【工具栏】-【编辑草图】-【偏移曲线】，单击【修剪】、【倒圆角】等命令编辑草图。单击顶部按钮，退出草绘环境，效果如图 3-2-57 所示。

Step 6：电动机支架拉伸。单击左侧【工具栏】-【特征造型】-【拉伸】命令，拉伸高度设置为“10”。选择【组合】命令，将两个基体组合在一起；布尔运算选择加运算，如图 3-2-58 所示。

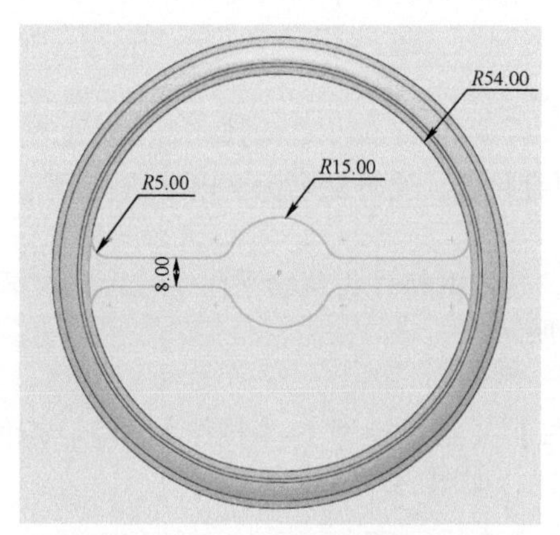

图 3-2-57　电动机支架草图的绘制

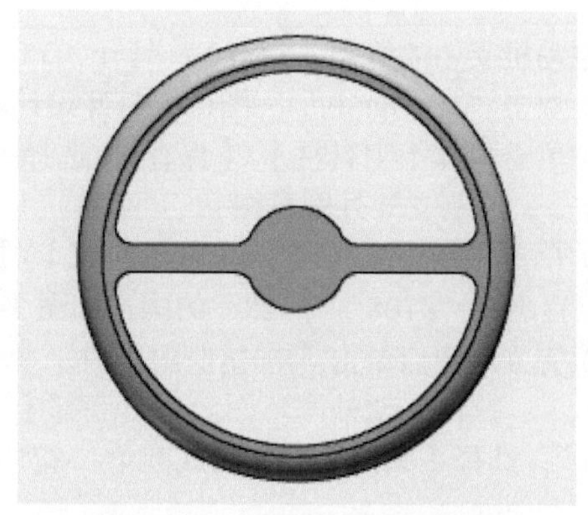

图 3-2-58　电动机支架的拉伸

Step 7：绘制线槽草图。单击左侧【工具栏】-【草图绘制】-【直线】，选取基体上表面为草绘平面，开始绘制草图。单击左侧【工具栏】-【草图绘制】-【直线】绘制直线；单击左侧【工具栏】-【编辑草图】-【偏移曲线】，单击【修剪】、【倒圆角】等命令编辑草图。单击顶部按钮，退出草绘环境，效果如图 3-2-59 所示。

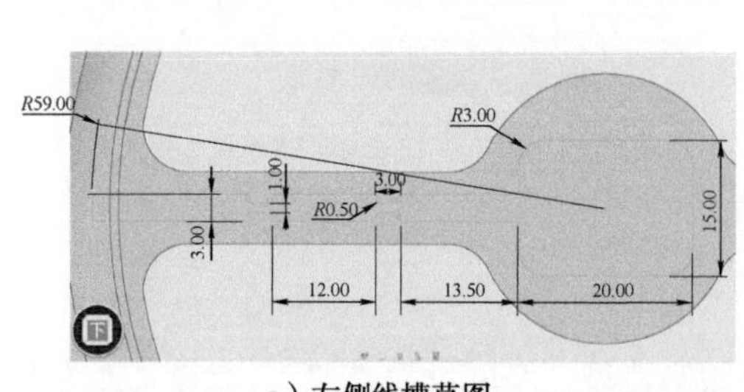

a）左侧线槽草图

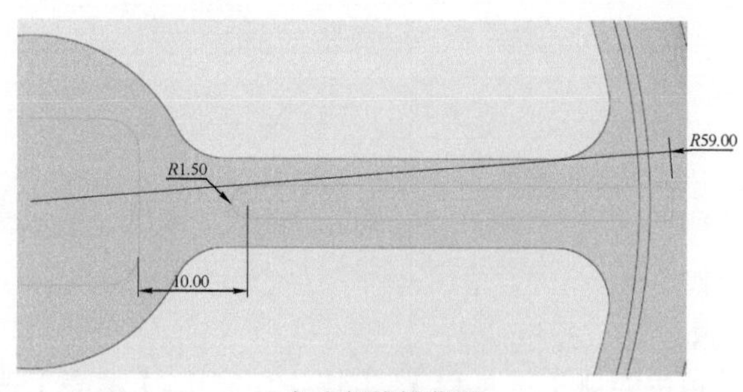

b）右侧线槽草图

图 3-2-59　线槽草图

Step 8：线槽拉伸切除。单击左侧【工具栏】-【特征造型】-【拉伸】，拉伸高设置为“−7”；布尔运算选择减运算，效果如图 3-2-60 所示。

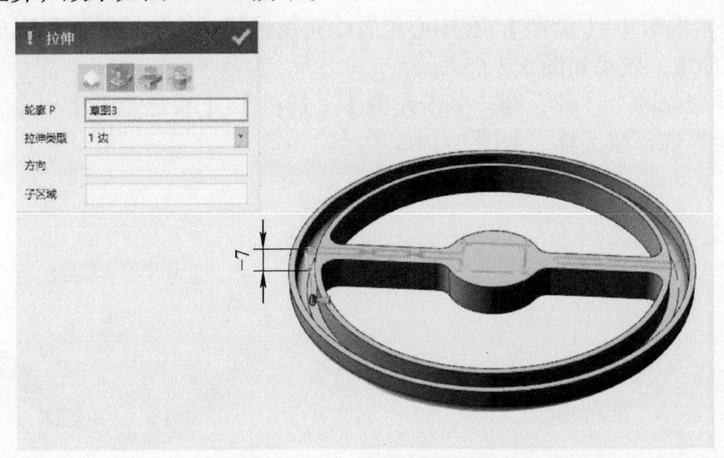

图 3-2-60　线槽的拉伸切除

Step 9：绘制“$\phi6$”圆草图。单击左侧【工具栏】-【草图绘制】-【圆】，然后在上一步的基体拉伸平面中心位置单击鼠标左键将其作为草绘平面，进入草绘环境，绘制“$\phi6$”的圆。单击顶部按钮，退出草绘环境，效果如图 3-2-61 所示。

Step 10：拉伸切除“$\phi6$”圆。单击左侧【工具栏】-【特征造型】-【拉伸】，拉伸高度设置为“−2”；布尔运算选择减运算，如图 3-2-62 所示。

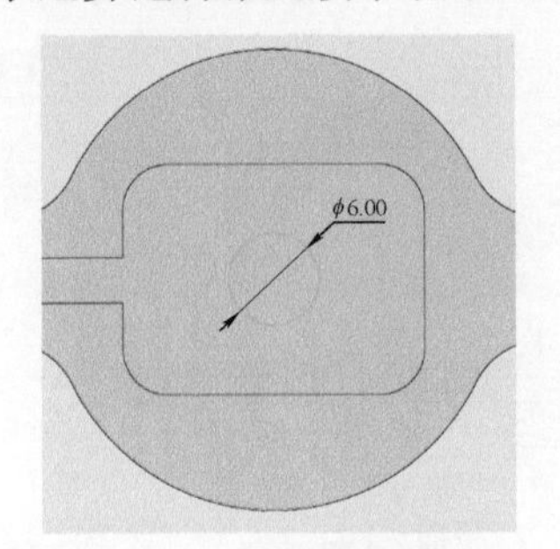

图 3-2-61　$\phi6$ 圆草图的绘制

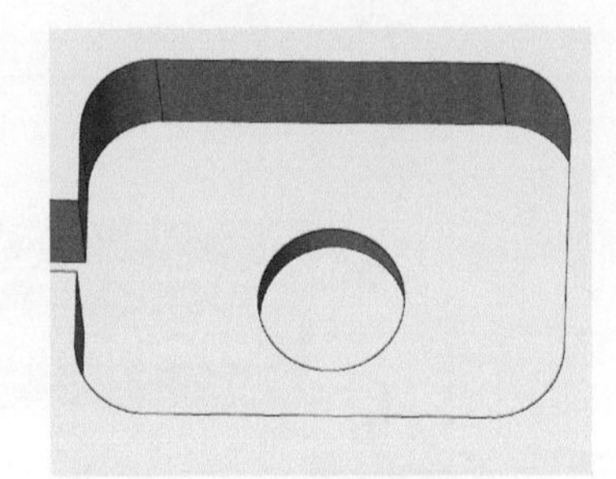

图 3-2-62　$\phi6$ 圆的拉伸切除

Step 11：绘制“$\phi2$”圆草图。单击左侧【工具栏】-【草图绘制】-【圆】，然后在上一步的基体拉伸平面中心位置单击鼠标左键将其作为草绘平面，进入草绘环境，绘制“$\phi2$”的圆。单击顶部按钮，退出草绘环境，效果如图 3-2-63 所示。

Step 12：拉伸切除“$\phi2$”圆。单击左侧【工具栏】-【特征造型】-【拉伸】，拉伸高度设置为“−5”；布尔运算选择减运算，如图 3-2-64 所示。

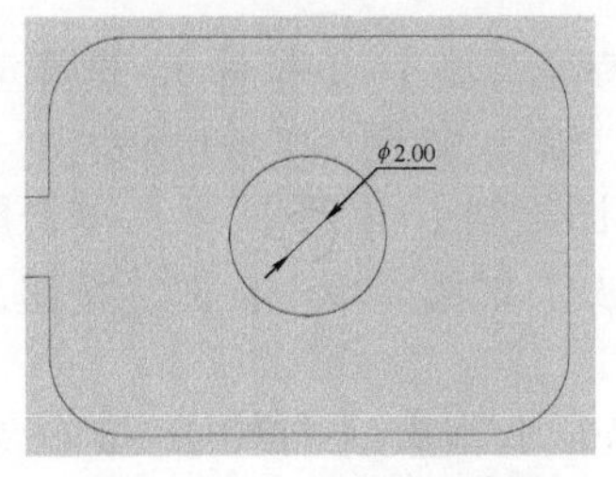

图 3-2-63　$\phi2$ 圆的绘制

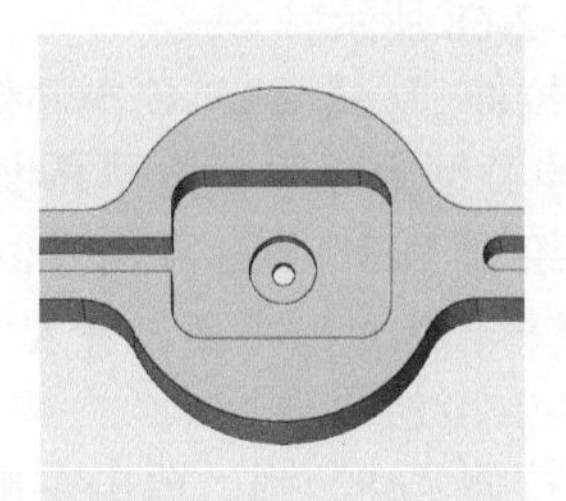

图 3-2-64　$\phi2$ 圆的拉伸切除

Step 13：绘制两个对称的“$\phi2$”圆。单击左侧【工具栏】-【草图绘制】-【圆】，然后在上一步的基体平面中心位置单击鼠标左键将其作为草绘平面，进入草绘环境，绘制“$\phi2$”的圆。单击左侧【工具栏】-【基本编辑】-【镜像】，在中心位置绘制镜像线，选取镜像线后完成镜像。单击顶部按钮，退出草绘环境，效果如图 3-2-65 所示。

Step 14：拉伸切除两个“$\phi2$”圆。单击左侧【工具栏】-【特征造型】-【拉伸】，拉伸高度设置为“−5”；布尔运算选择减运算，如图 3-2-66 所示。

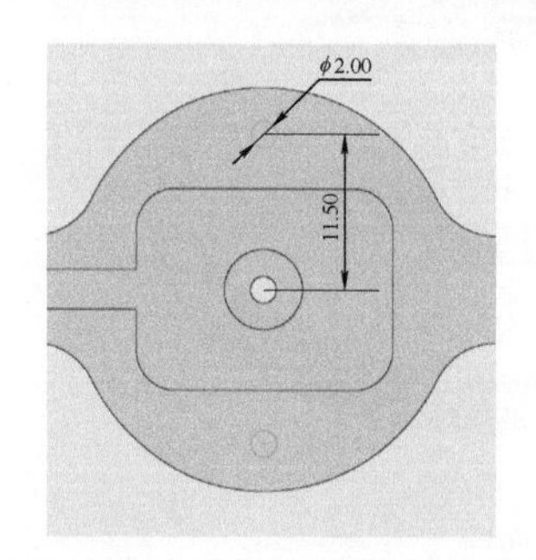

图 3-2-65　两个对称的 $\phi2$ 圆

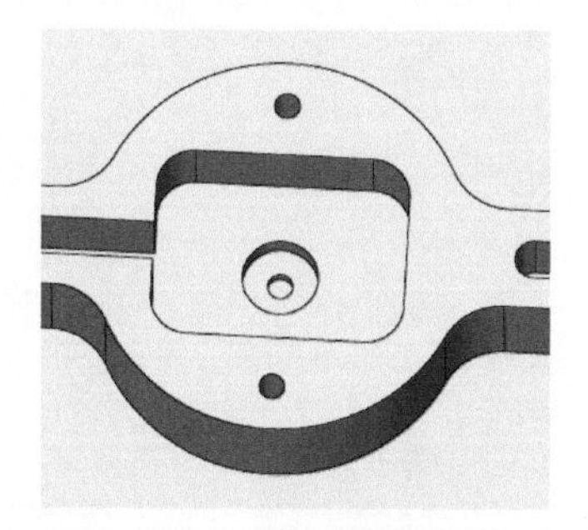

图 3-2-66　$\phi2$ 圆的拉伸切除

Step 15：创建 ZY 基准平面。单击左侧【工具栏】-【插入基准面】-【ZY 平面】，偏移设置为“−64”，完成“ZY 基准平面”的创建，如图 3-2-67 所示。

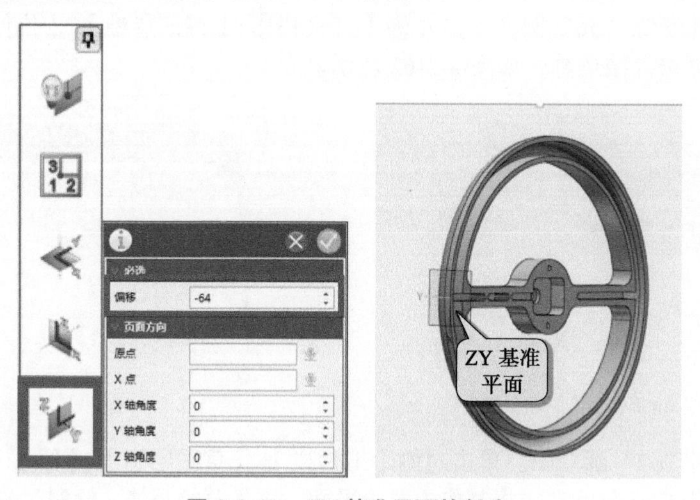

图 3-2-67　ZY 基准平面的创建

Step 16：绘制“$\phi6$”圆。单击左侧【工具栏】-【草图绘制】-【圆】，然后单击鼠标左键，以上一步创建的平面作为草绘平面，进入草绘环境，绘制“$\phi6$”的圆。单击顶部按钮，退出草绘环境，效果如图 3-2-68 所示。

Step 17：拉伸“$\phi6$”圆。单击左侧【工具栏】-【特征造型】-【拉伸】，选择上一步绘制的草图，选择拉伸类型为 2 边，拉伸高度设置为“−5”和“2”，如图 3-2-69 所示。

Step 18：绘制“$\phi8$”圆。单击左侧【工具栏】-【草图绘制】-【圆】，然后单击鼠标左键，以上一步拉伸的基体作为草绘平面，进入草绘环境，绘制“$\phi8$”的圆。单击顶部按钮，退出草绘环境，效果如图 3-2-70 所示。

Step 19：拉伸“$\phi8$”圆。单击左侧【工具栏】-【特征造型】-【拉伸】，拉伸高度设置为 2，如图 3-2-71 所示。

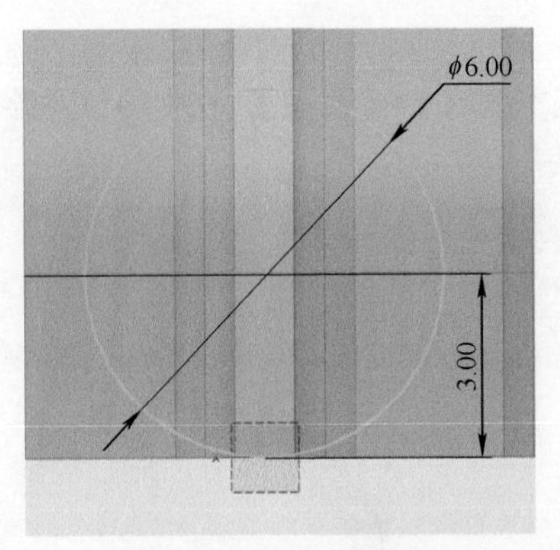

图 3-2-68　ϕ6 圆的绘制

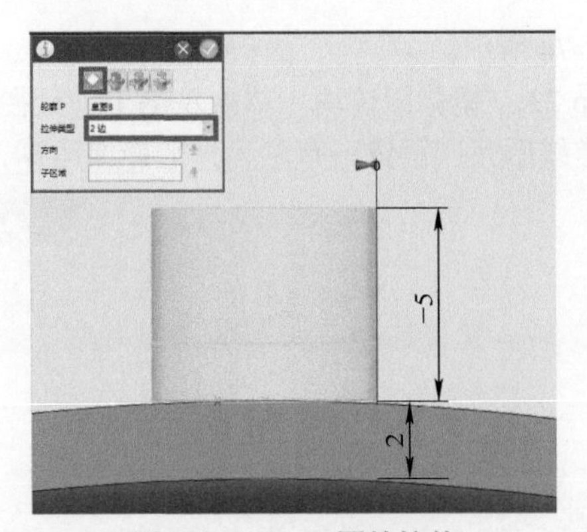

图 3-2-69　ϕ6 圆的拉伸

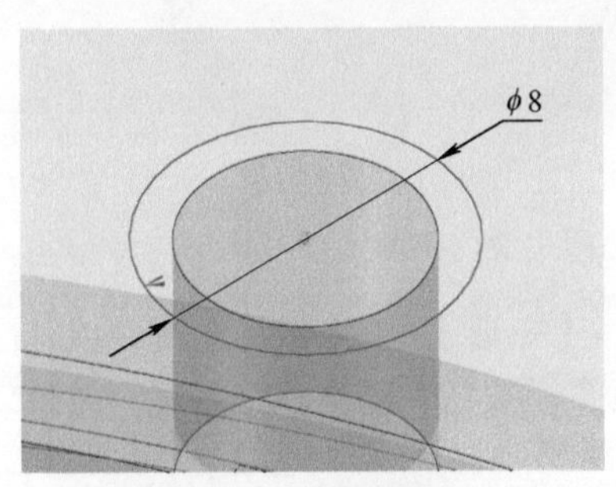

图 3-2-70　ϕ8 圆的绘制

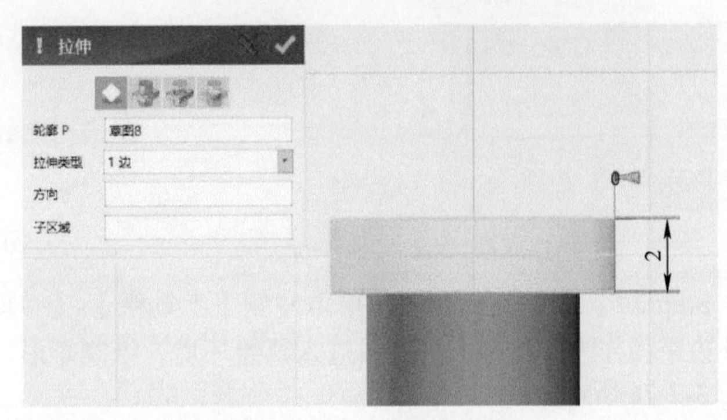

图 3-2-71　ϕ8 圆的拉伸

Step 20：绘制“ϕ5”“ϕ7”圆。单击左侧【工具栏】-【草图绘制】-【圆】，然后单击鼠标左键，以创建的平面作为草绘平面，进入草绘环境，绘制“ϕ5”“ϕ7”的圆。单击顶部按钮，退出草绘环境，效果如图 3-2-72 所示。

Step 21：拉伸“ϕ5”“ϕ7”圆。单击左侧【工具栏】-【特征造型】-【拉伸】，选择上一步绘制的草图，选择拉伸类型为 2 边，拉伸高度设置为“−3”和“−1.5”，布尔运算选择减运算，如图 3-2-73 所示。

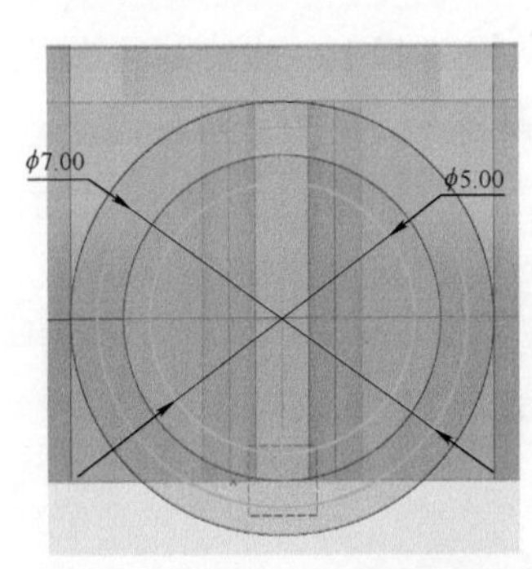

图 3-2-72　ϕ5、ϕ7 圆的绘制

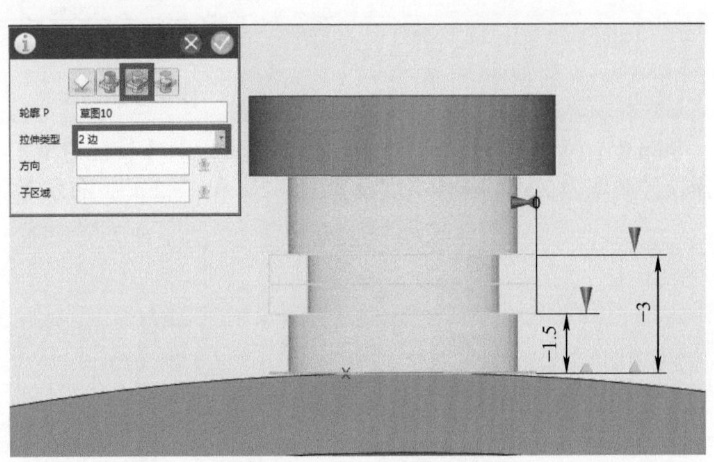

图 3-2-73　ϕ5、ϕ7 圆的拉伸

Step 22：倒圆“*R*0.5”。单击左侧【工具栏】-【特征造型】-【圆角】，圆角半径设置为“0.5”，

如图 3-2-74 所示。

Step 23：镜像限位块。单击左侧【工具栏】-【基本编辑】-【镜像】，在中心位置绘制镜像线，选取镜像线后完成镜像；布尔运算选择加运算，如图 3-2-75 所示。

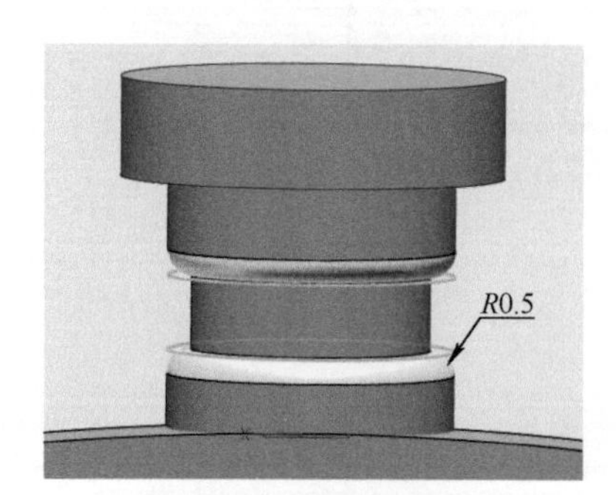

图 3-2-74　圆角 *R*0.5

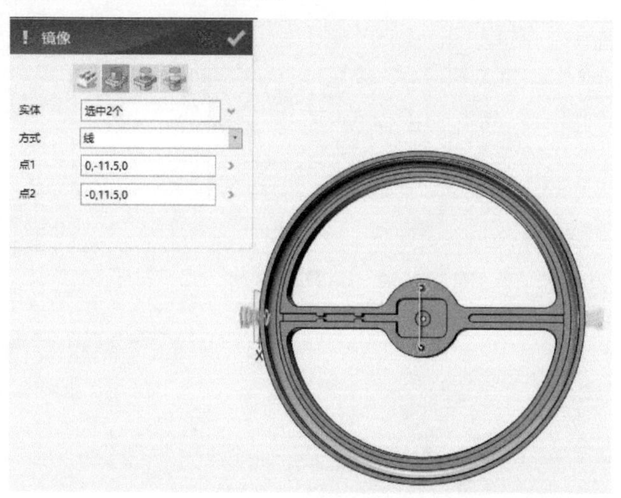

图 3-2-75　限位块的镜像

Step 24：绘制矩形草图。单击左侧【工具栏】-【草图绘制】-【矩形】，单击鼠标左键，以基体外边平面作为草绘平面，然后进入草绘环境，绘制矩形。单击顶部✅按钮，退出草绘环境，效果如图 3-2-76 所示。

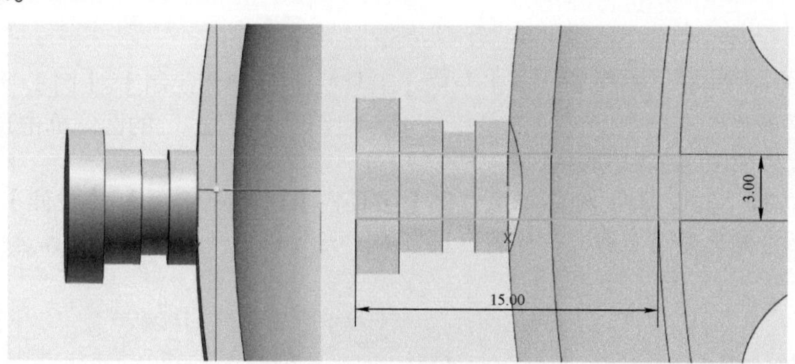

图 3-2-76　矩形草图的绘制

Step 25：拉伸切除矩形。单击左侧【工具栏】-【特征造型】-【拉伸】，选择上一步绘制的草图，选择拉伸类型为 2 边，拉伸高度设置为“2”和“−2.5”，布尔运算选择减运算，如图 3-2-77 所示。

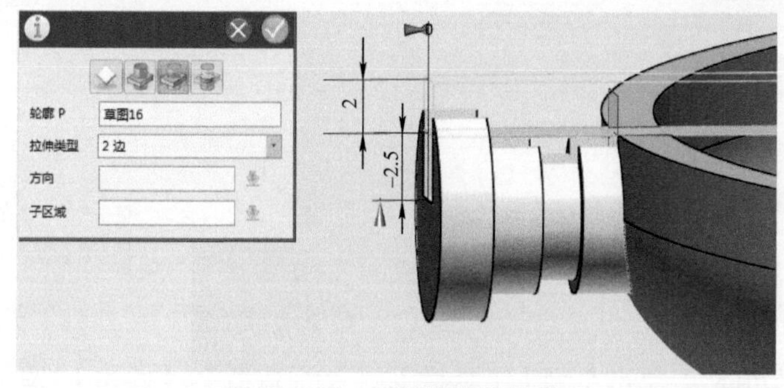

图 3-2-77　矩形的拉伸切除

Step 26：绘制“$\phi 11$”圆草图。单击左侧【工具栏】-【草图绘制】-【圆】，选择限位块的顶面作为草绘平面，如图 3-2-78a 所示。绘制 $\phi 11$ 的圆并绘制一条经过圆心的垂线。单击顶部按钮，退出草绘环境，效果如图 3-2-78b 所示。

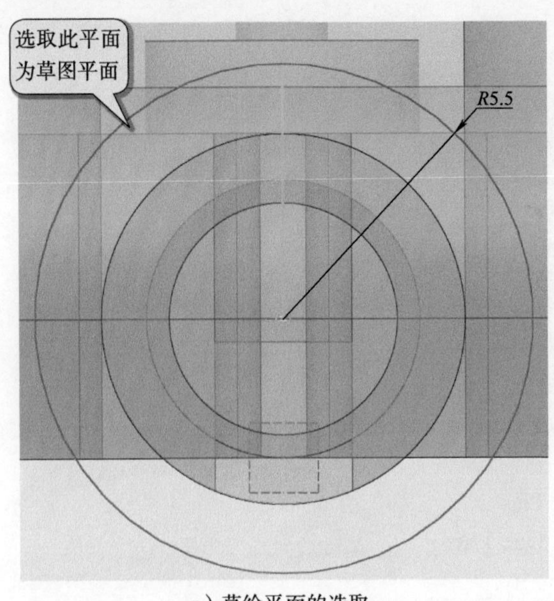

a）草绘平面的选取

b）$\phi 11$ 圆

图 3-2-78　$\phi 11$ 圆草图的绘制

Step 27：旋转直线 30°。单击左侧【工具栏】-【基本编辑】-【旋转】，以 0 点为基点，角度选择 30°，如图 3-2-79 所示。

Step 28：修剪草图。单击左侧【工具栏】-【单击修剪】命令编辑草图。单击顶部按钮，退出草绘环境，效果如图 3-2-80 所示。

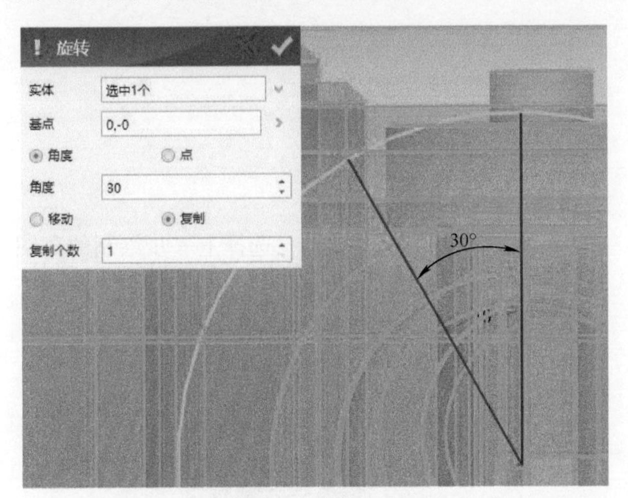

图 3-2-79　直线的旋转

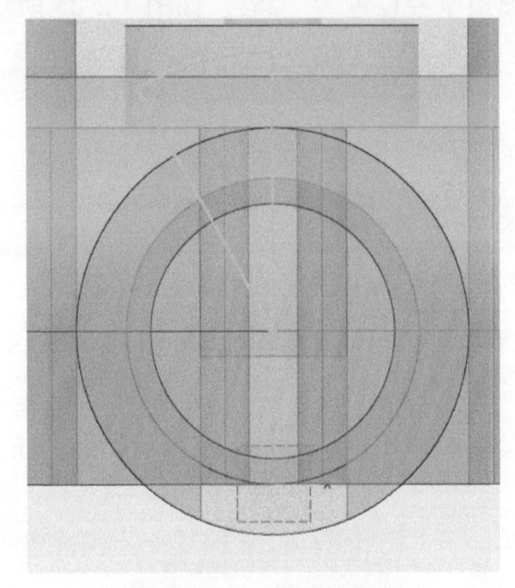

图 3-2-80　草图的修剪

Step 29：拉伸草图。单击左侧【工具栏】-【特征造型】-【拉伸】，拉伸高度设置为“−2”；布尔运算选择加运算，如图 3-2-81 所示。

Step 30：倒圆角 $R1$。单击左侧【工具栏】-【特征造型】-【圆角】，选择倒圆角边界，圆角半径为“1”，如图 3-2-82 所示。

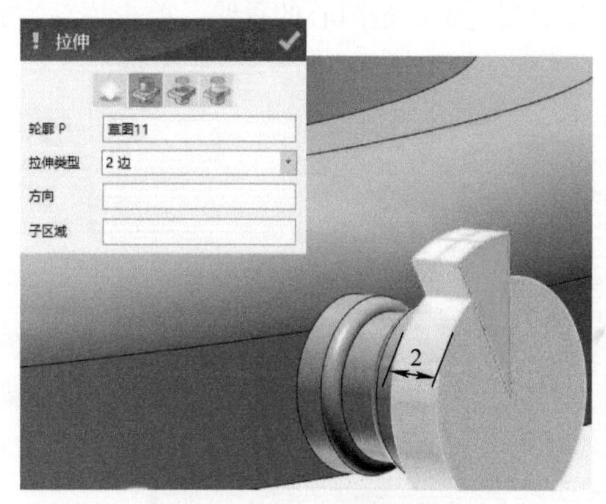

图 3-2-81　草图的拉伸

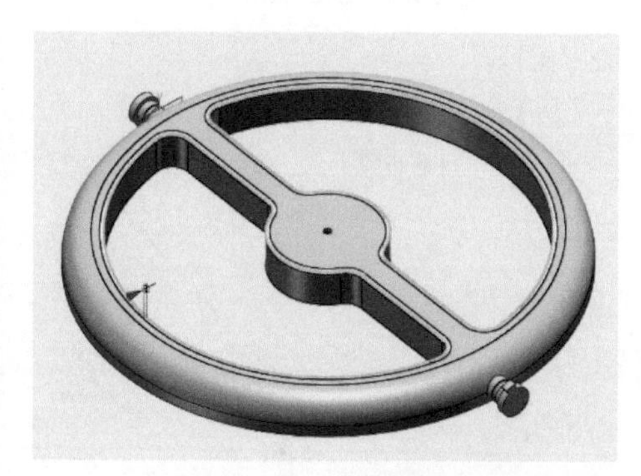

图 3-2-82　圆角 *R*1

Step 31：完成电动机支架的绘制。电动机支架效果如图 3-2-83 所示。

图 3-2-83　电动机支架效果

2. 风扇前底座的绘制　Step 1：打开 3D One Plus。

（1）双击“3D One Plus”图标，打开 3D One Plus 设计软件。

（2）单击顶部【工具栏】-【保存】，选择一个保存位置，文件命名为“风扇前底座”。

Step 2：绘制圆柱体。单击左侧【工具栏】-【基本实体】-【圆柱体】，绘制半径为“60”、高度为“36”的圆柱，如图 3-2-84 所示。

Step 3：圆柱体倒圆“*R*25”。单击左侧【工具栏】-【特征造型】-【圆角】，选择倒圆角边界，圆角半径设置为“25”，如图 3-2-85 所示。

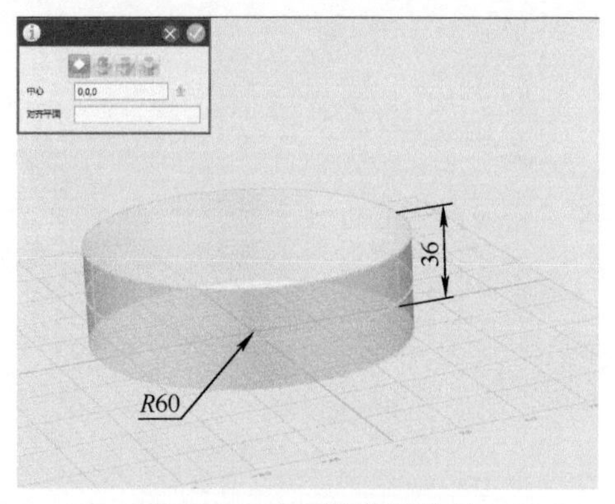

图 3-2-84　圆柱体的绘制

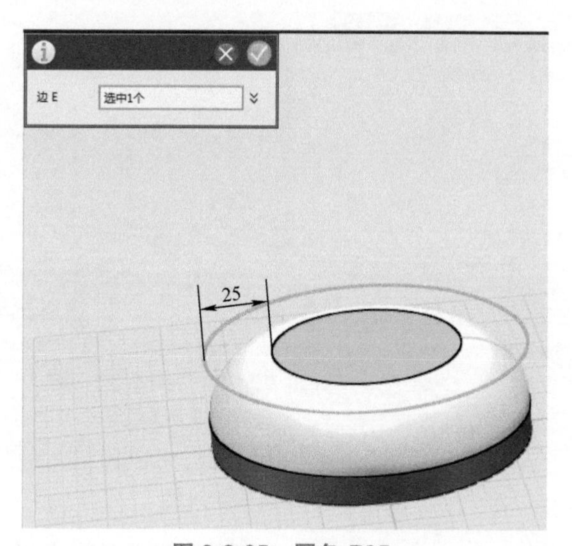

图 3-2-85　圆角 *R*25

Step 4：圆柱体抽壳。单击左侧【工具栏】-【特殊功能】-【抽壳】，选择绘制造型，厚度设置为“−5”，选择底面为开放面，如图 3-2-86 所示。

Step 5：绘制直线草图。单击左侧【工具栏】-【草图绘制】-【直线】，然后单击鼠标左键，以基体外边平面作为草绘平面，进入草绘环境，绘制直线。单击顶部按钮，退出草绘环境，效果如图 3-2-87 所示。

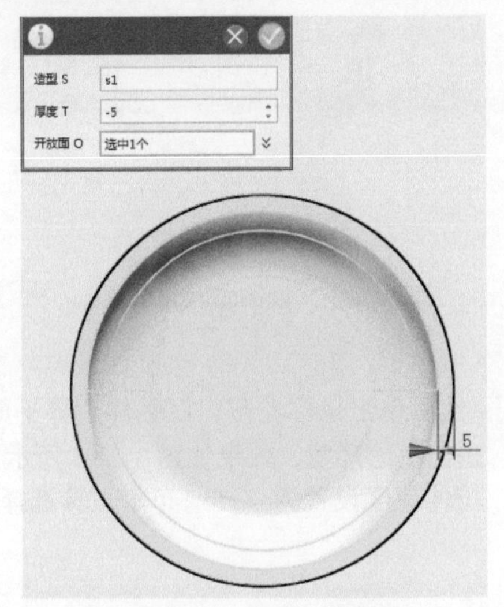

图 3-2-86　圆柱体的抽壳

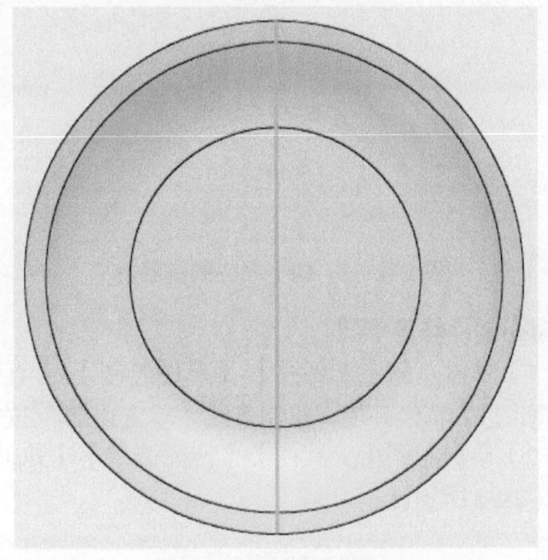

图 3-2-87　直线的绘制

Step 6：拉伸修剪草图。单击左侧【工具栏】-【特征造型】-【拉伸】，拉伸高度设置为“−50”；布尔运算选择减运算，如图 3-2-88 所示。

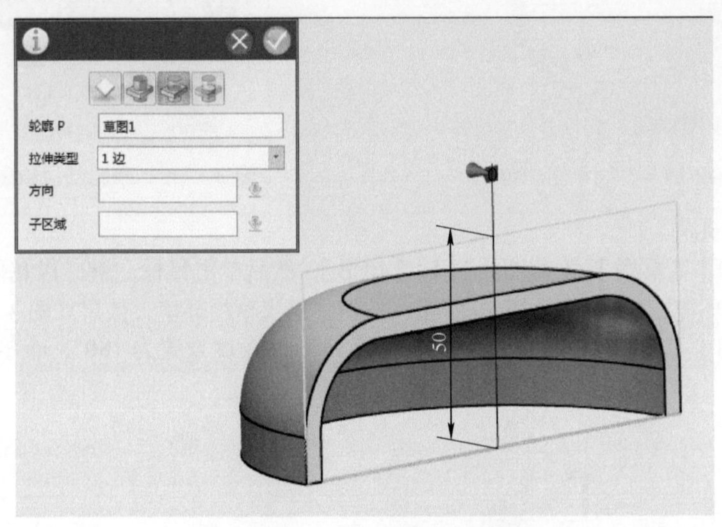

图 3-2-88　壳体草图的拉伸修剪

Step 7：创建框架

（1）单击左侧【工具栏】-【草图绘制】-【圆】，然后单击鼠标左键，以上一步拉伸平面作为草绘平面，进入草绘环境，绘制 ϕ132mm、ϕ156mm 的两个同心圆。单击顶部按钮，退出草绘环境，效果如图 3-2-89 所示。

（2）单击左侧【工具栏】-【特征造型】-【拉伸】，拉伸高度设置为“−6”；布尔运算选择基体，如图 3-2-90 所示。

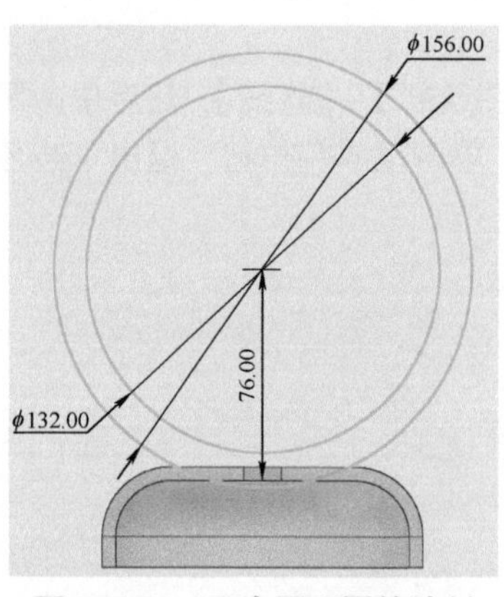

图 3-2-89　两个同心圆的绘制

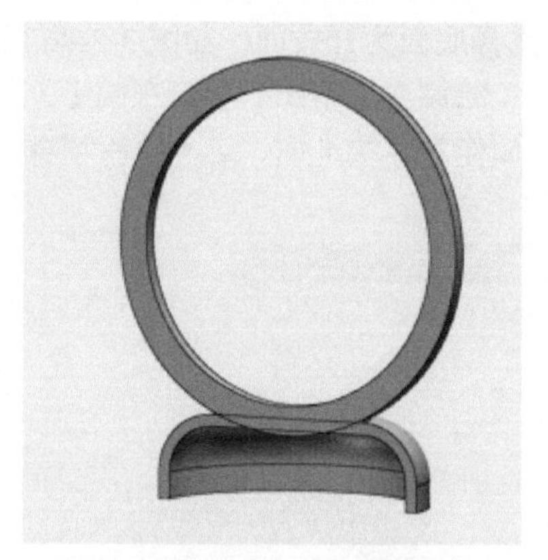
图 3-2-90　两个同心圆的拉伸

Step 8：修剪半圆

（1）单击左侧【工具栏】-【草图绘制】-【直线】，然后单击鼠标左键，以基体边界平面作为草绘平面，进入草绘环境，绘制直线。单击顶部按钮，退出草绘环境，效果如图 3-2-91 所示。

（2）单击左侧【工具栏】-【特征造型】-【拉伸】，拉伸高度设置为“−5”；布尔运算选择减运算，如图 3-2-92 所示。

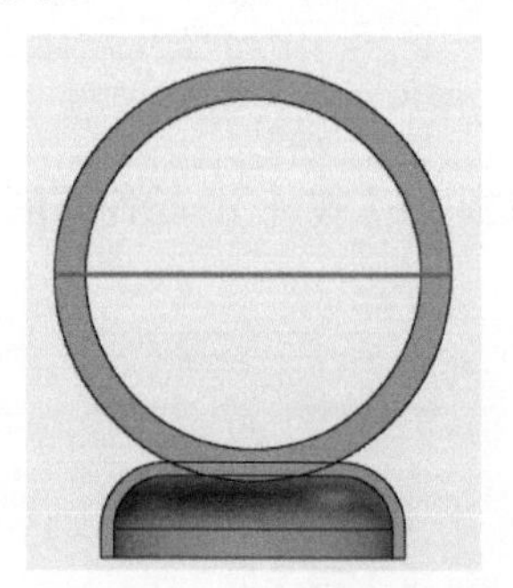
图 3-2-91　直线草图的绘制

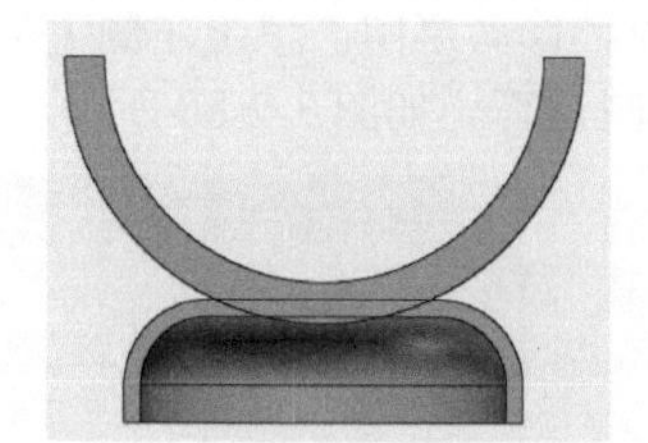
图 3-2-92　半圆的拉伸修剪

Step 9：创建夹头

（1）单击左侧【工具栏】-【草图绘制】-【矩形】，然后单击鼠标左键，以基体边界平面作为草绘平面，进入草绘环境，绘制草图。单击顶部按钮，退出草绘环境，效果如图 3-2-93 所示。

（2）单击左侧【工具栏】-【特征造型】-【旋转】，旋转角度设置为 180°，布尔运算选择加运算，如图 3-2-94 所示。

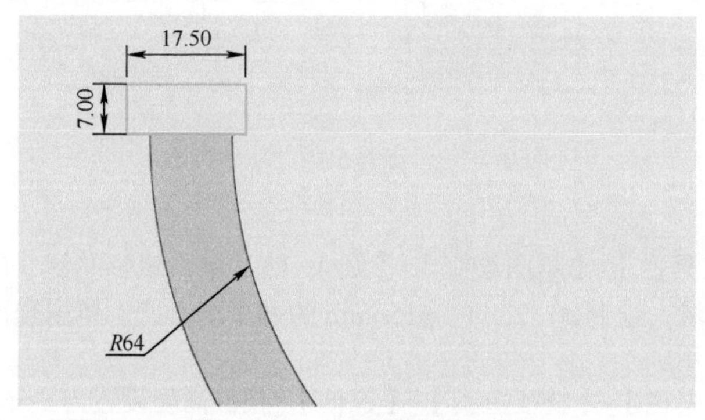

图 3-2-93　矩形夹头的绘制

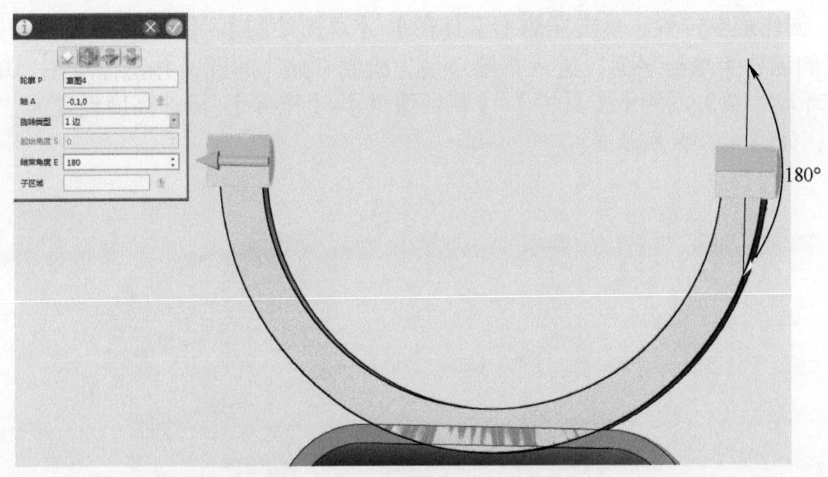

图 3-2-94　夹头组合体的旋转

Step 10：倒圆角“*R*2.5”。单击左侧【工具栏】-【特征造型】-【圆角】，选择倒圆角边界，圆角半径设置为“2.5”，如图 3-2-95 所示。

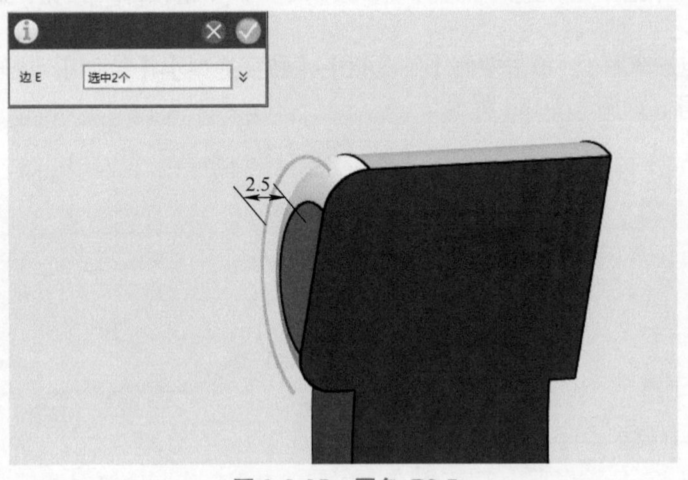

图 3-2-95　圆角 *R*2.5

Step 11：抽壳夹头。单击左侧【工具栏】-【特殊功能】-【抽壳】，选择绘制造型，厚度设置为“−3”，选择底面为开放面，如图 3-2-96 所示。

Step 12：组合底座和支架。单击左侧【工具栏】-【组合】命令，将两个基体组合，布尔运算选择加运算，如图 3-2-97 所示。

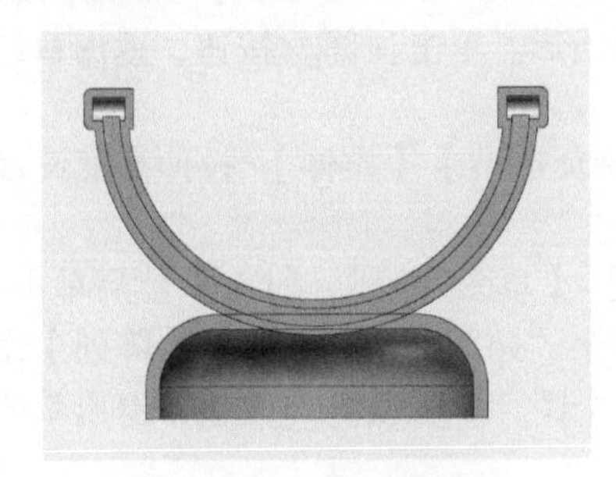

图 3-2-96　夹头的抽壳

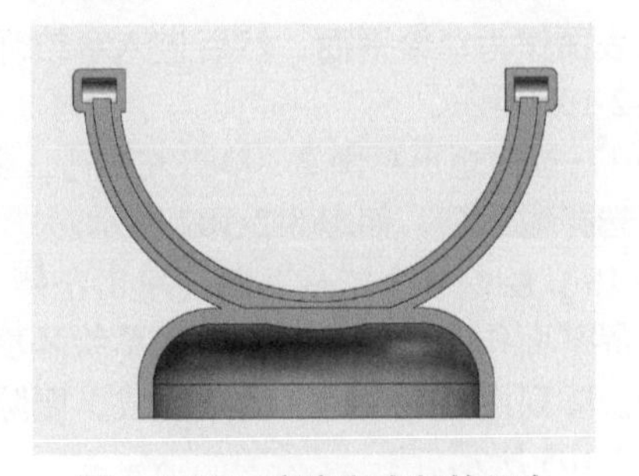

图 3-2-97　底座和支架的组合

Step 13：创建避空位置。单击左侧【工具栏】-【草图绘制】-【圆】，然后单击鼠标左键，选择上一步特征侧面作为草绘平面，进入草绘环境，绘制“$\phi 6$”的圆，并镜像草图。单击顶部✅按钮，退出草绘环境；单击左侧【工具栏】-【特征造型】-【拉伸】，拉伸高度设置为“−3”；布尔运算选择减运算，如图3-2-98所示。

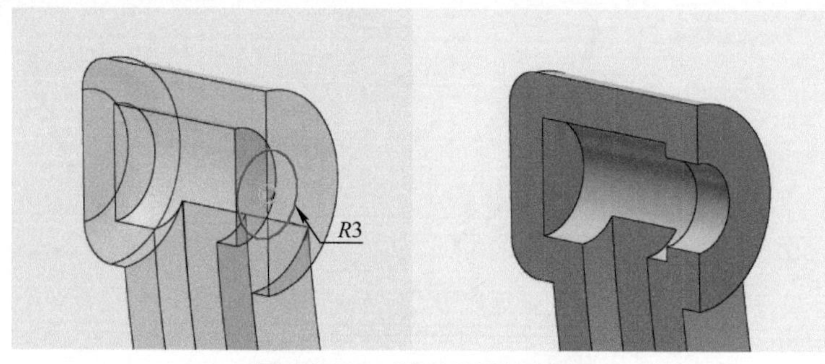

图3-2-98　避空位置的创建

Step 14：绘制矩形草图1。单击左侧【工具栏】-【草图绘制】-【矩形】，然后单击鼠标左键，以基体边界平面作为草绘平面，进入草绘环境，绘制矩形。单击顶部✅按钮，退出草绘环境，效果如图3-2-99所示。

Step 15：拉伸矩形草图1。单击左侧【工具栏】-【特征造型】-【拉伸】，拉伸高度设置为“−3”；布尔运算选择减运算，如图3-2-100所示。

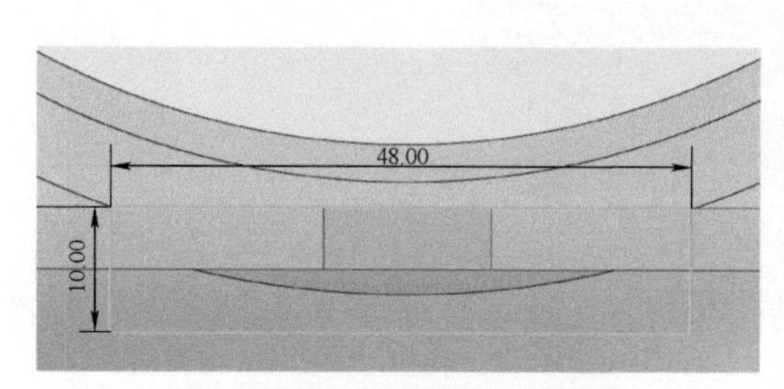

图3-2-99　矩形草图1的绘制

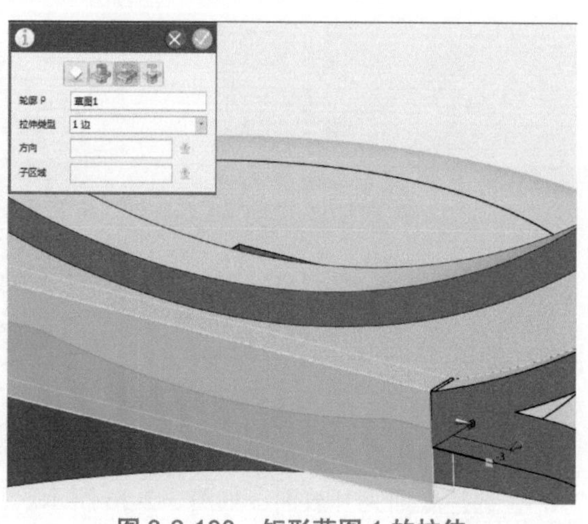

图3-2-100　矩形草图1的拉伸

Step 16：绘制矩形草图2。单击左侧【工具栏】-【草图绘制】-【矩形】，然后单击鼠标左键，以基体上表面作为草绘平面，然后进入草绘环境，绘制矩形。单击顶部✅按钮，退出草绘环境，效果如图3-2-101所示。

Step 17：拉伸矩形草图2。单击左侧【工具栏】-【特征造型】-【拉伸】，拉伸高度设置为“−5”；布尔运算选择减运算，如图3-2-102所示。

Step 18：绘制4个“$\phi 4$”圆。单击左侧【工具栏】-【草图绘制】-【圆】，然后单击鼠标左键，以基体边界平面作为草绘平面，进入草绘环境，绘制4个“$\phi 4$”的圆，并选择【阵列】命令，选择圆形阵列。阵列由5个“$\phi 4$”的圆组成，删除中间的一个圆，单击顶部✅按钮，退出草绘环境，效果如图3-2-103所示。

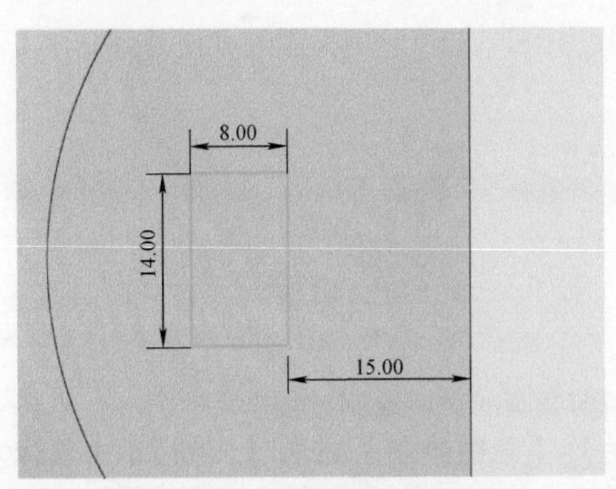

图 3-2-101　矩形草图 2 的绘制

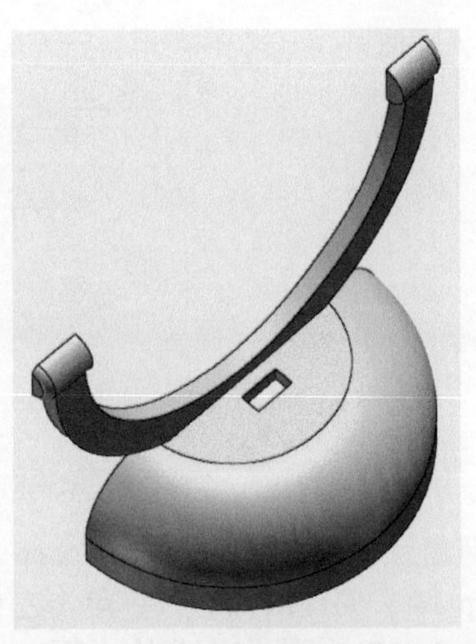
图 3-2-102　矩形草图 2 的拉伸

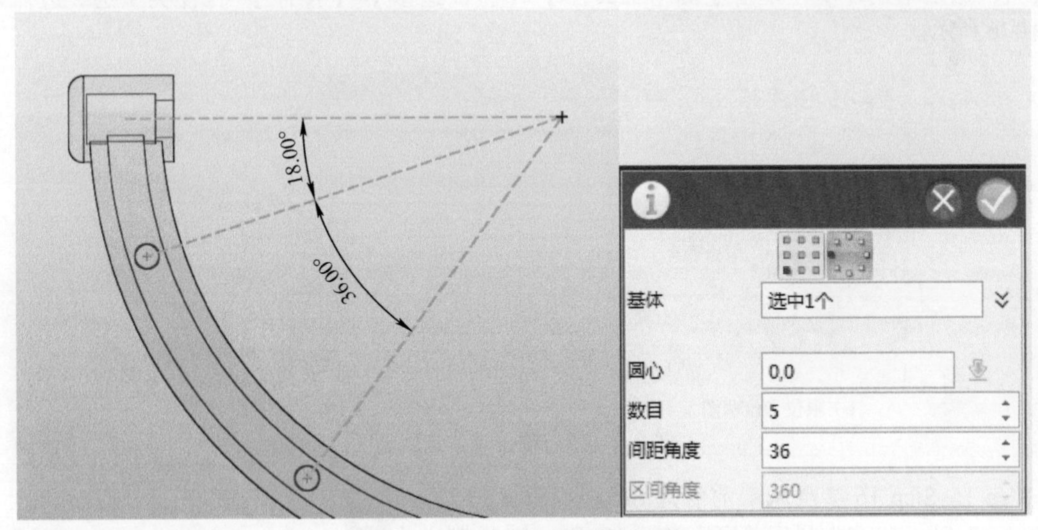

图 3-2-103　圆形阵列的创建

Step 19：拉伸 4 个“$\phi4$”圆。单击左侧【工具栏】-【特征造型】-【拉伸】，拉伸高度设置为“−3”；布尔运算选择加运算，如图 3-2-104 所示。

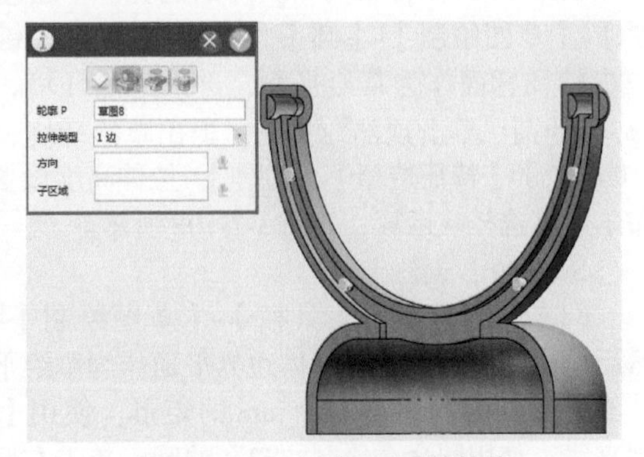
图 3-2-104　4 个 $\phi4$ 圆的拉伸

Step 20：拉伸修剪 4 个“$\phi2$”的圆。单击左侧【工具栏】-【草图绘制】-【圆】，然后单击鼠标左键，以基体边界平面作为草绘平面，进入草绘环境，绘制 4 个“$\phi2$”的圆，并选择【阵列】命令，选择圆形阵列。阵列由 5 个“$\phi2$”的圆组成，删除中间的一个圆，单击顶部按钮，退出草绘环境；单击左侧【工具栏】-【特征造型】-【拉伸】，拉伸高度设置为“−3”；布尔运算选择减运算，如图 3-2-105 所示。

Step 21：完成风扇前底座的绘制。风扇前底座效果如图 3-2-106 所示。

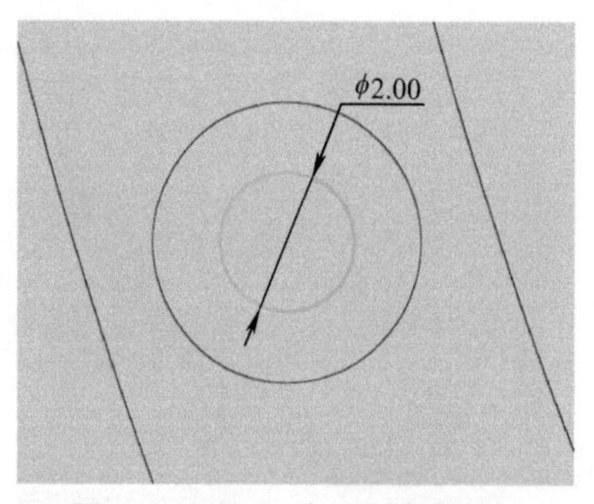

图 3-2-105　4 个 ϕ2 圆的绘制

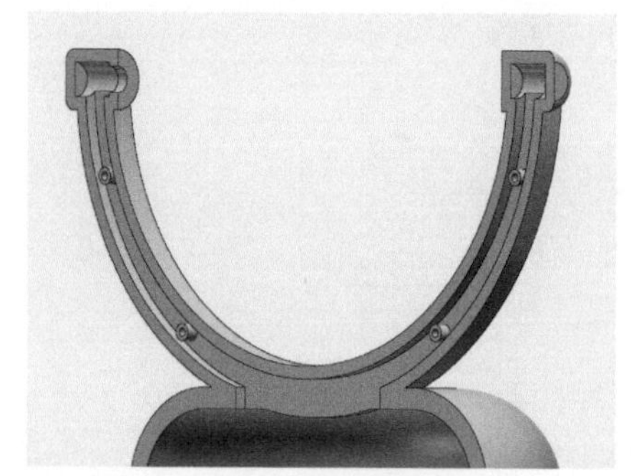

图 3-2-106　风扇前底座效果

3. 风扇后底座的绘制　Step 1~Step 13 参照风扇前底座的对应绘制过程。

Step 14：创建限位卡位。单击左侧【工具栏】-【草图绘制】-【圆】，然后单击鼠标左键，将如图 3-2-107a 位置作为草绘平面，进入草绘环境，绘制四分之一个“ϕ11”的圆。单击顶部按钮，退出草绘环境；单击左侧【工具栏】-【特征造型】-【拉伸】，拉伸类型选 2 边，如图 3-2-107b 所示。

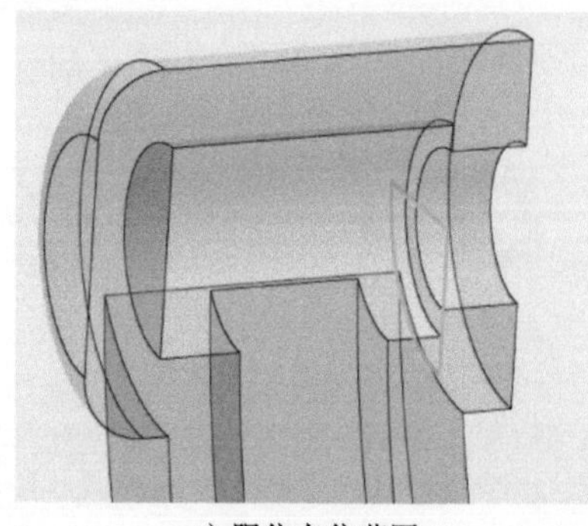

a）限位卡位草图

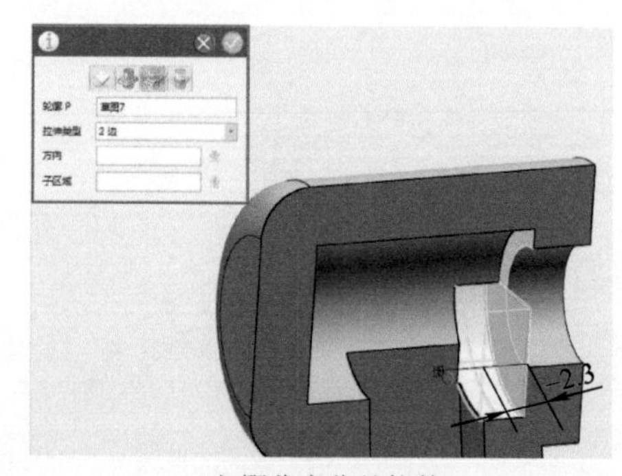

b）限位卡位的拉伸

图 3-2-107　限位卡位的创建

Step 15~Step 16 参照风扇前底座 Step 14~Step 15 绘制；Step 17~Step 18 参照风扇前底座 Step 18~Step 19 绘制。

Step 19：拉伸修剪“ϕ3”的圆孔。单击左侧【工具栏】-【草图绘制】-【圆】，然后单击鼠标左键，选择上一步特征背面作为草绘平面，进入草绘环境，绘制 4 个“ϕ3”的圆。单击顶部按钮，退出草绘环境；单击左侧【工具栏】-【特征造型】-【拉伸】，拉伸高度设置为“−2”；布尔运算选择减运算，如图 3-2-108 所示。

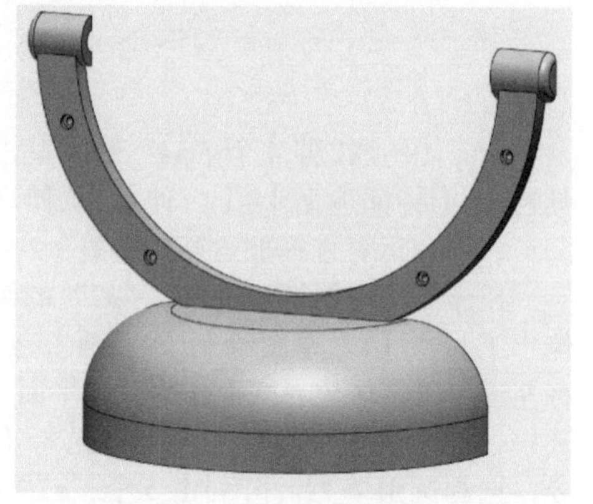

图 3-2-108　4 个 ϕ3 圆孔的拉伸修剪

Step 20：创建卡扣

（1）单击左侧【工具栏】-【草图绘制】-【矩形】，然后单击鼠标左键选择基体边界平面作为草绘平面，进入草绘环境，绘制（25 × 8）mm 的矩形，使用【直线】绘制直线；使用圆命令绘制“ϕ3”的圆；单击左侧【工具栏】-【编辑草图】-【偏移曲线】-【单击修剪】-【倒圆角】等命令编辑草图。

（2）单击顶部按钮，退出草绘环境，效果如图 3-2-109 所示。

（3）单击左侧【工具栏】-【特征造型】-【拉伸】，拉伸类型选择 2 边，一边拉伸高度设置为

“-5”，一边拉伸高度设置为“-8”；布尔运算选择加运算，如图 3-2-110 所示。

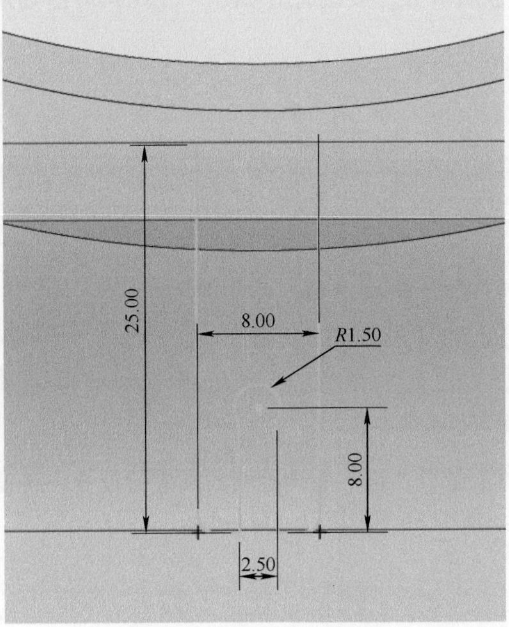

图 3-2-109　卡扣草图

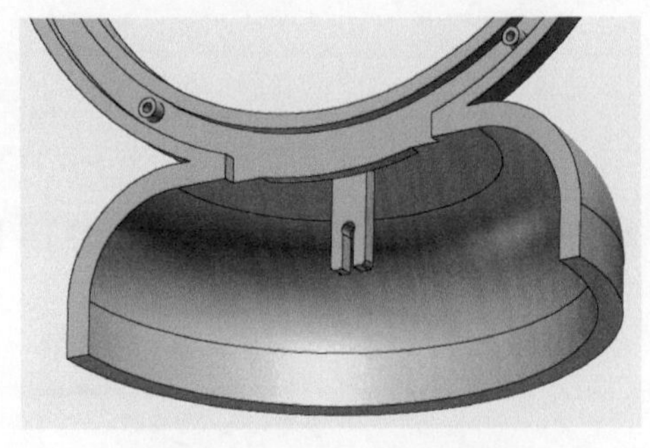

图 3-2-110　卡扣的拉伸

Step 21：修剪“$\phi 3$”圆孔。

（1）单击左侧【工具栏】-【草图绘制】-【圆】，然后单击鼠标左键，选择基体边界平面作为草绘平面，进入草绘环境，绘制“$\phi 3$”的圆，单击顶部按钮，退出草绘环境。

（2）单击左侧【工具栏】-【特征造型】-【拉伸】，拉伸高度设置为“-70”；布尔运算选择减运算，如图 3-2-111 所示。

Step 22：完成风扇后底座的绘制。风扇后底座效果如图 3-2-112 所示。

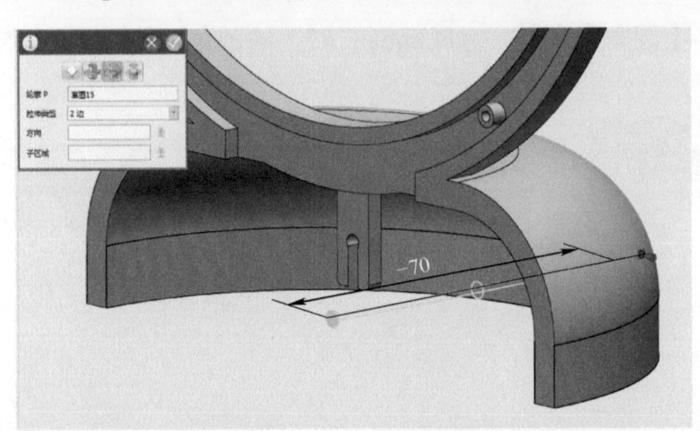

图 3-2-111　拉伸修剪

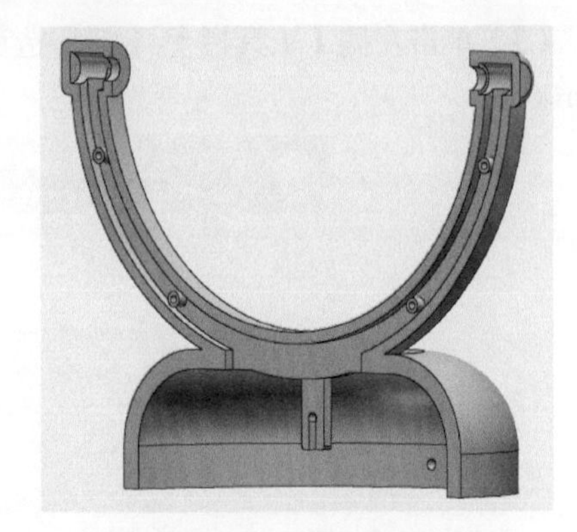

图 3-2-112　风扇后底座效果

4. 后盖的绘制　Step 1：打开 3D One Plus。

（1）双击“3D One Plus”图标，打开 3D One Plus 设计软件。

（2）单击顶部【工具栏】-【保存】，选择一个保存位置，文件命名为“后盖”。

Step 2：创建圆柱

（1）单击左侧【工具栏】-【草图绘制】-【圆】，然后在网格中间位置单击鼠标左键，将其作为草绘平面，进入草绘环境，绘制“$\phi30$”的圆。完成后单击按钮退出草图，如图 3-2-113 所示。

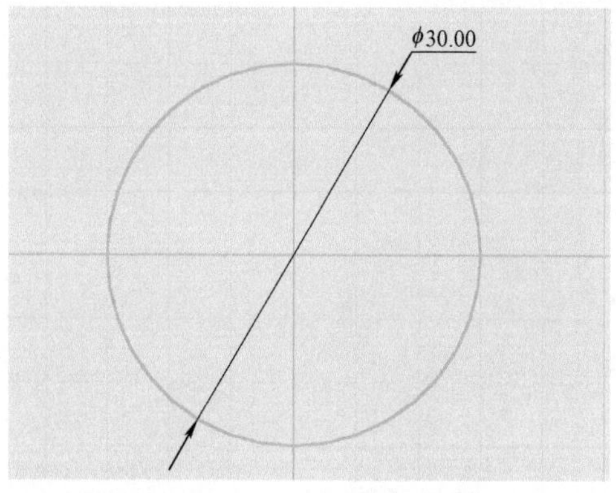

图 3-2-113　$\phi30$ 圆的绘制

（2）单击左侧【工具栏】-【特征造型】-【拉伸】命令。将上一步绘制的圆进行拉伸，高度为“22”，如图 3-2-114 所示。

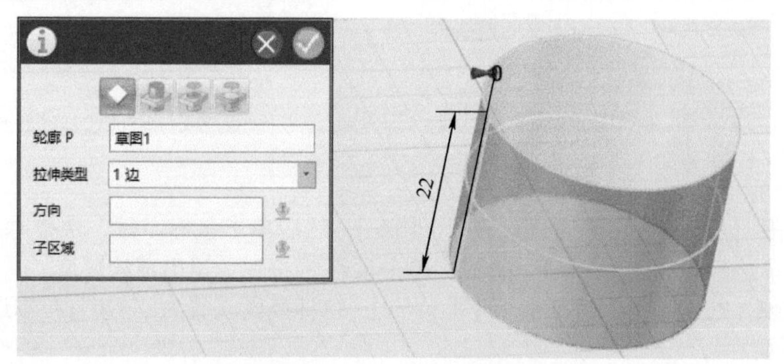

图 3-2-114　$\phi30$ 圆的拉伸

（3）单击左侧【工具栏】-【特征造型】-【圆角】命令，对底部倒“$R7$”的圆角，如图 3-2-115 所示。

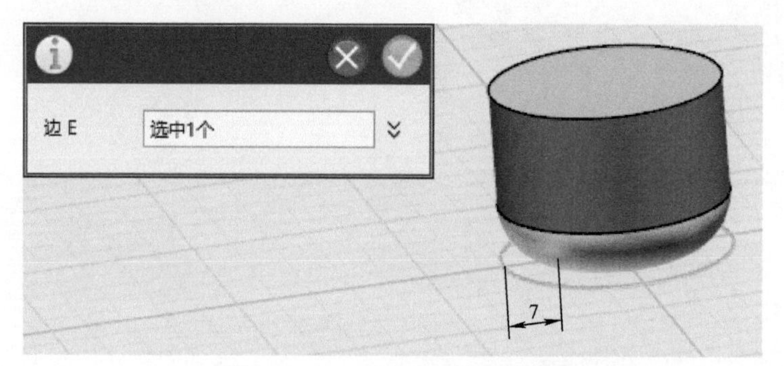

图 3-2-115　底部倒圆 $R7$ 圆角

Step 3：掏空盖子

（1）单击左侧【工具栏】-【草图绘制】-【圆】，然后在圆柱上表面中间位置单击鼠标左键，将其作为草绘平面，进入草绘环境，绘制“$\phi20$”的圆。完成后单击按钮退出草图，效果如图 3-2-116 所示。

（2）单击左侧【工具栏】-【特征造型】-【拉伸】命令，拉伸高度设置为“–18”；布尔运算选择减运算，如图 3-2-117 所示。

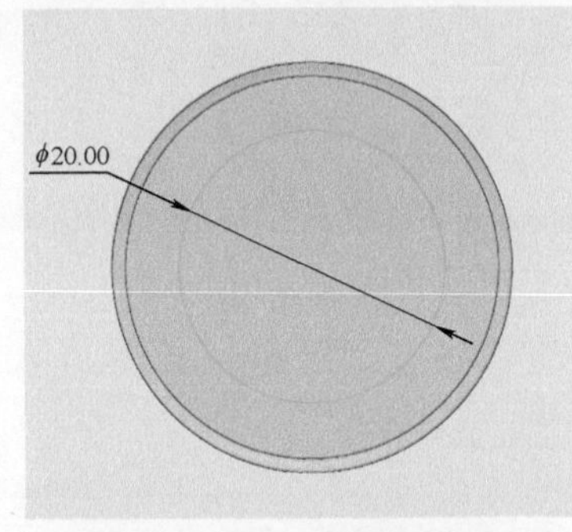

图 3-2-116　ϕ20 圆的绘制

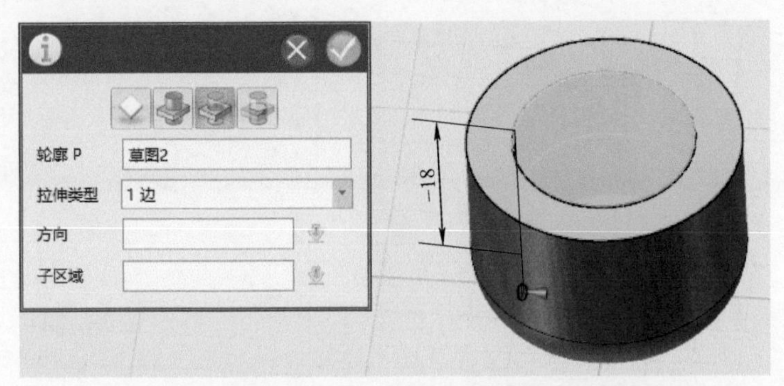

图 3-2-117　ϕ20mm 圆的拉伸

Step 4：修剪 ϕ6mm 圆孔

（1）单击左侧【工具栏】-【草图绘制】-【圆】，然后在圆柱上表面中间位置单击鼠标左键，将其作为草绘平面，进入草绘环境，绘制 ϕ6mm 的圆，完成后单击按钮退出草图，效果如图 3-2-118 所示。

（2）单击左侧【工具栏】-【特征造型】-【拉伸】命令，拉伸高度设置为“–30”；布尔运算选择减运算，令拉伸后的圆柱穿过盖子底部即可，如图 3-2-119 所示。

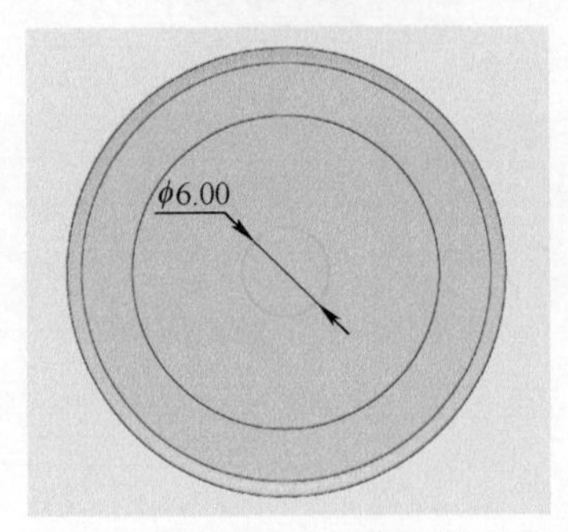

图 3-2-118　ϕ6mm 圆孔的绘制

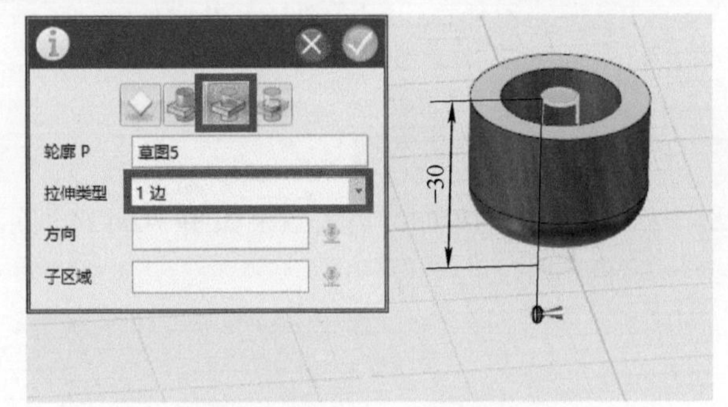

图 3-2-119　ϕ6 圆孔的修剪

Step 5：修剪 ϕ2 圆孔

（1）单击左侧【工具栏】-【草图绘制】-【圆】，然后在圆柱上表面中间位置单击鼠标左键，将其作为草绘平面，进入草绘环境，绘制“ϕ2”的圆，位置距中心 11.5，并用【镜像】命令生成基于水平线 ϕ2 圆的镜像。完成后单击按钮退出草图，如图 3-2-120 所示。

（2）单击左侧【工具栏】-【特征造型】-【拉伸】命令，轮廓选择“ϕ2”的圆；布尔运算选择减运算，令拉伸的圆柱穿过盖子底部即可，如图 3-2-121 所示。

Step 6：修剪“ϕ3”台阶孔

（1）单击左侧【工具栏】-【草图绘制】-【圆】，然后在网格空白处单击鼠标左键，将其作为草绘平面，进入草绘环境，捕捉上一步绘制的两个圆的圆心，再分别绘制两个“ϕ3”的圆。完成后单击按钮退出草图，如图 3-2-122 所示。

（2）单击左侧【工具栏】-【特征造型】-【拉伸】命令，轮廓选择“ϕ3”的圆；布尔运算选择减运算，如图 3-2-123 所示。

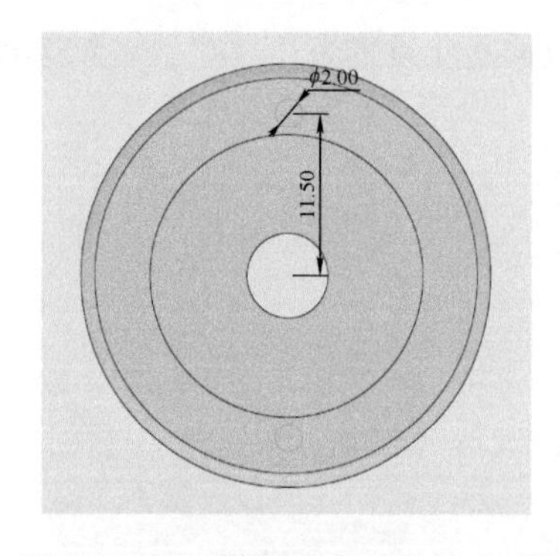

图 3-2-120　绘制两个对称的 ϕ2 圆

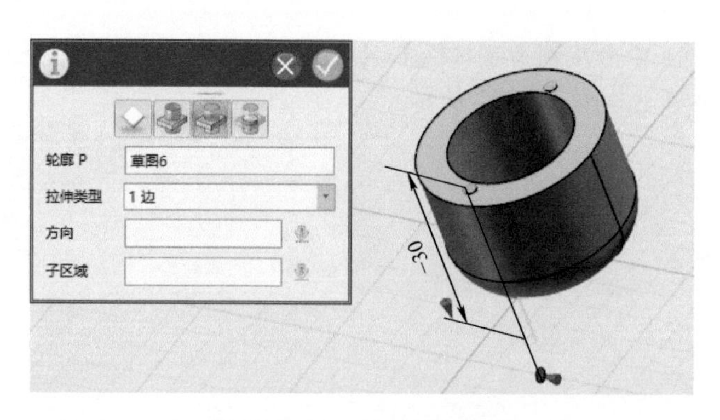

图 3-2-121　ϕ2 圆孔的修剪

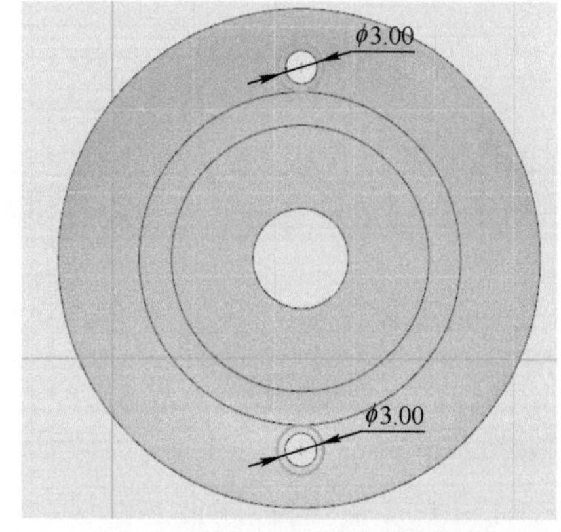

图 3-2-122　两个 ϕ3 圆的绘制

图 3-2-123　ϕ3 台阶孔的拉伸修剪

Step 7：完成后盖的绘制。后盖效果如图 3-2-124 所示。

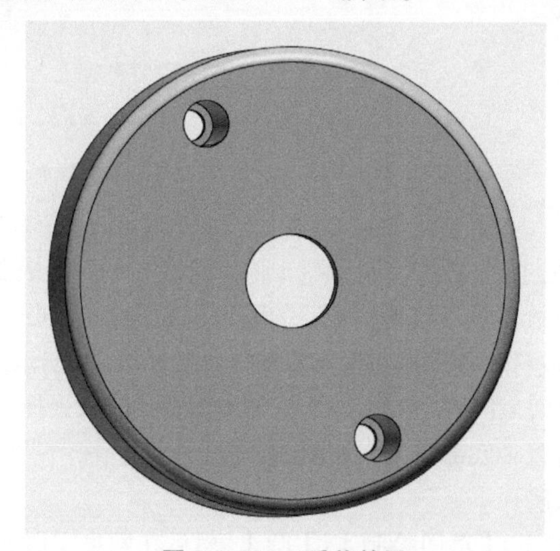

图 3-2-124　后盖效果

5. 后续打印

（1）单击底部【工具栏】-【3D 打印】，如果打印机在“3D 打印机厂商”列表中，可直接选取打印机品牌，然后单击【确定】转到相应的切片软件里面，设置合适的参数后生成代码即可传输到配套的 3D 打印机进行打印，如图 3-2-125 所示。

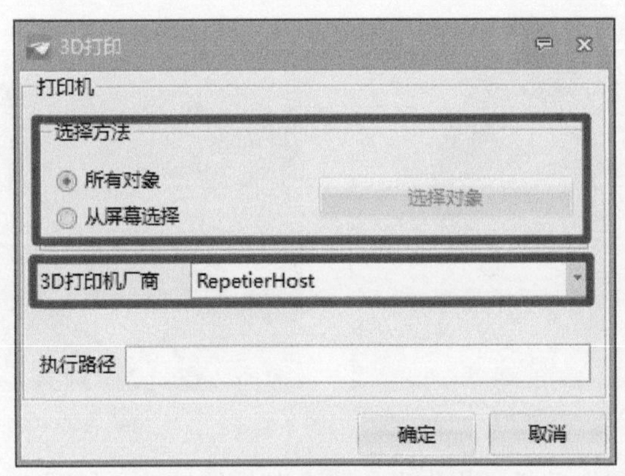

图 3-2-125　一键跳转切片软件

（2）如果打印机不在“3D 打印机厂商”列表中，则需要将模型输出为打印机切片软件能够识别的文件格式（如 .stl），然后导入打印机切片软件，设置合适的参数后生成代码，即可传输到配套的 3D 打印机进行打印。

具体操作方法如下：

Step 1：单击左上角小飞机 logo 3D One Plus，单击【另存为】。

Step 2：将“保存类型（T）”更改为打印机切片软件能够识别的文件格式（如 . stl），确认保存位置以及“文件名（M）”无误之后单击【保存】，将保存后的文件导入到相应的切片软件中，即可进行后续操作，如图 3-2-126 所示。

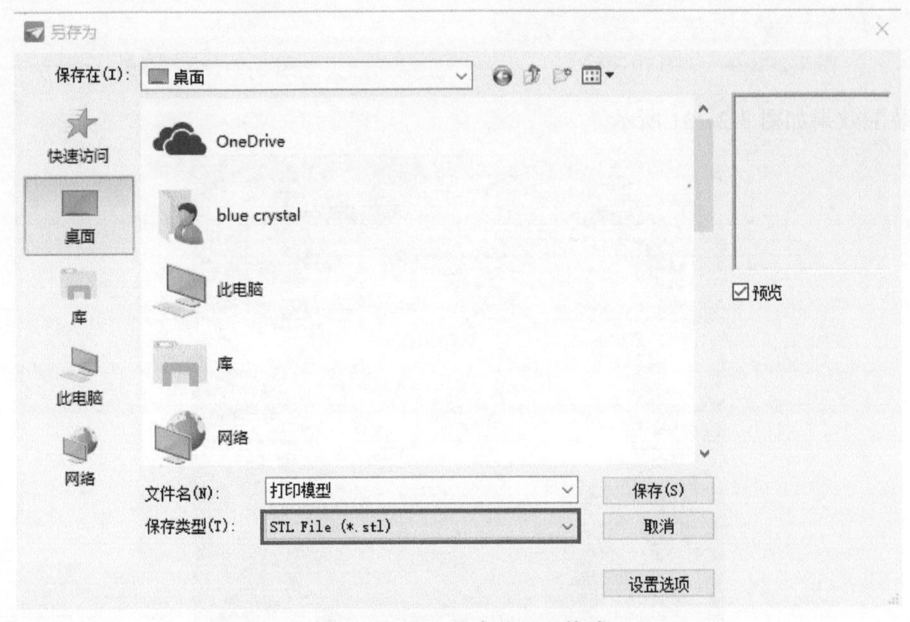

图 3-2-126　另存为 .stl 格式

6. 装配相关功能零件　若想要电风扇转动起来，光有支架还不行，还需要其他零件具体可参考以下内容。

（1）电动机。负责让螺旋桨转动起来，如图 3-2-127 所示。

（2）螺旋桨。在电动机的带动下转动，扰动空气流，从而产生快速流动的风，如图 3-2-128 所示。

图 3-2-127　电动机

图 3-2-128　螺旋桨

（3）USB 电源线。接通电动机，提供电力，令其持续转动，如图 3-2-129 所示。

（4）开关。接在电源和电动机之间，可以随时控制电风扇的转动，如图 3-2-130 所示。

图 3-2-129　USB 电源线

图 3-2-130　开关

（5）装配效果如图 3-2-131 所示。

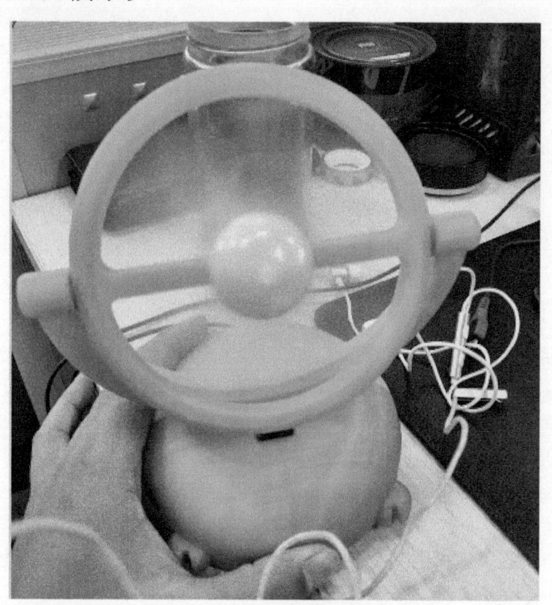

图 3-2-131　电风扇完整装配效果

项目三　3D 打印技术实践应用

3

任务一　3D 打印机操作

任务描述

3D 打印技术是由 CAD 模型直接驱动的快速制造任意复杂形状三维物理实体的技术总称。在运用打印机前需要先了解 3D 打印机的结构以及打印材料等。

【任务目标】

1）了解 UP BOX 3D 打印机的结构。

2）初步学会 UP BOX 3D 打印机的安装及调试。

3）初步学会简单作品的打印方法。

任务准备

1. 打印机图解　UP BOX 3D 打印机的主要部件如图 3-3-1 所示。

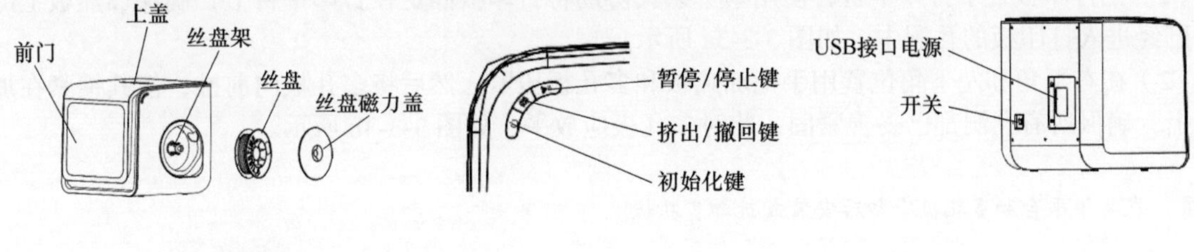

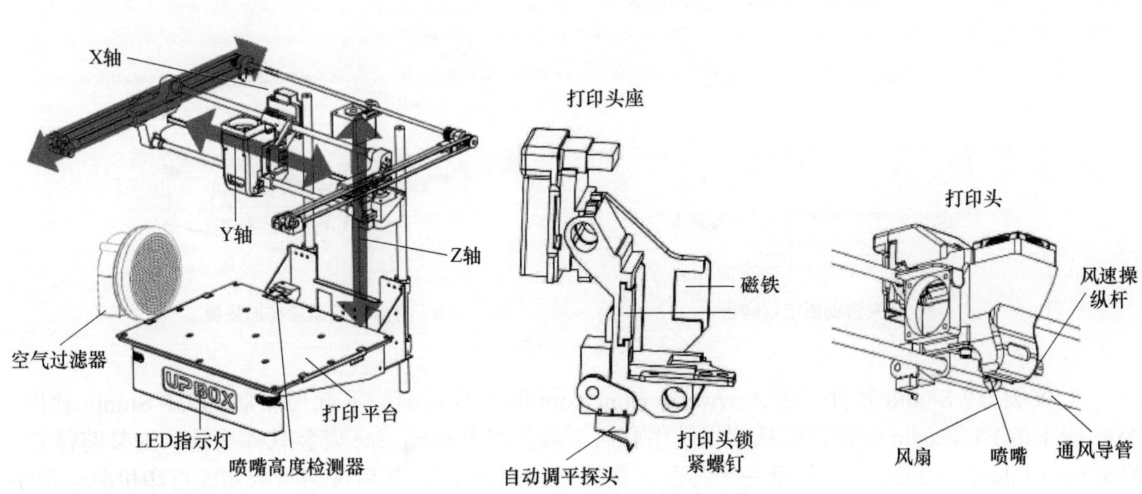

图 3-3-1　UP BOX 3D 打印机的主要部件

2. 打印机配件　常用配件如图 3-3-2 所示。

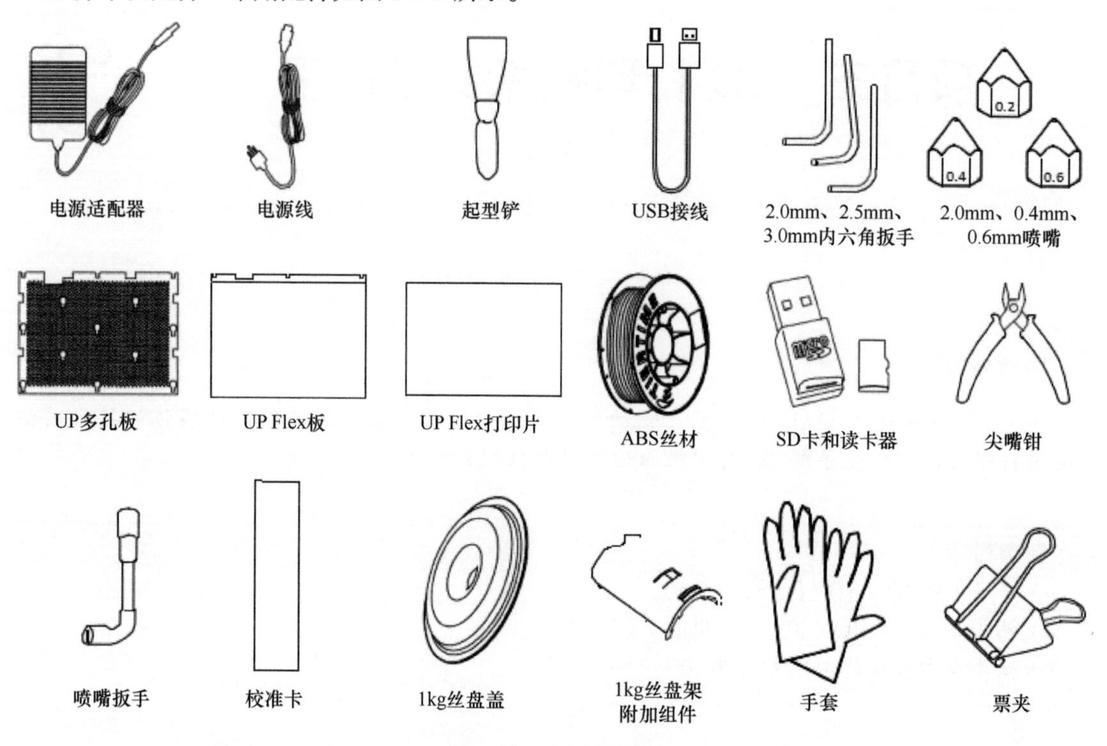

图 3-3-2　常用配件

3. 安装打印板　具体步骤如下：

（1）把打印板置于打印平台，使用两个票夹协助将打印板固定在打印平台上，确保加热板上的螺钉已经进入打印板的孔洞中，如图 3-3-3a 所示。

（2）在右下角和左下角位置用手把加热板和多孔板压紧，然后将多孔板向前推，使其锁紧在加热板上，确保所有孔洞都已妥善紧固，此时多孔板应放平，如图 3-3-3b 所示。

注意：在打印平台和多孔板冷却后安装或拆卸多孔板。

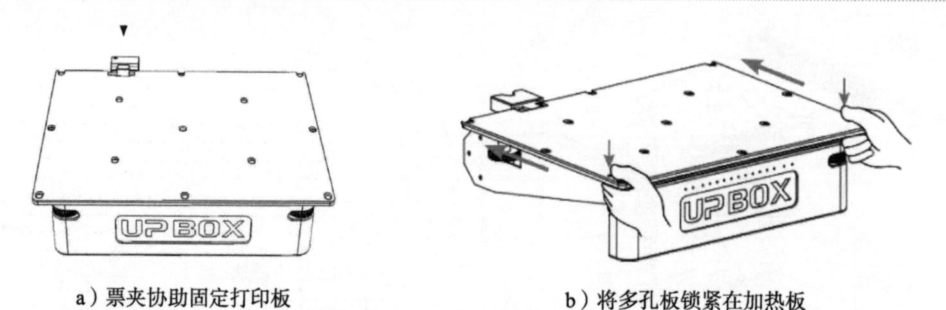

a）票夹协助固定打印板　　b）将多孔板锁紧在加热板

图 3-3-3　打印板的安装

4. 安装 UP Studio 软件　进入 www.tiertime.com 的下载页面，下载最新版的 UP Studio 软件。Mac 版本的 UP Studio 软件仅能从苹果应用商店下载。双击 setup.exe 安装软件（默认安装路径 C：\Program Files\UP Studio\），出现一个弹窗，选择“INSTALL”，然后按照指示完成打印机驱动程序的安装，如图 3-3-4 所示。

图 3-3-4　打印机驱动程序的安装

5. 调试打印机

（1）开启电源，连接计算机，初始化打印机。初始化有两种方式：一是通过单击软件菜单中的“初始化”选项，可以对 UP BOX+ 进行初始化；或者当打印机空闲时，长按打印机上的初始化按钮也会触发初始化，如图 3-3-5 所示。

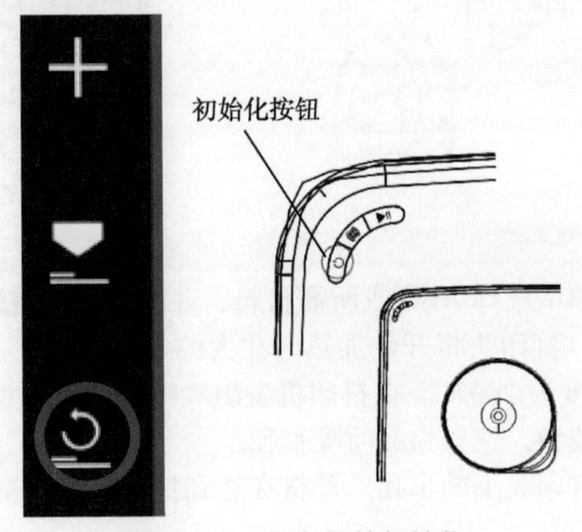

图 3-3-5　打印机的初始化

（2）喷嘴对高。既可以在自动调平后自动起动，也可以手动起动。在校准菜单中选择“自动对高”起动该功能，如图 3-3-6 所示。

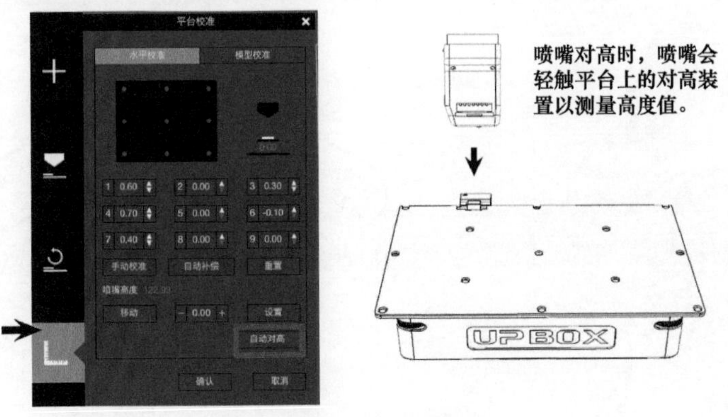

图 3-3-6　喷嘴对高

如果在自动调平之后出现持续的翘边问题，这可能是由于平台严重不平并超出了打印机自动调平功能的调平范围。此时可以在自动调平之前尝试手动粗调进行调整。

6. 安装丝盘

（1）打开丝盘盖，将丝材插入丝盘架中的导管，如图 3-3-7 所示。

（2）把丝材送入导管直到丝材从另一端伸出，将线盘安装到丝盘架，然后盖好丝盘盖。

（3）确保打印机打开，并连接到计算机。单击软件界面上的【维护】按钮弹出【维护】界面，如图 3-3-8 所示。

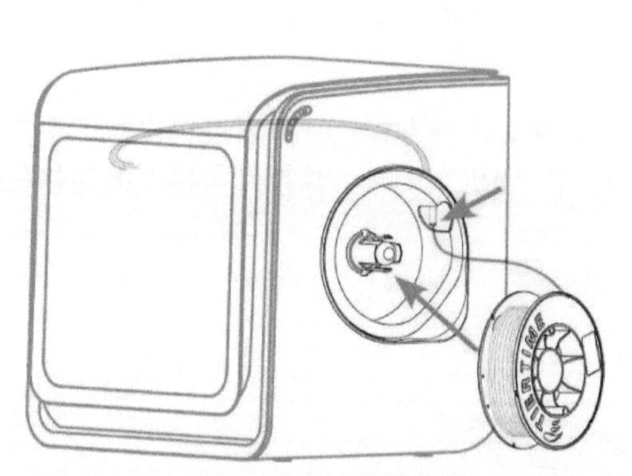

图 3-3-7　丝盘的安装

图 3-3-8 【维护】界面

（4）从材料类型下拉菜单中选择 ABS 或所需材料，并输入丝材重量。

（5）单击【挤出】按钮，打印头将开始加热，在大约 5min 之后，打印头的温度将达到丝材熔点，比如对于 ABS 而言，温度为 260℃。在打印机发出蜂鸣后，打印头开始挤出丝材。

（6）单击【喷嘴直径】按钮，选择当前喷嘴直径。

（7）轻轻地将丝材插入打印头上的小孔。丝材在达到打印头内的挤压机齿轮时，会被自动带入打印头，如图 3-3-9 所示。

（8）检查喷嘴挤出情况，如果塑料从喷嘴挤出，则表示丝材加载正确，可以准备打印（挤出动作将自动停止）。

7. 打印机控制　打印机控制按钮如图 3-3-10 所示。

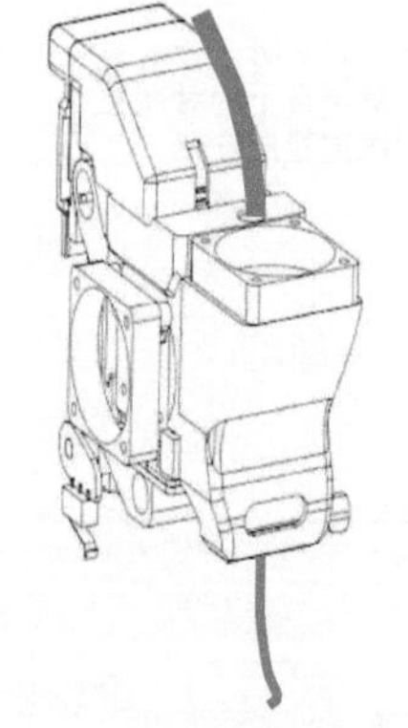

图 3-3-9　将丝头装入打印头

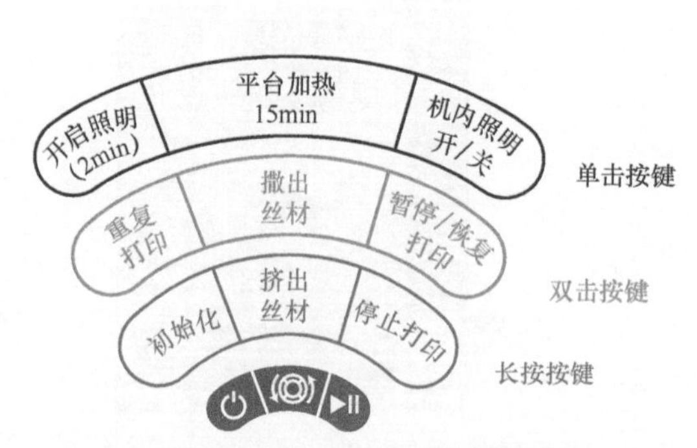

图 3-3-10　打印机控制按钮

8.LED 呼吸灯和前门检查　各呼吸灯含义如图 3-3-11 所示。

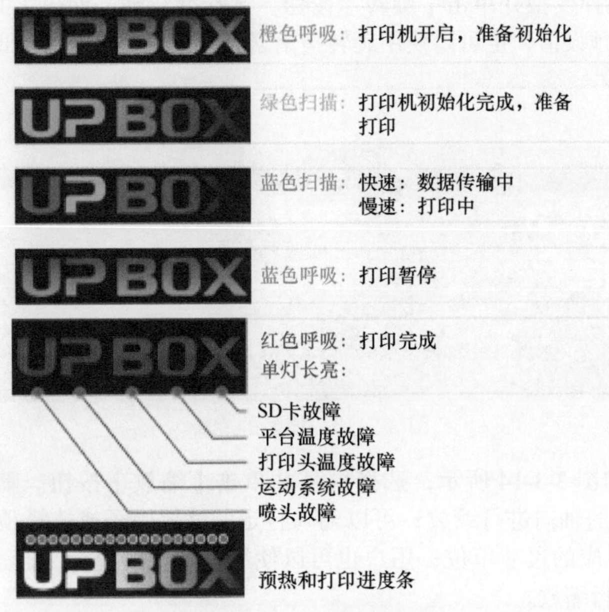

图 3-3-11　各呼吸灯含义

当打印完成时，LED 呼吸灯将显示为红色。在这种情况下，机器不会响应任何命令。这是为了预防误操作，导致打印头撞击打印物体。为恢复至正常状况，必须在完成打印之后打开前门。

9. 软件界面　软件界面如图 3-3-12 所示。

图 3-3-12　软件界面

10. 命令介绍

（1）旋转模型。选择模型并单击【旋转】按钮，选择旋转轴，如图 3-3-13 所示。用户可以输入特定的旋转值或选择预设值，也可以使用旋转指南通过单击和拖动鼠标实时旋转模型。

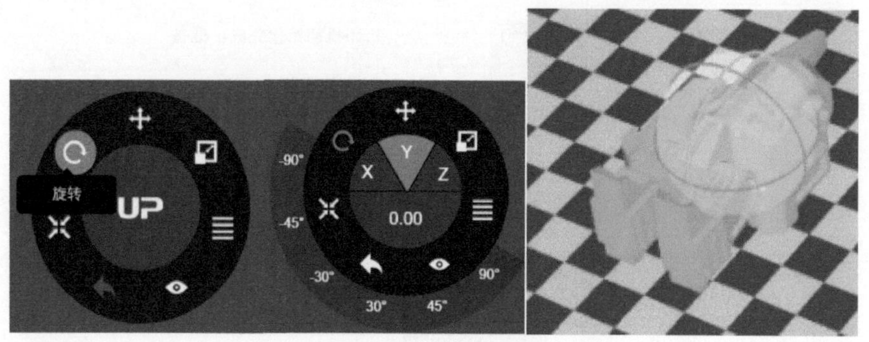

图 3-3-13　模型的旋转

（2）缩放模型。如图 3-3-14 所示，选择模型并单击【缩放】按钮。默认为沿所有轴方向缩放，用户可以选择特定的轴向进行缩放；可以输入特定的缩放因子或选择预设值，单击【mm】或【inch】将模型转换为对应的尺寸单位；用户也可以使用模型上的坐标，通过单击和拖动鼠标在特定轴向或三角形区域进行缩放。

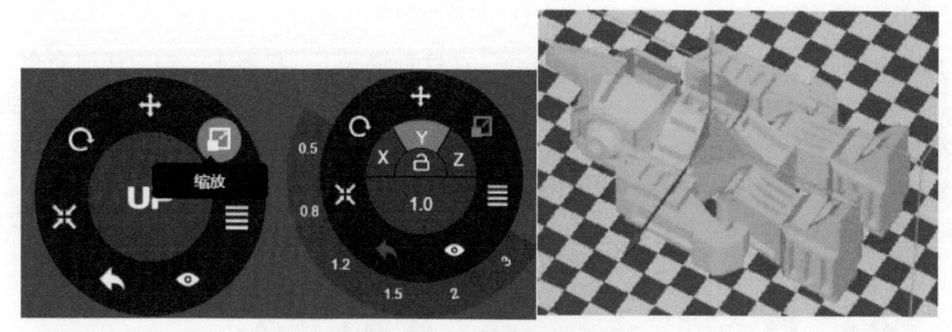

图 3-3-14　模型的缩放

（3）移动模型。如图 3-3-15 所示，选择模型并单击【移动】按钮。选择移动方向后用户可以输入特定的移动距离值或选择预设值；用户也可以使用模型上的坐标移动，通过单击和拖动黄色扇形区域或者单一坐标轴，在 XY 平面或单一方向上移动。

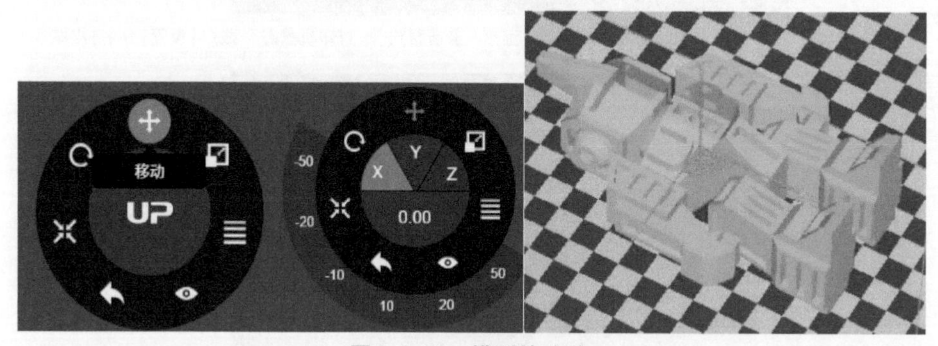

图 3-3-15　模型的移动

（4）复制模型。如图 3-3-16 所示，单击选择模型（高亮），右击打开菜单并选择复制份数。

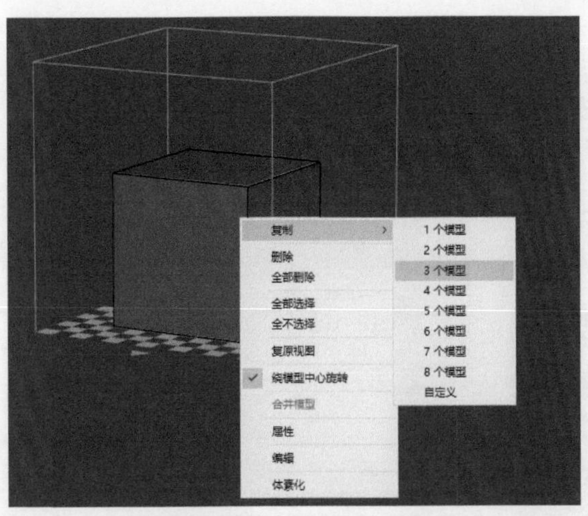

图 3-3-16　模型的复制

（5）合并及保存模型。按下 Ctrl/CMD 单击生成面板上的所有模型，如图 3-3-17 所示。第二级调整轮上将显示【合并】按钮。单击【合并】按钮合并模型，如图 3-3-18 所示。

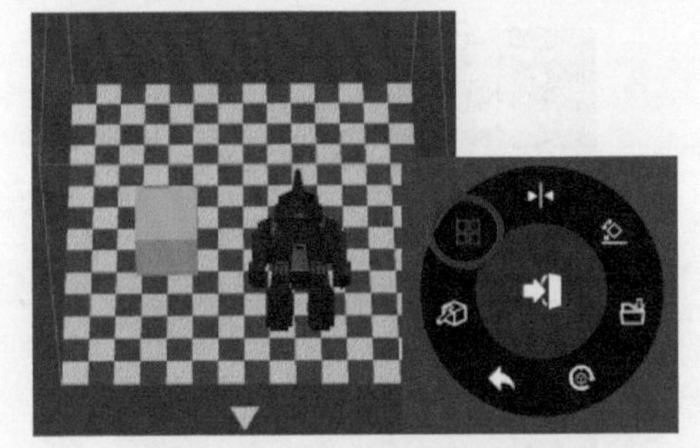

图 3-3-17　模型的生成

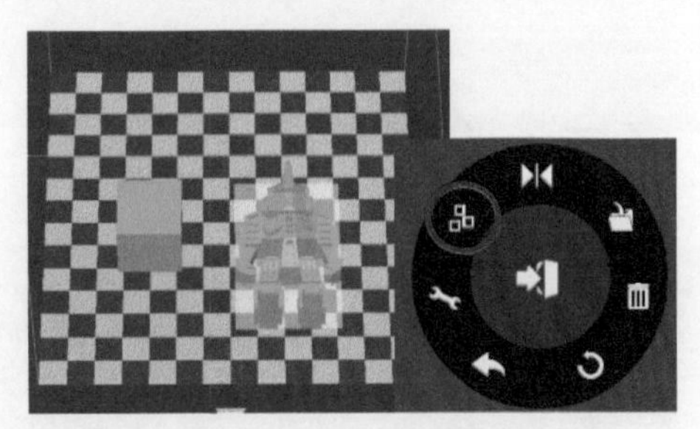

图 3-3-18　模型的合并

单击【保存】按钮保存所有合并模型至计算机，如图 3-3-19 所示。

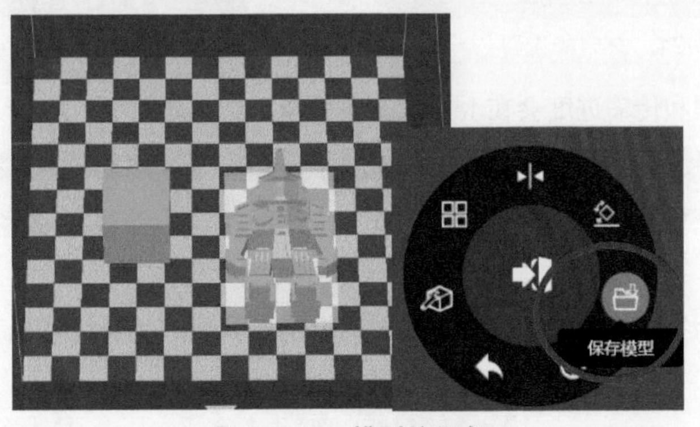

图 3-3-19　模型的保存

注意： 如果模型之间距离太小，打印时底座会相互重叠，影响出丝。合并后模型底座会按照单一模型的形式生成，重叠问题就可以避免。可以保存现有模型的摆放位置，在需要时随时打印，也可以合并后将文件保存为UP3格式。

任务实施

Step 1：单击【+】按钮选择文件载入程序，如图 3-3-20 所示。

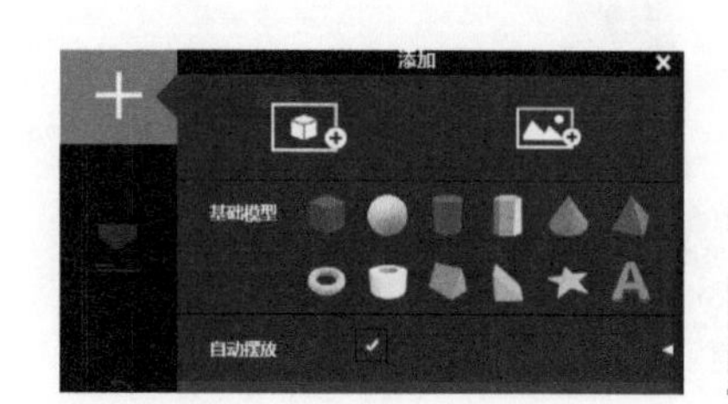

图 3-3-20　加载文件到程序

Step 2：使用转盘设置打印，如图 3-3-21 所示。

Step 3：单击打印，如图 3-3-22 所示。

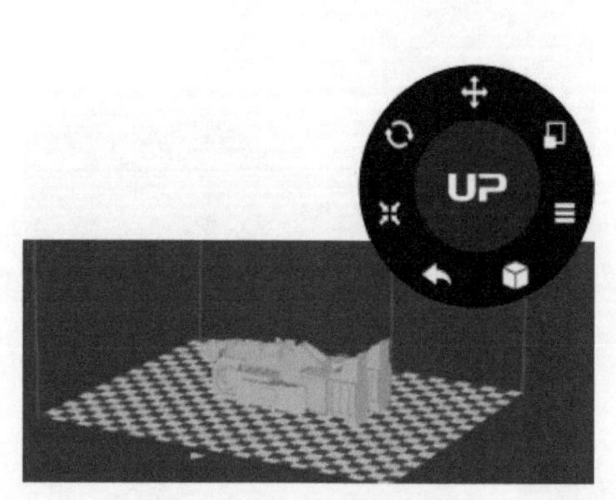

图 3-3-21　打印的设置

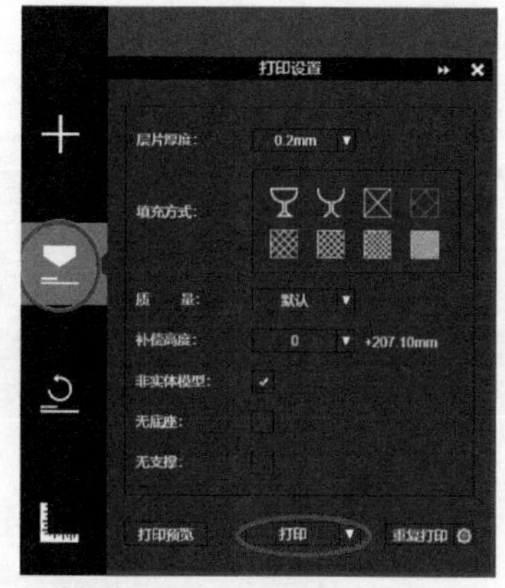

图 3-3-22　打印的实施

Step 4：数据处理和传输进度会在上方状态条持续更新，如图 3-3-23 所示。

图 3-3-23　状态条

Step 5：数据传输结束后，显示打印时间和材料用量，如图 3-3-24 所示。

图 3-3-24　耗时及耗材显示

任务二　卡扣制作

任务描述

对于零件打印有三个主要因素：强度、粗糙度、打印时间。整体而言粗糙度越高，强度越大则打印时间越长。在比赛中由于时间限制，选手应当合理选择参数，实现粗糙度和强度的最优。下面将以卡扣零件为例进行讲解。

【任务目标】

1）了解打印摆放位置对零件的影响。

2）了解打印对受力的影响。

3）了解各个参数对零件的影响。

4）完成卡扣零件的打印。

任务准备

打印设置界面如图 3-3-25 所示。接下来对主要参数进行详解。

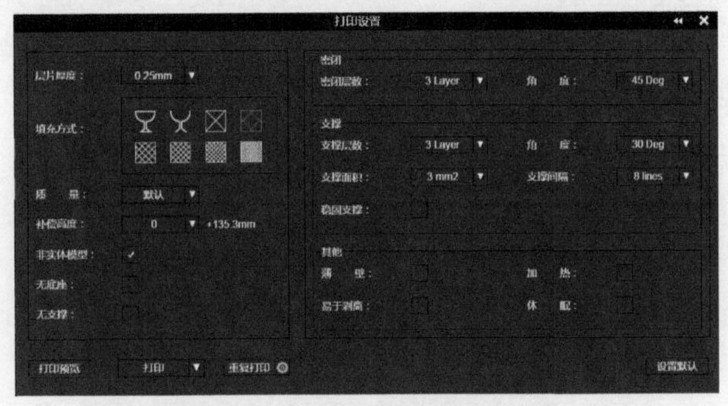

图 3-3-25　卡扣制作参数设置

（1）打印模型图解如图 3-3-26 所示。

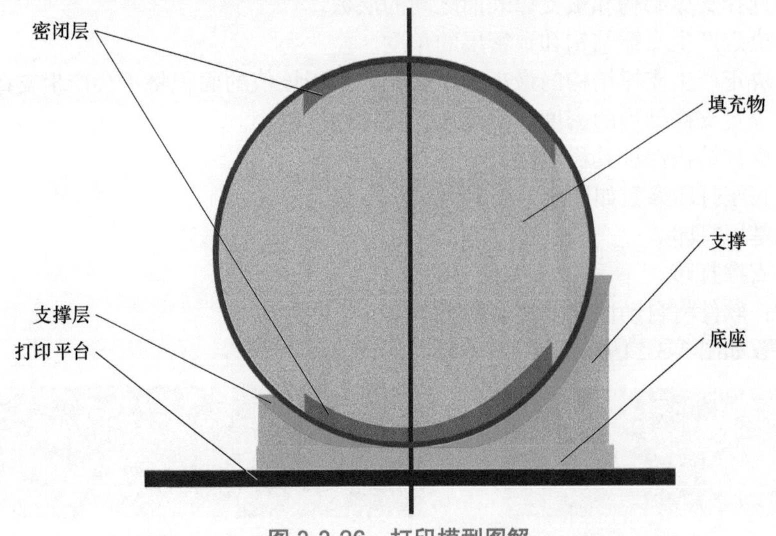

图 3-3-26　打印模型图解

支撑层：实心支撑结构确保所支撑表面保留其形状和表面粗糙度。
填充物：打印物体的内部结构。填充物的密度可以调整。
底座：协助物体黏附至平台的厚实结构。
密闭层：打印物体的顶层和底层。
（2）基本设置如图 3-3-27 所示。
层片厚度：每层切片厚度。
填充方式：内部填充的疏密程度。
质量：调节打印速度的快慢和表面光滑度。
补偿高度：进行平板的高度微调。
（3）密封参数如图 3-3-28 所示。

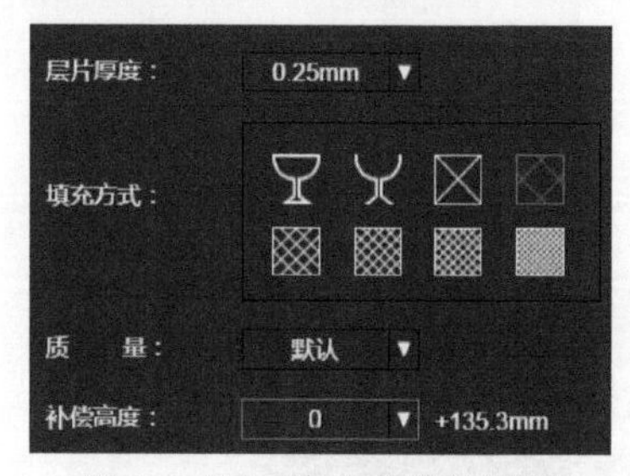

图 3-3-27　基本参数的设置

图 3-3-28　密封参数的设置

密闭层数：密封打印物体顶部和底部的层数。
密闭角度：该值决定表面层开始打印的角度。
（4）支撑参数如图 3-3-29 所示。

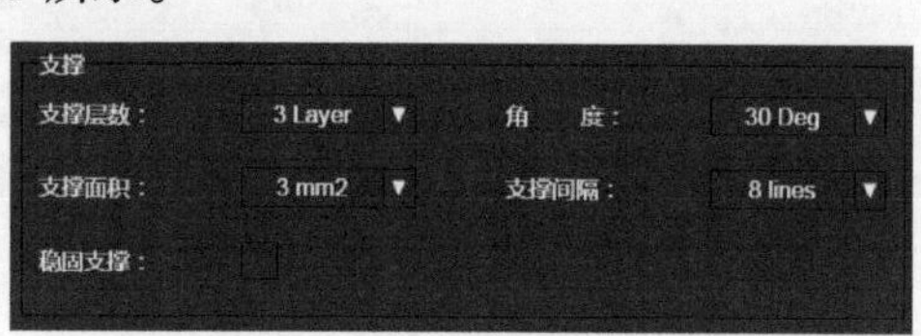

图 3-3-29　支撑参数的设置

支撑层数：选择支撑结构和被支撑表面之间的层数。
支撑角度：决定产生支撑结构和致密层的角度。
支撑面积：决定产生支撑结构的最小表面面积，小于该值的面积将不会产生支撑结构。
支撑间隔：决定支撑结构的密度。值越大，支撑密度越小。
稳固支撑：支撑结构保证其稳定性。
（5）模型、底座打印参数如图 3-3-30 所示。
无底座：无基底打印。
无支撑：无支撑打印。
非实体模型：软件将自动固定非实心模型。
（6）其他参数如图 3-3-31 所示。

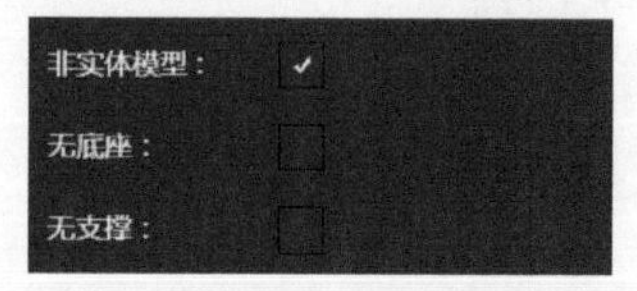

图 3-3-30　模型、底座的打印参数

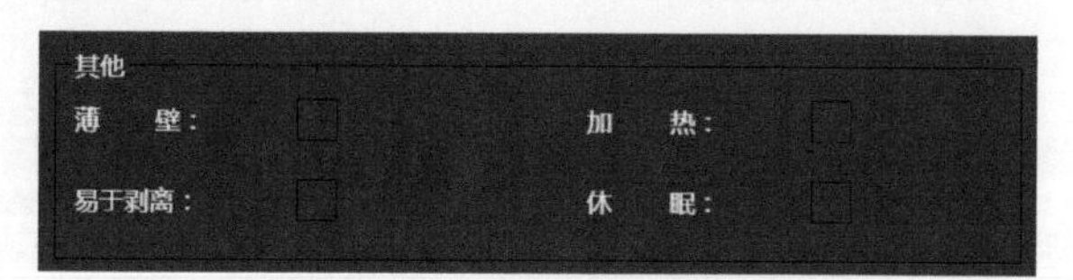

图 3-3-31　其他参数的设置

薄壁：如果壁厚太薄无法打印，软件将自动识别并将其扩大至可以打印的尺寸。

预热：在开始打印之前，预热印盘不超过 15min。

易于剥离：选择此选项后打印出来的物体与支撑黏结度较低，容易剥离支撑。

休眠：打印后，打印机进入未初始化的状态，打印机耗电低。

（7）打印技巧详解

1）模型摆放位置的不同（见图 3-3-32），会影响模型的打印支撑生成量多少和打印时间的长短不同，见表 3-3-1。

a）位置 1

b）位置 2

图 3-3-32　模型摆放位置与有无支撑的关系

表 3-3-1　模型摆放位置对打印时间、支撑生成和质量的影响

位置	耗材	时间	支撑	质量对比
1	11.6g	1h1min43s	无	相对高
2	17.92g	1h34min54s	有	相对低

【导师有话说】支撑生成是为了支撑模型悬空部分，由以上实验数据可以看出，之所以会影响支撑的生成，是由 3D 打印自下而上层层堆积的工作原理决定的，即打印机在工作过程中由底层逐渐往上累积，如果下方没有打印而上层有模型的话就会产生空层，以至于打印无法继续进行，这时就需要支撑将模型悬空部分支撑起来以方便继续打印。模型的摆放位置不同产生了不同的悬空面积，如果悬空面积增加则支撑增加，进而用料更多打印时间更长。

2）模型摆放位置的不同（见图 3-3-33），也会影响模型强度、模型特征打印精度以及打印时间，见表 3-3-2。

a）位置 3

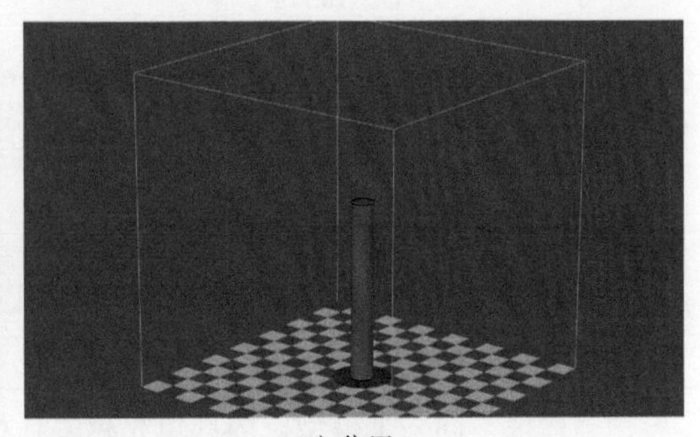

b）位置 4

图 3-3-33　模型摆放位置与有无底座的关系

表 3-3-2　模型摆放位置对打印时间、底座多少和强度的影响

位置	耗材	时间	底座	强度对比	模型特征
3	4.73g	27min 58s	相对多	相对强	有误差
4	3.01g	33min 9s	相对少	相对弱	无误差

【导师有话说】3D 打印是沿 Z 向叠加的过程，圆锥圆柱等曲面特征，平行于 XY 轴，加工出的模型较为规整；若平行于 Y 轴（X 轴），切片时将整个圆或类圆曲面分成很多层，加工出的模型会产生“台阶效应”。同理，模型沿 Z 向层层叠加，进行黏结，黏结强度较低，而 XY 平面是整层连续加工，故而强度要强于 Z 向叠加。

3）层厚的不同（见图 3-3-34）对模型的精度以及打印时间的影响，见表 3-3-3。

a）0.15 层厚

b）0.4 层厚

图 3-3-34　不同层厚的模型

表 3-3-3　不同层厚的模型对打印的影响

层厚 /mm	耗材	时间	精度对比
0.15	7.19g	1h 1min 1s	相对高
0.4	9.08g	26min	相对低

【导师有话说】层厚越小精度就越高，但相应的层越多就使得打印时间越长。

4）依次选择不同填充方式进行打印（其他参数为默认），记录打印时间，观察不同填充方式对打印的影响，结果见表 3-3-4。

表 3-3-4　不同填充方式对打印的影响

填充方式序号	耗材	时间	强度对比（程度）
1	10.77g	35min 51s	7
2	4.83g	24min 55s	8（最弱）
3	16.8g	46min 7s	6
4	17.57g	48min 40s	5
5	18.98g	51min 1s	4
6	25.66g	1h 4min 36s	3
7	38.94g	1h 32min 22s	2
8	65.64g	2h 28min 28s	1（最强）

【导师有话说】同一个模型，内部填充越多耗材使用越多，强度越大，打印时间越长。相反内部填充越少耗材使用越少，强度越小，打印时间越短。

5）不同支撑角度对打印的影响，见表 3-3-5。

表 3-3-5　不同支撑角度对打印的影响

角度	耗材	时间	粗糙度对比
10°	16.2g	44min 52s	较次
45°	18.78g	57min 22s	较好
80°	24.35g	1h 19min 1s	一般

【导师有话说】支撑角度越大支撑越多，耗材越多，打印时间越长。但值得注意的是支撑不是越多越好，也不是越少越好。太多会造成与模型的接触面粗糙，太少会造成模型悬空部分塌陷。

任务实施

在上面的学习中我们知道摆放位置、层厚、填充以及支撑角度都会对打印结果产生影响。下面我们以卡扣零件为例进行打印。

Step 1：载入卡扣数据文件，如图 3-3-35 所示。

Step 2：选择卡扣模型摆放位置。受力分析主要考虑受力部分的体积大小，体积越大力越分散。在保证受力的情况下主要考虑支撑最少（打印时间少），由于扣受力大体积小，因此需要平放打印。而卡体积较大，不需要着重考虑受力位置，所以其摆放位置应当使打印时间越短越好，如图 3-3-36 所示。

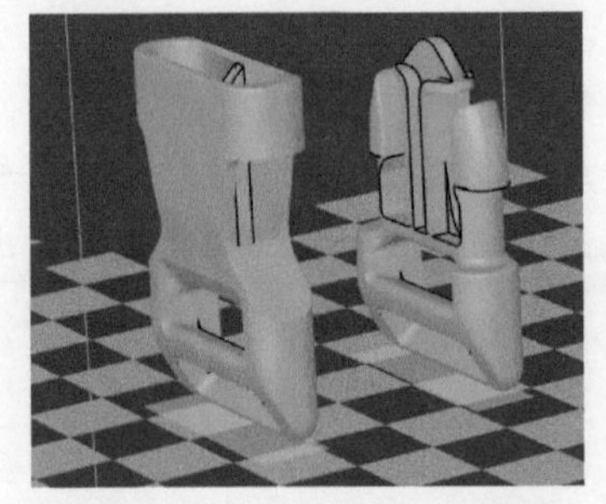

图 3-3-35　卡扣数据文件的载入

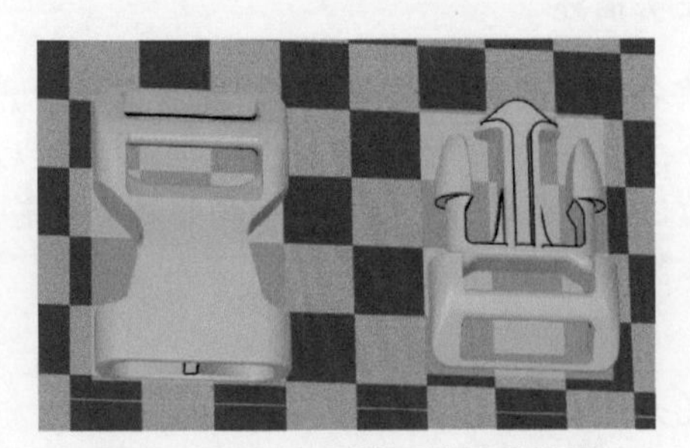

图 3-3-36　卡扣模型的摆放位置

Step 3：打印设置

（1）大概时间测试。在未进行分析、打印前，先用一组数据进行大致时间测试，然后以此数据为标准进行分析，如图 3-3-37 所示。

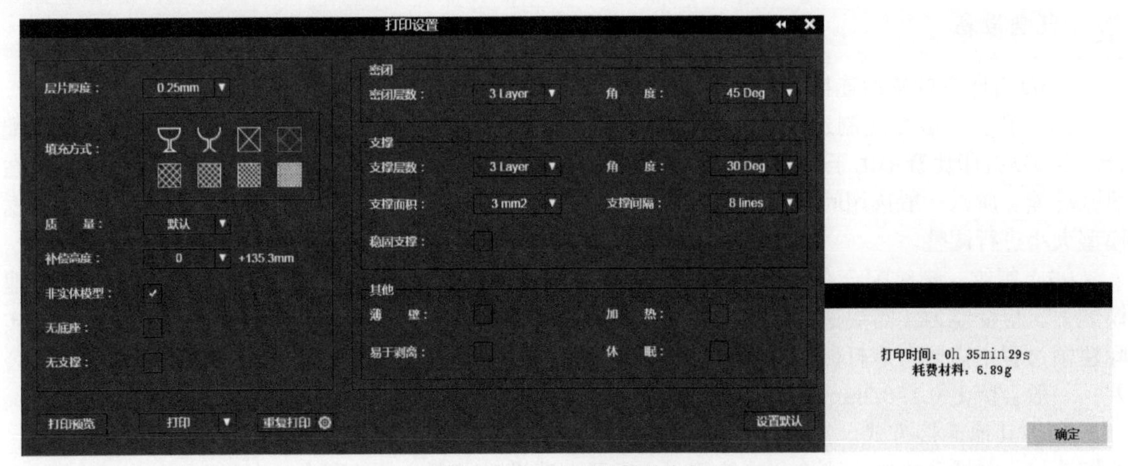

图 3-3-37　打印时间测试

（2）确定填充方式。整体而言，卡体积较大，但扣受力较大，所以时间上可以平均分配。填充方式着重影响的是受力的大小，对于受力较大的零件应选取最优的填充方式以减少打印时间。

（3）确定层厚。保证受力后则需要考虑表面的粗糙度，层厚是最影响粗糙度的参数之一。在实用物品上粗糙度的重要性大大降低，基本上实验参数可以满足需求不必更改。

（4）确定支撑角度。支撑角度影响打印时间和打印粗糙度，没有太大的悬空面和过于复杂的曲面时选择较小的支撑角度。卡扣的结构相对简单，曲面较小，支撑角度可以选择较小。

（5）参数统计。将各参数填入表 3-3-6 中。

表 3-3-6　参数统计

模型	摆放	层厚	支撑角度	填充	耗材	时间
卡						
扣						

Step 4：去除支撑。从平台上取下模型，然后将支撑剥离。

Step 5：清理现场。整理工具、收拾废料、关闭打印机。

任务三　定位器制作

任务描述

将打印机运用到现实生活中除了需要考虑强度、精度、时间以外还需要进行组件之间的公差配合，需要充分考虑打印材料的热胀冷缩以及打印精度对成品零件的影响。这使得整个打印过程中的任何一个环节对最后的结构都起着决定性的作用，必须将各个影响因素进行考虑。下面将以定位器为例进行讲解。

【任务目标】

1）了解工差配合相关知识。

2）了解后处理要点。

3）完成定位器的打印。

任务准备

1.3D 打印中的常用连接方式

（1）孔。一般工业制造中，轴与孔的配合有三种方式，分别为间隙配合、过渡配合和过盈配合。在 3D 打印比赛中由于可用工具较少（一般有尖嘴钳、砂纸和锉刀），再加上打印材料本身存在热胀冷缩，所以一般选用间隙配合的方式。轴与孔在建模时将会留出 0.1~0.4mm 的间隙，具体根据模型大小进行调整。

（2）螺纹。螺纹配合在比赛中运用较多，在 3D 打印比赛中螺纹的设计与打印可以考查考生建模能力、应变能力（需要选择合适牙型、螺旋距和牙型截面的大小）以及对打印参数的设定。在实际建模过程中需要考虑打印机成形特点、成形精度和材料特性，这就要求考生在建模时考虑配合公差，一般会留出 0.1~0.2mm 的间隙。

（3）其他连接方式。3D 打印赛项中除了孔和螺纹，一般还会用到楔连接、销连接、键连接、花键连接、弹性环连接、铆接和胶接等，也需要在建模时考虑公差的配合。

2. 后处理　刚打印完成的零件第一步是去除支撑，这里就需要细心地将每一部分的支撑去除，避免划伤模型。支撑去除后我们可以看到在支撑去除的地方成形并不是太好，就算没有支撑的地方有时也会有毛刺，这时就需要我们用锉刀或者砂纸将其打磨。表面的光滑度是比赛中重要的评分标准。

任务实施

Step 1：分析定位器的组成，如图 3-3-38 所示。

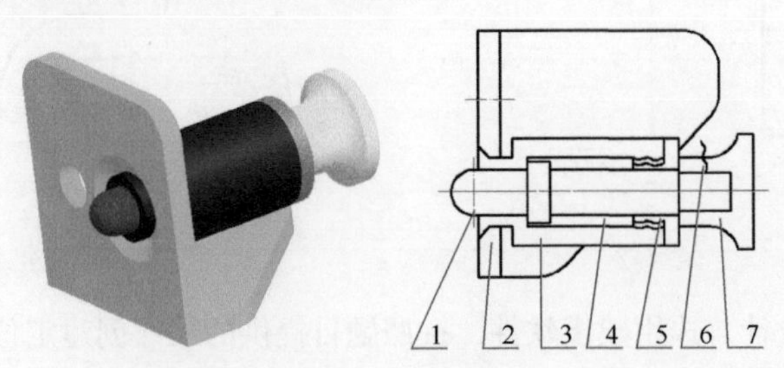

图 3-3-38　定位器

1—定位轴　2—支架　3—套筒　4—压簧　5—盖　6—螺钉　7—把手

（1）支架尺寸如图 3-3-39 所示。

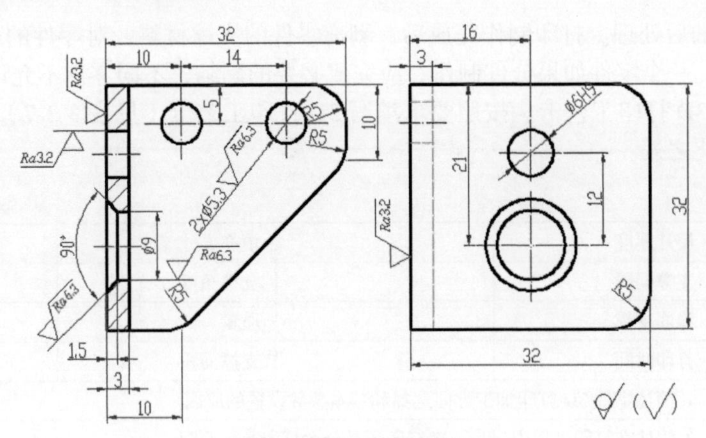

图 3-3-39　支架尺寸

（2）定位轴和套筒的尺寸如图 3-3-40 和图 3-3-41 所示。

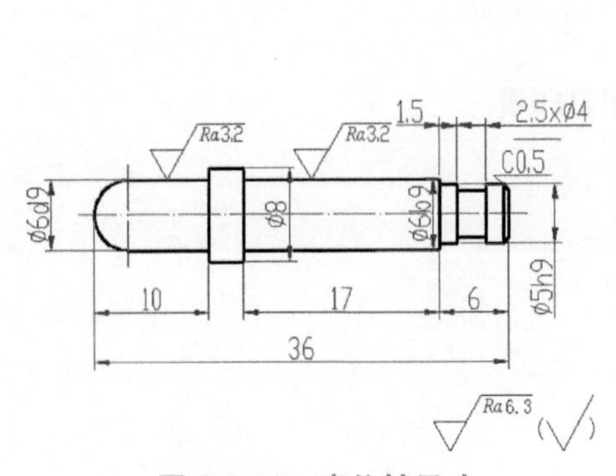

图 3-3-40　定位轴尺寸

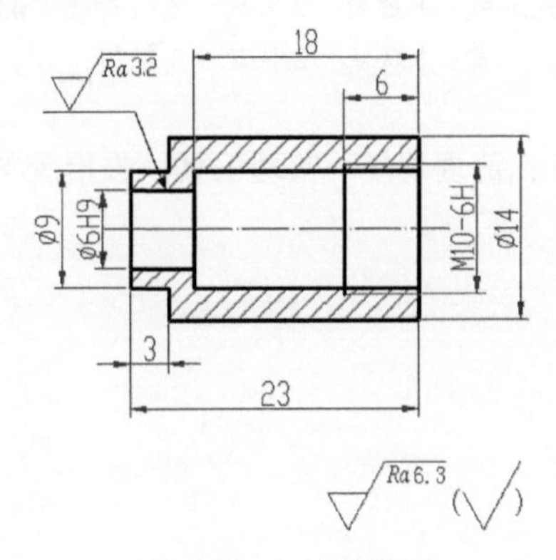

图 3-3-41　套筒尺寸

（3）盖和把手尺寸如图 3-3-42 和图 3-3-43 所示。

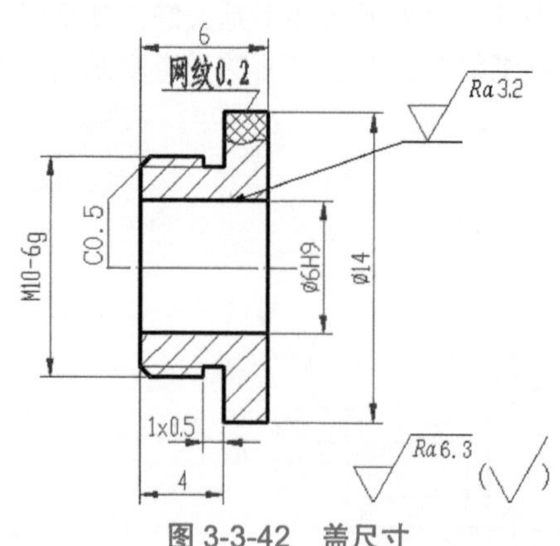

图 3-3-42　盖尺寸

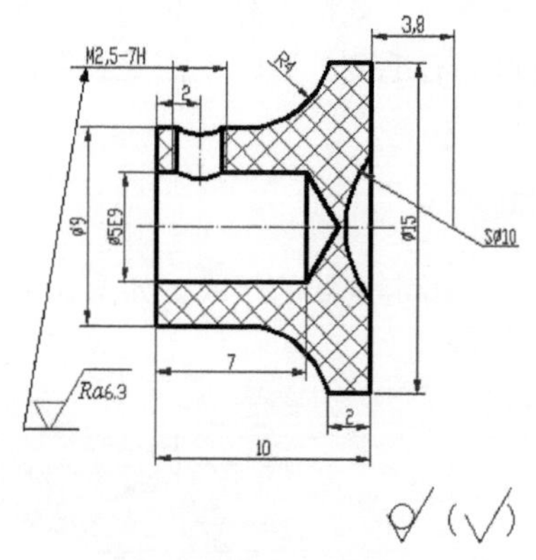

图 3-3-43　把手尺寸

Step 2：三维建模设计。选用建模软件，按照题目提供的尺寸创建定位器装配体中支架、定位轴、套筒、盖和把手五个零件的三维模型，零件尺寸可根据 3D 打印加工工艺设计装配公差。

Step 3：零件的 3D 打印。导入定位器的支架、定位轴、套筒、盖和把手零件模型文件至 3D 打印设备配套的加工软件中，进行产品零件的 3D 打印工艺参数设置，完成定位器零件的 3D 打印制作。

Step 4：零件的后处理。打印制作完成后，剥离零件的支撑材料，对零件的表面进行适当的后处理并进行试装配。一个零件如果分件制作，应完成必要的黏结，不同零件不允许相互黏结。

Step 5：完成 3D 打印工艺卡。按照要求填写 3D 打印工艺卡（见表 3-3-7），并说明零件加工工艺参数设定的优化之处。

表 3-3-7　3D 打印工艺卡

打印参数	层片厚度		填充方式	
	支撑间隔		支撑角度	
	稳固支撑		质量	
	打印时间		支撑面积	
工艺说明	1. 简述零件 3D 打印加工方向选择和基本参数设置的原因			
	2. 简述在打印过程中，是一次打印还是分次打印及其原因			

说明：填充方式：1.最密　2.紧密　3.较稀疏　4.稀疏　5.壳　6.表面
质　　量：1.默认　2.快速　3.较好

Step 6：清理现场。整理工具、收拾废料、关闭打印机。

第四篇

综合训练篇

本篇以金砖国家 3D 打印与智能制造技能大赛 3D 打印造型技术大赛决赛平台各模块功能为单位，以任务引领的方式讲解各模块的使用与技巧，最终各模块协同完成大赛规定项目任务，指导参赛选手顺利完成技能操作。

项目一　计算机游戏手柄数字化设计与成形

1

已知条件

（1）计算机游戏手柄样件如图 4-1-1 所示。

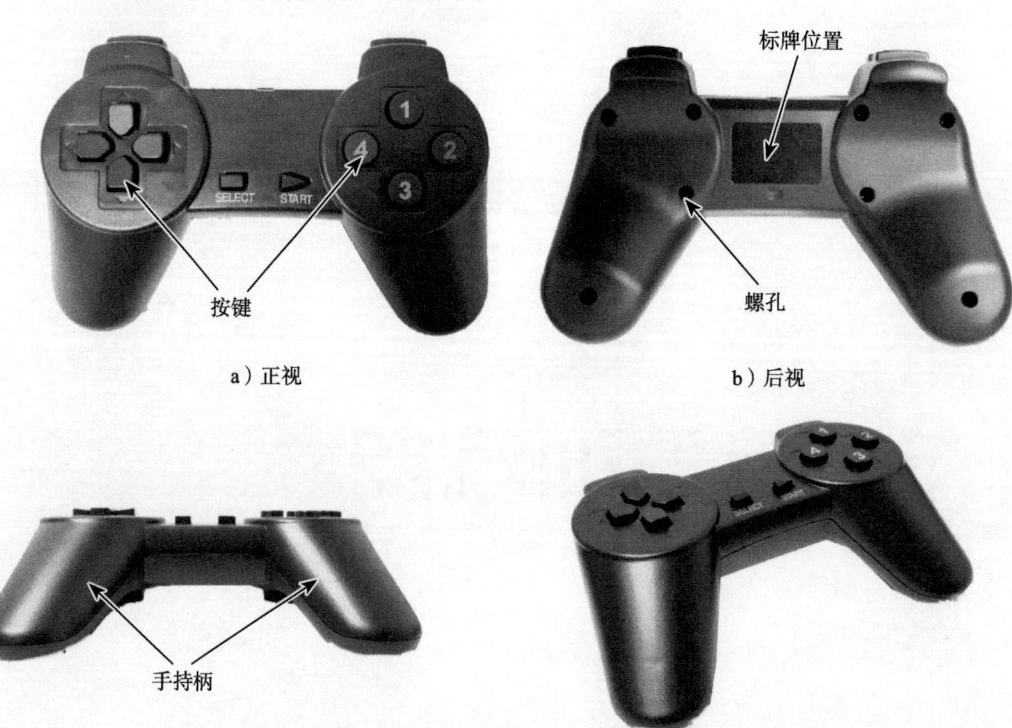

a）正视　b）后视

c）仰视　d）侧视

图 4-1-1　计算机游戏手柄

产品简介：免驱动，即插即用；设有手持柄，方便使用者操作按键；通过 usb 接口与计算机相连，方便实用。

计算机游戏手柄实物为企业正式产品，选手在使用该产品作为三维扫描样件进行设计过程时，请按文明生产要求操作，不得对产品有任何损伤。

（2）手机形状及尺寸如图 4-1-2 所示。

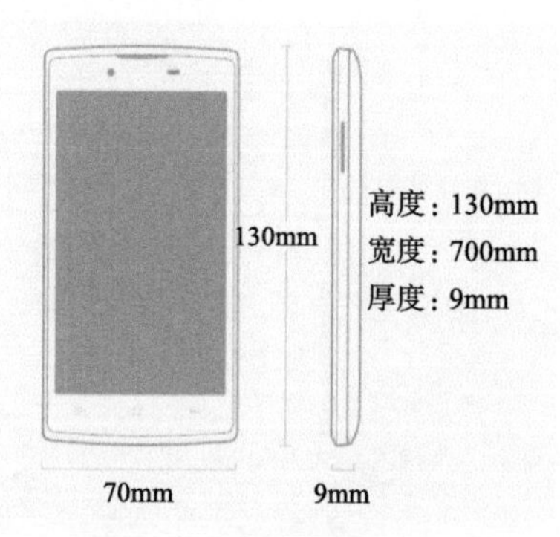

图 4-1-2　手机形状及尺寸

任务一 计算机游戏手柄三维数据采集

任务描述

参赛选手使用赛场提供的 Win3DD-M 三维扫描装置和样件，高精度完成给定计算机游戏手柄外观各面的三维扫描，并且对获得的点云进行相应取舍，剔除噪点和冗余点。

将经过取舍后的点云电子文档“.asc”及“.stl”格式文件均命名为“saomiao-youxishoubing”。然后在给定的两个 U 盘中，各存一份，计算机 D 盘根目录下备份一份，其他地方存放无效。

分值指标分配见表 4-1-1。

表 4-1-1 计算机游戏手柄三维数据采集分值指标分配

指标	正面完整度	背面完整度	效果及精度
分值	1.5	1.5	2

评分标准：将选手提交的扫描数据与标准三维模型各面数据进行比对，组成面的点基本齐全（以点数量足以建立曲面为标准），并且平均误差小于 0.05mm 则得分，平均误差大于 0.10mm 不得分，中间状态酌情给分。

注意： 标志点处不评分，未扫描到的部分不能进行补缺。

任务实施

1. 喷粉　观察发现游戏手柄产品表面为深黑色，会影响正常扫描效果，所以采用喷涂一层显像剂的方式进行扫描，从而获得更加精确的点云数据，为之后的建模打下基础（见图 4-1-3）。

注意： 喷粉距离约为30cm，尽可能薄且均匀。

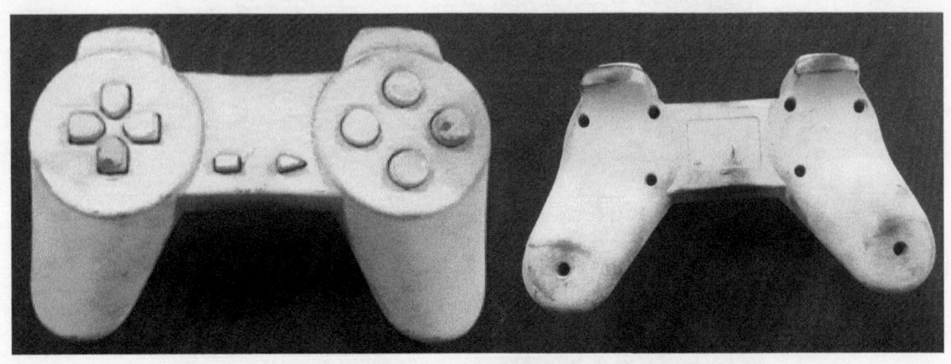

图 4-1-3 喷粉效果

2. 粘贴标志点　因要求为扫描整体点云，所以需要粘贴标志点，以进行拼接扫描。

标志点粘贴注意事项：

1）标志点尽量粘贴在平面区域或者曲率较小的曲面，且距离工件边界较远。

2）标志点不要粘贴在一条直线上，且不要对称粘贴。

3）公共标志点至少为 3 个，但因扫描角度等原因，一般以 5~7 个为宜，并使相机在尽可能多的角度可以同时看到。

4）粘贴标志点要保证扫描策略的顺利实施，根据工件的长、宽、高合理分布。

图 4-1-4 所示标志点的粘贴较为合理，当然还有其他粘贴方式。

图 4-1-4　游戏手柄标志点的粘贴

3. 开始扫描

Step 1：新建工程并命名，例如“saomiao-youxishoubing”。将游戏手柄置于转盘上，确定转盘和游戏手柄在十字中间后缓缓旋转转盘一周，在软件最右侧实时显示区域观察，确保能够扫描到整体；观察实时显示区域处游戏手柄的亮度（可以通过软件中设置相机曝光值来调整亮度）；检查扫描仪到游戏手柄的距离，此距离可以依据实时显示区域的白色十字与黑色十字重合确定，当重合时距离约为 600mm，此高度点云提取质量最好。如图 4-1-5 红色圆圈标示位置所示，调整好所有参数即可单击【扫描操作】，开始第一步扫描。

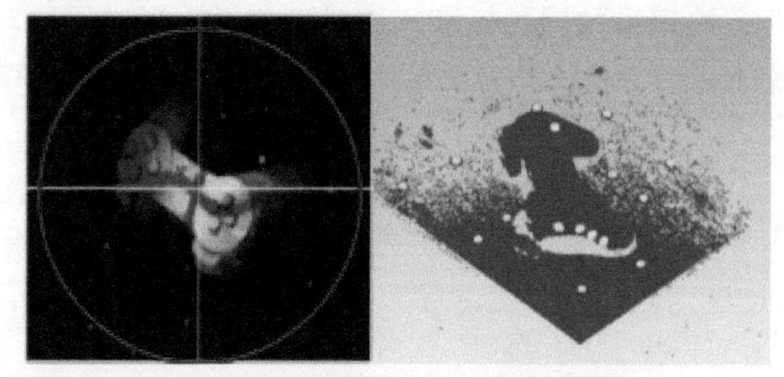
图 4-1-5　扫描游戏手柄前的准备

Step 2：转动转盘一定角度，必须保证与上一步扫描有公共重合部分，即上一步和该步能够同时看到至少三个标志点重合（该设备为三点拼接，但是建议使用四点拼接），如图 4-1-6 所示。

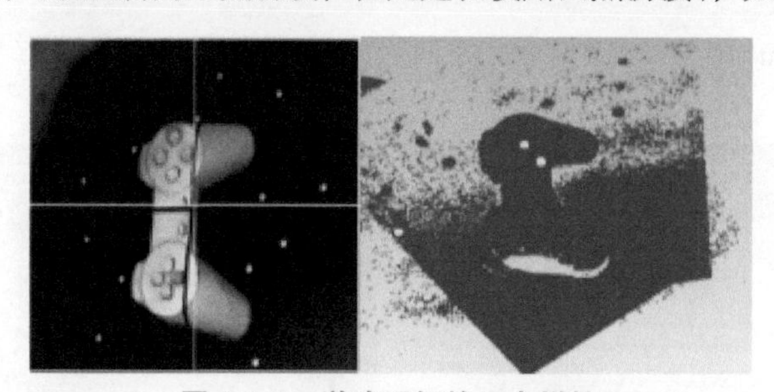
图 4-1-6　游戏手柄的三点拼接

Step 3：与 Step 2 类似，向同一方向继续旋转一定角度后扫描，如图 4-1-7 所示。

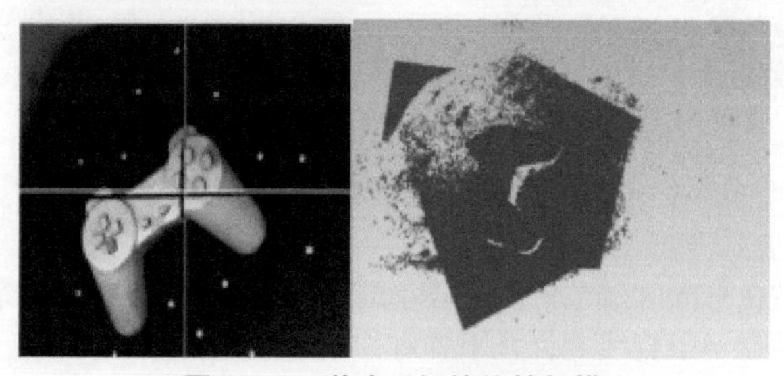
图 4-1-7　游戏手柄的旋转扫描

Step 4：与 Step 2 类似，向同一方向继续旋转一定角度扫描直到完成上表面扫描，如图 4-1-8 所示。

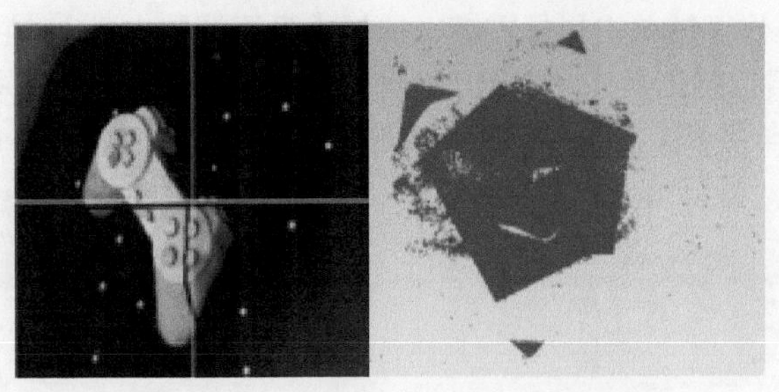

图 4-1-8　完成游戏手柄上表面扫描

Step 5：将游戏手柄从转盘上取下，翻转转盘，同时也将游戏手柄进行翻转扫描下表面。通过之前手动粘贴的标志点来完成拼接过程，同 Step 2 类似，向同一方向旋转一定角度，进行扫描，如图 4-1-9 所示。

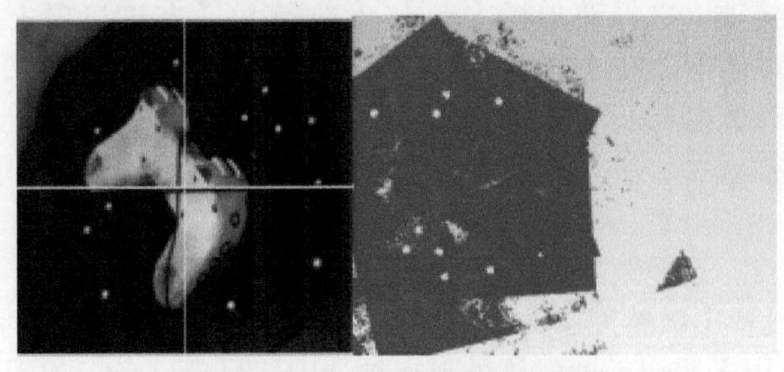

图 4-1-9　对游戏手柄翻转扫描

Step 6：执行两次或三次扫描，直到获得完整的游戏手柄的点云数据。

在软件中选择【模型导出】，将扫描数据另存为“.asc”格式文件，例如：“saomiao-youxishoubing.asc”。后续使用 Geomagic Wrap 点云处理软件进行点云处理。清理扫描仪环境，将各工具恢复到原始位置。

4. 点云数据处理　对点云数据的处理分为点云阶段和多边形处理阶段。

（1）点云阶段。

Step 1：打开扫描保存文件“saomiao-youxishoubing.asc”。启动 Geomagic Wrap 软件，选择菜单【文件】-【打开】命令或单击工具栏上的【打开】图标，系统弹出【打开文件】对话框，查找游戏手柄数据文件并选中“saomiao-youxishoubing.asc”文件，然后单击【打开】按钮，在工作区显示载体，如图 4-1-10 所示。

Step 2：将点云着色。为了更加清晰、方便地观察点云的形状，将其着色。选择菜单栏【点】-【着色点】，着色后的视图如图 4-1-11 所示。

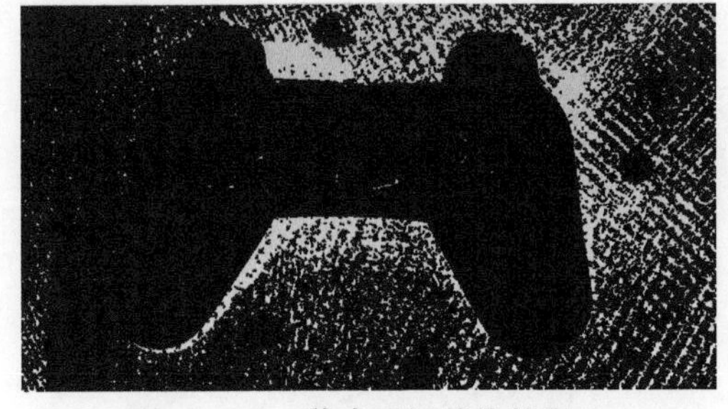

图 4-1-10　游戏手柄载体的显示

图 4-1-11　游戏手柄点云的着色

Step 3：设置旋转中心并反转选区。为了更加方便地使用点云操作的放大、缩小或旋转功能，对其设置旋转中心。在操作区域单击鼠标右键，选择【设置旋转中心】，在点云适合位置单击即可。

选择工具栏中【套索选择工具】，勾画出游戏手柄的外轮廓，点云数据呈现红色，单击鼠标右键选择【反转选区】，选择菜单【点】-【删除】或按下 Delete 键，如图 4-1-12 所示。

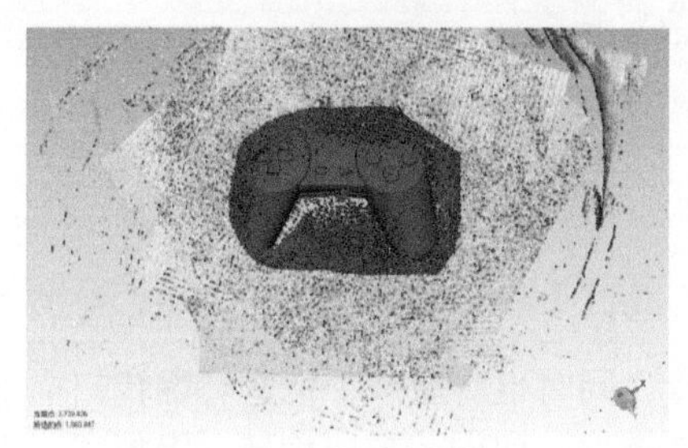

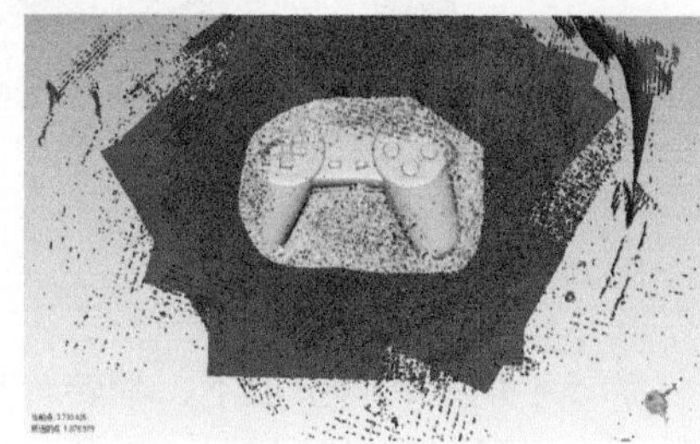

图 4-1-12　游戏手柄选区的反转

Step 4：选择非连接项。选择菜单栏【点】-【选择】-【非连接项】按钮，在管理器面板中弹出【选择非连接项】对话框。在【分隔】的下拉列表中选择低分隔方式，这样系统会选择在拐角处离主点云很近但不属于主点云部分的点。尺寸设置为默认值 5.0mm，单击上方的【确定】按钮。点云中的非连接项被选中，并呈现红色，如图 4-1-13 所示。选择菜单【点】-【删除】或按下 Delete 键进行删除。

Step 5：删除体外孤点。选择菜单栏【点】-【选择】-【体外孤点】按钮，在管理面板中弹出【选择体外孤点】对话框，设置【敏感度】的值为 100，也可以通过单击右侧的两个三角号增加或减少【敏感度】值，单击【应用】按钮。此时体外孤点被选中，呈现红色，如图 4-1-14 所示。选择菜单【点】-【删除】或按 Delete 键来删除（此命令操作 2~3 次为宜）。

图 4-1-13　游戏手柄非连接项的选择

图 4-1-14　游戏手柄体外孤点的删除

Step 6：删除非连接点云。选择工具栏中【套索选择工具】，将非连接点云删除，如图 4-1-15 所示。

图 4-1-15　游戏手柄非连接点云的删除

Step 7：减少噪音。选择菜单【点】-【减少噪音】按钮，在管理器模块中弹出【减少噪音】对话框，如图 4-1-16 所示。

选择【棱柱形（积极）】，将“平滑度水平”滑标调到无，“迭代”设置为 5，“偏差限制”设置为 0.05mm。

选中【预览】选框，定义“预览点”为 3000，代表被封装和预览的点数量。选中【采样】选项。用鼠标在模型上选择一小块区域来预览，预览效果如图 4-1-16 所示。

左右移动【平滑度水平】滑标，同时观察预览区域的图像有何变化。该设计中将“平滑度水平”滑标设置在第二个档位，单击应用按钮，退出对话框。

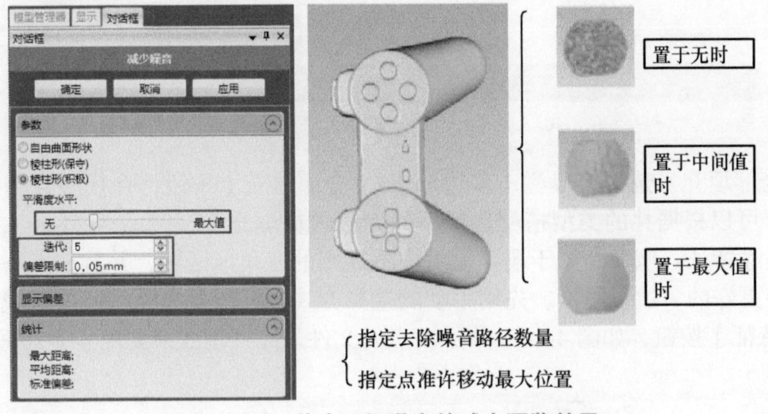

图 4-1-16　游戏手柄噪音的减少预览效果

Step 8：封装数据。选择菜单栏【点】-【封装】按钮，系统会弹出如图 4-1-17 所示的【封装】对话框，该命令将围绕点云进行封装计算，使点云数据转换为多边形模型。

选择【采样】，通过设置点间距来对点云进行采样。可以人为设定目标三角形的数量，设置的数量越大，封装之后的多边形网格越紧密。最下方的滑标能够调节采样质量的高低，可以根据点云数据的实际特性，进行适当调整。

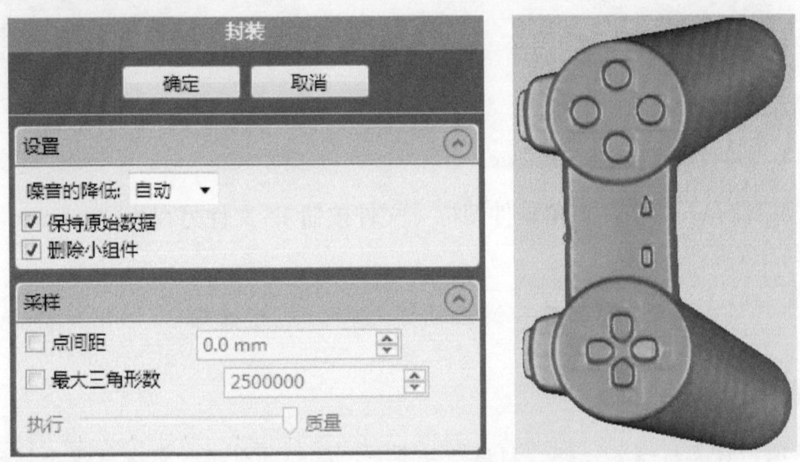

图 4-1-17　游戏手柄数据的封装

（2）多边形处理阶段。

Step 1：删除钉状物。选择菜单栏【多边形】-【删除钉状物】按钮，在模型管理器中弹出如图 4-1-18 所示的【删除钉状物】对话框。“平滑级别”滑块处在中间位置，单击【应用】按钮。

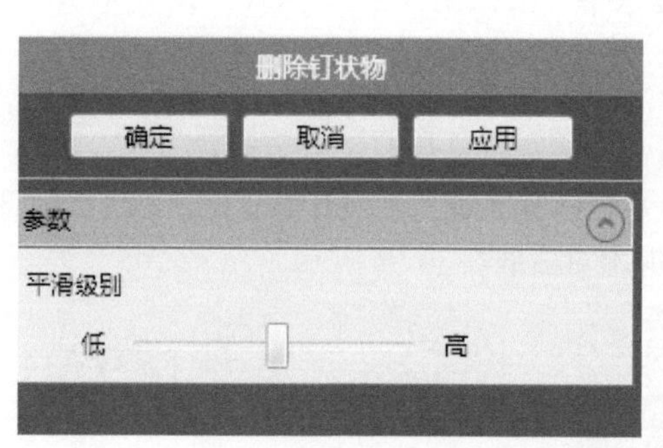

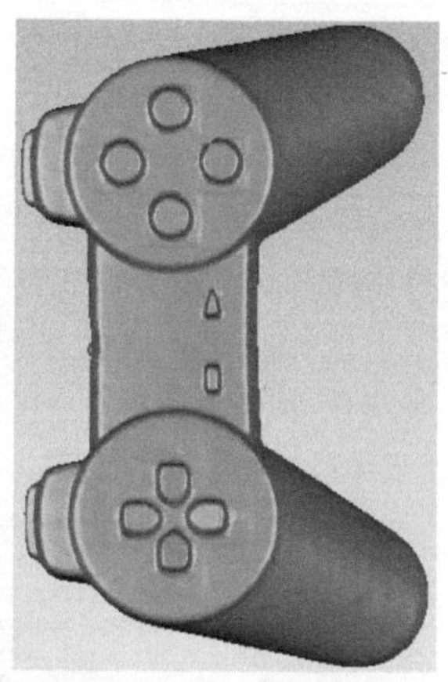

图 4-1-18 游戏手柄钉状物的删除

Step 2：全部填充。选择菜单栏【多边形】-【全部填充】按钮，在模型管理器中弹出【全部填充】对话框。可以根据孔的类型搭配选择不同方法进行填充。

Step 3：去除特征。该命令用于删除模型中不规则的三角形区域，并且插入一个更有秩序且与周边三角形连接更好的多边形网格。先用手动的选择方式选择需要去除特征的区域，然后选择【多边形】-【去除特征】按钮，如图 4-1-19 所示。点云文件最终处理效果如图 4-1-20 所示。

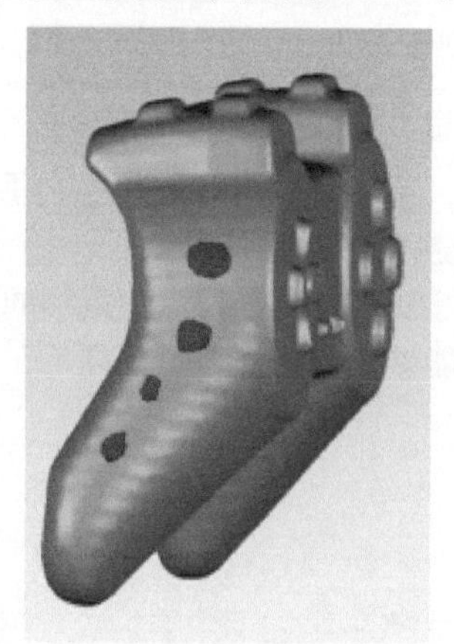

图 4-1-19 游戏手柄特征的去除

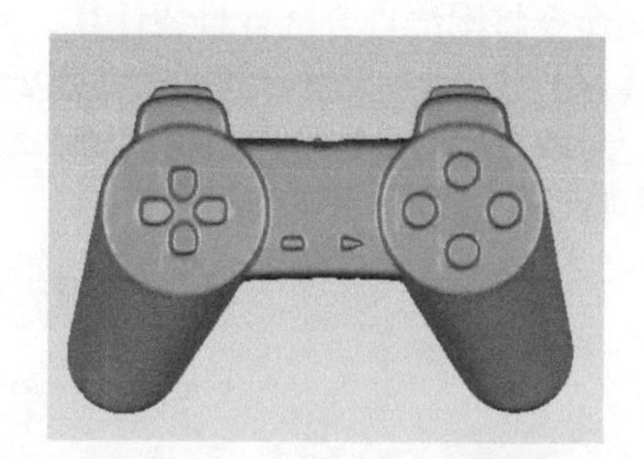

图 4-1-20 游戏手柄最终效果

Step 4：数据保存。单击左上角软件图标（文件按钮），文件另存为“saomiao-youxishoubing.stl”格式（用于后续逆向建模）。

任务二 计算机游戏手柄三维建模

任务描述

参赛选手选用计算机预装软件，利用“任务一”得到的数据，完成游戏手柄的外观三维建模。

将三维建模源文件、“.stp”格式文件及定位后的数据“.stl”格式文件，均命名为“jianmo – youxishoubing”。然后在给定的两个 U 盘中，各存一份，计算机 D 盘根目录下备份一份，其他地方存放无效。分值指标分配见表 4-1-2。

表 4-1-2　计算机游戏手柄三维建模分值指标分配

指标	数据定位合理性	模型的完整性及合理性	分型线合理性	曲面拆分合理性	曲面光顺度	模型精度对比
分值	1	2	1	2	2	2

评分标准：将选手创建的模型与扫描三维模型各面数据进行比对，在公差范围内造型曲面质量好、曲面拆分合理、面与面之间拟合度高，平均误差小于 0.08mm 为得分。平均误差大于 0.20mm 不得分，中间状态酌情给分。

注意： 整体拟合不得分。

任务实施

1. 建立坐标系

Step 1：导入处理完成的“saomiao-youxishoubing.stl”数据。单击菜单栏中的【插入】-【导入】，选择“saomiao-youxishoubing.stl”文件，选择【仅导入】按钮，如图 4-1-21 所示。

图 4-1-21　游戏手柄数据的导入

Step 2：分析模型特征并手动划分领域。单击【领域组】按钮，会弹出【自动分割领域】对话框，将自动分割取消，选择【画笔模式】，进行手动划分领域，绘制出如图 4-1-22 所示的领域组。

Step 3：建立一个参照平面用于创建坐标系。单击【参照平面】按钮，方法选择【提取】，更改方法为【选择多个点】在游戏手柄上部分主体的平面单击 4 个点创建参照平面，单击【对勾】按钮，确认操作即可成功创建一个参照平面 1，如图 4-1-23 所示。

Step 4：单击【面片草图】按钮，选择参照平面 1，进入面片草图模式，单击朝上的短粗箭头，用鼠标拖动前后位置，截取游戏手柄的外轮廓，如图 4-1-24 所示。

图 4-1-22　游戏手柄的领域组

图 4-1-23　游戏手柄参照平面的创建

单击对话框左上角☑按钮，然后参照截面线绘制两个圆，单击工具栏中【创建圆】按钮，框选参照线得到两个圆即得到圆心，如图 4-1-25 所示。

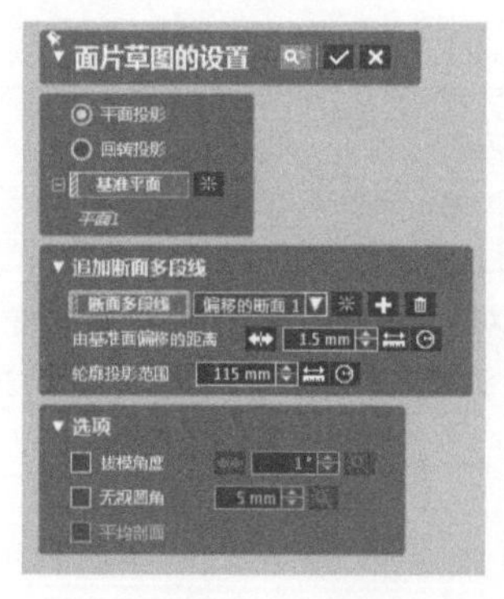

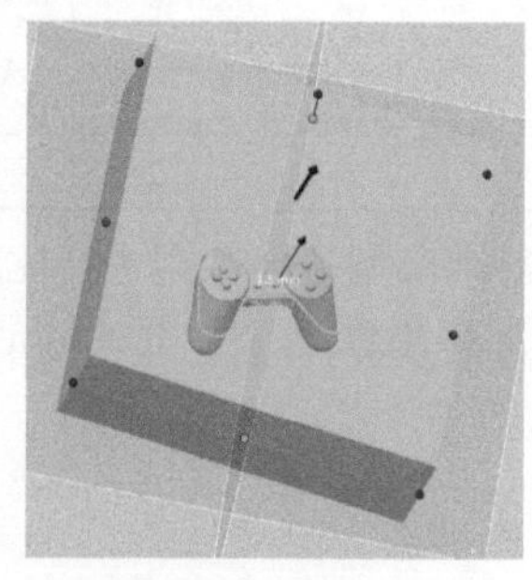

图 4-1-24　游戏手柄外轮廓的截取（正向）

图 4-1-25　游戏手柄圆面的绘制

单击工具栏中【直线】按钮，连接两个圆心，完成直线的创建，如图 4-1-26 所示。

Step 5：单击【直线】按钮，绘制上图直线的中心位置，单击对话框右下角【下一步】按钮，得到下图的两个直线，如图 4-1-27 所示。

图 4-1-26　两个圆心的连接

图 4-1-27　直线中心位置的绘制

Step 6：建立坐标系。单击【手动对齐】按钮，选择点云模型，单击【下一阶段】按钮，移动方式选择“3-2-1”，位置选项选择工件的曲线点，平面选择“平面 1”，线选择“曲线 1”，如图 4-1-28 所示。参数设置完成后单击左上角✔按钮，然后退出手动对齐模式。坐标系创建完成（注：用于辅助建立坐标系的参照平面 1 及草图 1 在建立坐标系之后可隐藏或删除）。

图 4-1-28　游戏手柄坐标系的建立

2. 模型主体创建

Step 1：单击【面片拟合】按钮，领域选择如图 4-1-29 所示，然后单击【对勾】按钮。

按上述操作方法对其他区域的曲面进行创建，结果如图 4-1-30 所示。

图 4-1-29　模型主体领域的选择

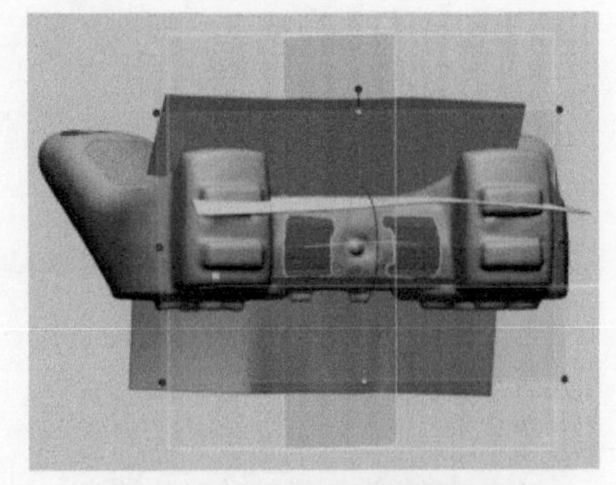

图 4-1-30　其他区域曲面的创建

Step 2：单击【面片草图】按钮，进入面片草图模式，单击朝下的短粗箭头，用鼠标拖动前后位置，截取游戏手柄的外轮廓，如图 4-1-31 所示。

进入面片草图模式，绘制出游戏手柄的背部轮廓，如图 4-1-32 所示。

图 4-1-31　游戏手柄外轮廓的截取（背向）

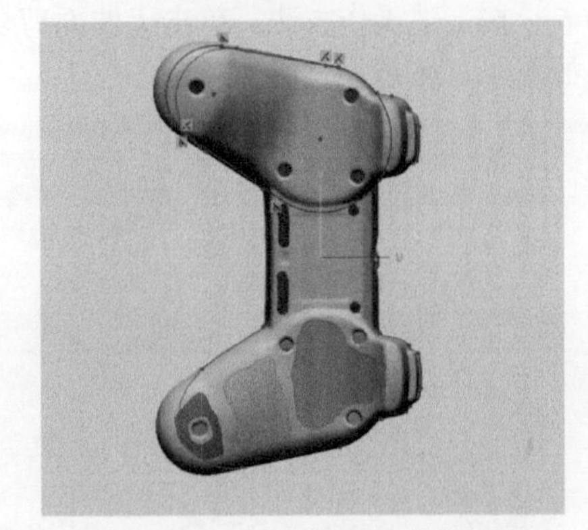

图 4-1-32　游戏手柄的背部轮廓

Step 3：单击【曲面拉伸】按钮，进入曲面拉伸模式，距离 55mm，单击【对勾】按钮，效果如图 4-1-33 所示。

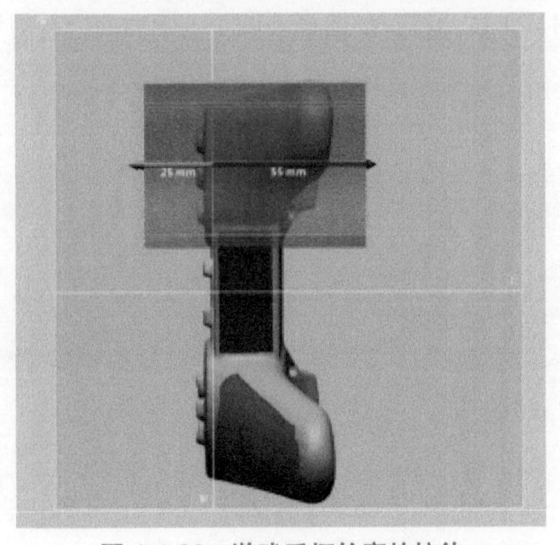

图 4-1-33　游戏手柄轮廓的拉伸

Step 4：单击【剪切曲面】按钮，工具为面片拟合 1 和面片拟合 2 效果如图 4-1-34 所示。

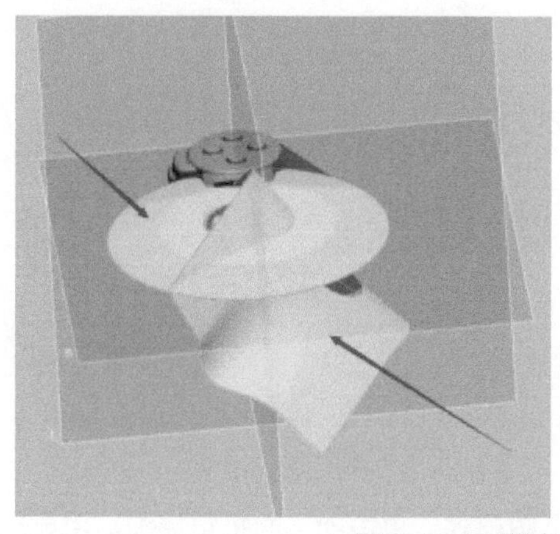
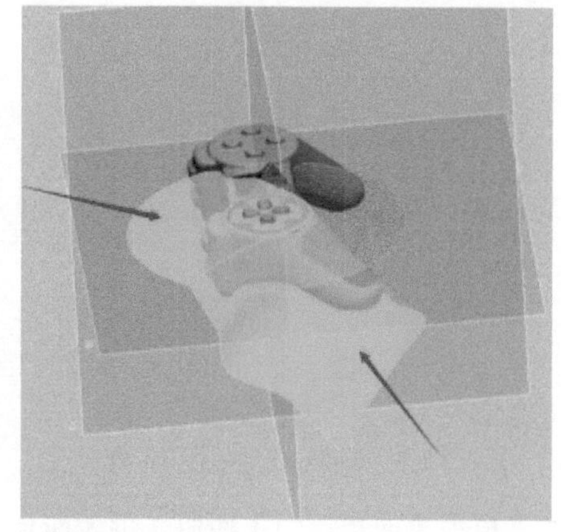

图 4-1-34　游戏手柄曲面的剪切

Step 5：单击【圆角】按钮，将两个曲面进行倒圆角，效果如图 4-1-35 所示。

Step 6：按上述操作方法，单击【曲面剪切】按钮，将其余 3 个曲面进行剪切，然后进行倒圆角，效果如图 4-1-36 所示。

图 4-1-35　将两个曲面倒圆角

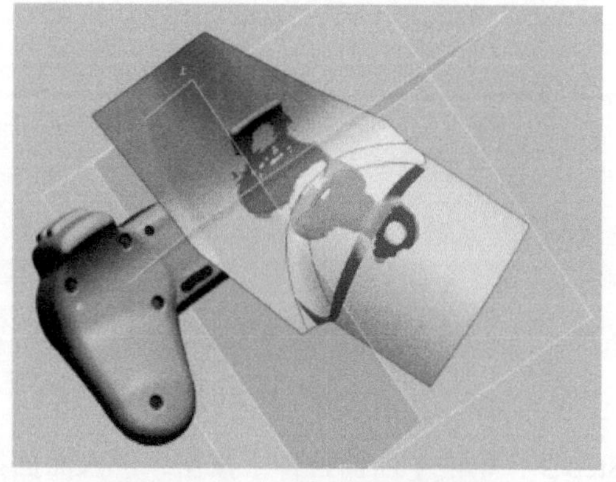

图 4-1-36　其余曲面的倒圆角

单击【剪切曲面】按钮，将拉伸得到的曲面与两个上下曲面进行剪切，效果如图 4-1-37 所示。

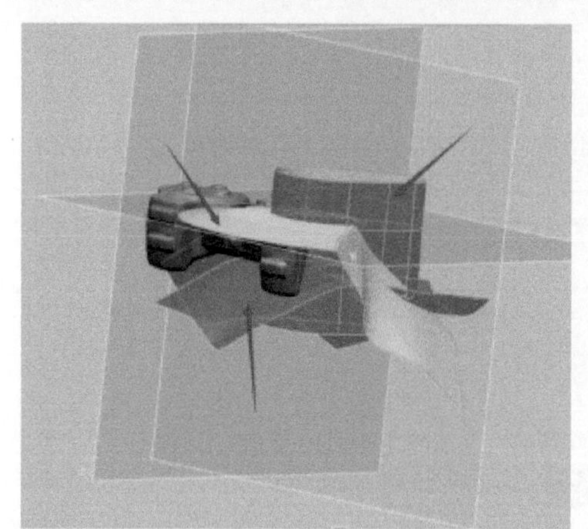
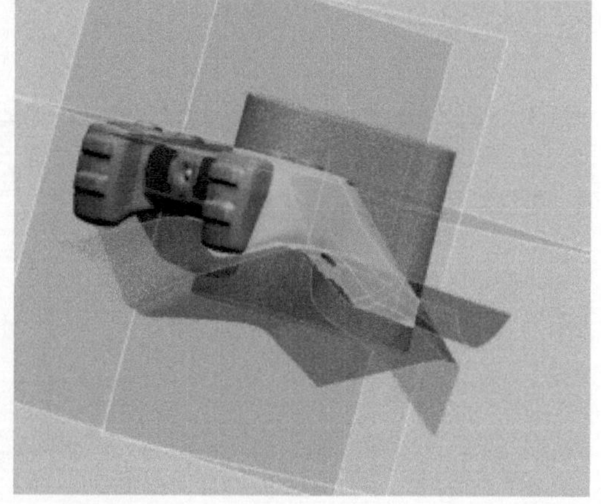

图 4-1-37　三个曲面的剪切

单击【草图】按钮，绘制出一个矩形，单击【对勾】按钮。效果如图 4-1-38 所示。

单击【实体拉伸】按钮，将绘制出来的轮廓进行实体拉伸，单击【对勾】按钮。效果如图 4-1-39 所示。

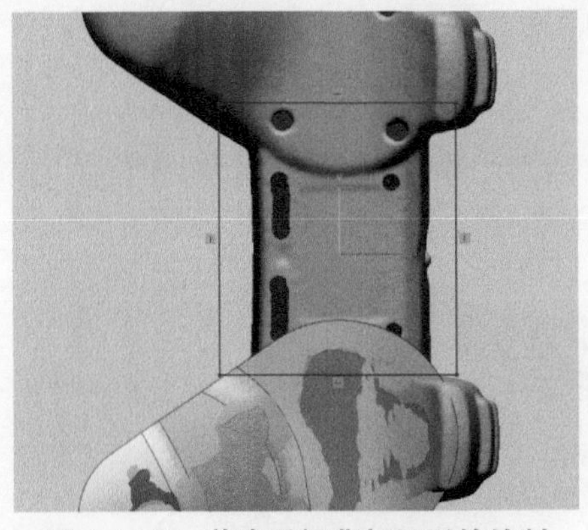

图 4-1-38　游戏手柄背部矩形的绘制

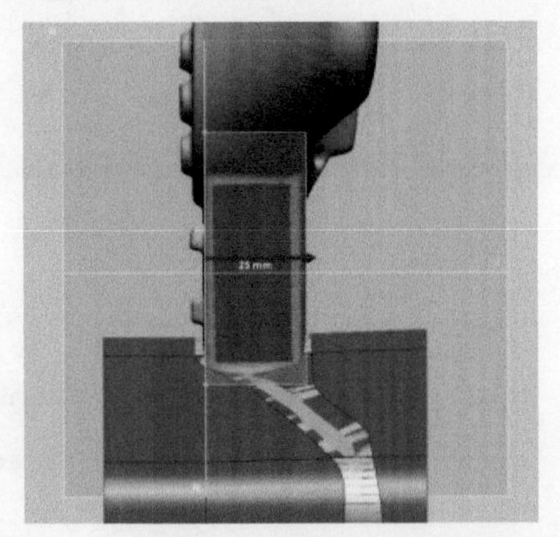

图 4-1-39　游戏手柄背部矩形的实体拉伸

单击【切割】按钮，工具选择如图 4-1-40 所示的 4 个曲面，对象选择上步拉伸出来的实体，单击【下一步】按钮，保留如图 4-1-41 所选的实体，单击【对勾】按钮。

图 4-1-40　切割曲面的选择

图 4-1-41　保留实体的选择

单击【草图】按钮，绘制出一个四边形，单击【对勾】按钮。效果如图 4-1-42 所示。

单击【实体拉伸】按钮，将绘制的轮廓进行实体拉伸，单击【对勾】按钮。效果如图 4-1-43 所示。

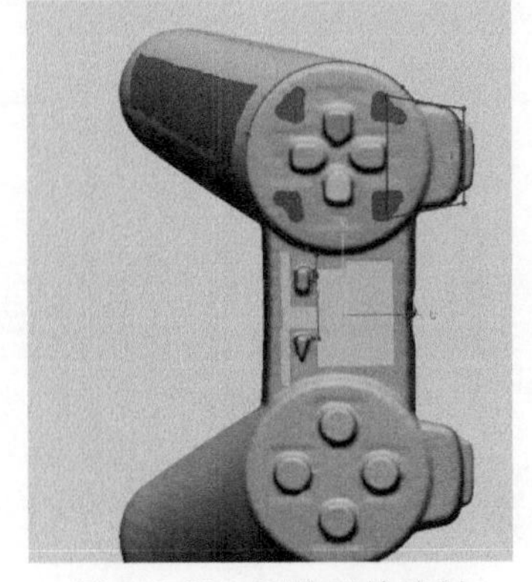

图 4-1-42　四边形的绘制

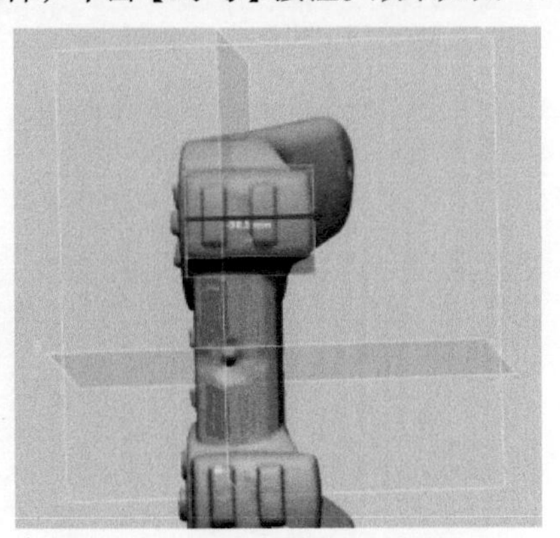

图 4-1-43　四边形轮廓的实体拉伸

单击【曲面偏移】按钮，如图 4-1-44 所示，将所选择曲面的偏移值设置为 0mm，单击【对勾】按钮，然后单击【延长曲面】按钮将偏移得到的曲面进行整体延长，效果如图 4-1-45 所示。

图 4-1-44　曲面偏移值的设置

单击【切割】按钮，工具选择上图延长的曲面，对象选择拉伸得到的实体，单击下一步，保留如图 4-1-46 所选的实体，单击【对勾】按钮。

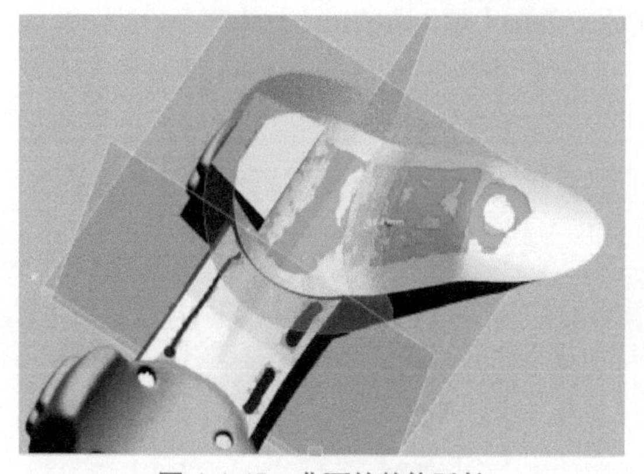

图 4-1-45　曲面的整体延长

图 4-1-46　曲面对实体的切割

单击【曲面偏移】按钮，如图 4-1-47~ 图 4-1-49 所示，将所选择曲面的偏移值设置为 0mm，然后同上进行切割。

图 4-1-47　偏移曲面的选择

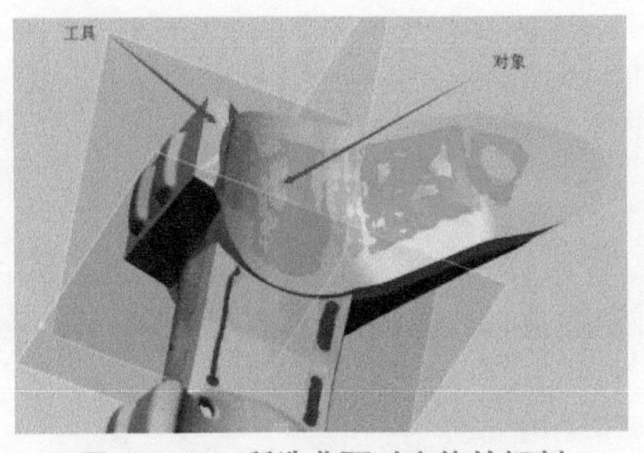

图 4-1-48　所选曲面对实体的切割

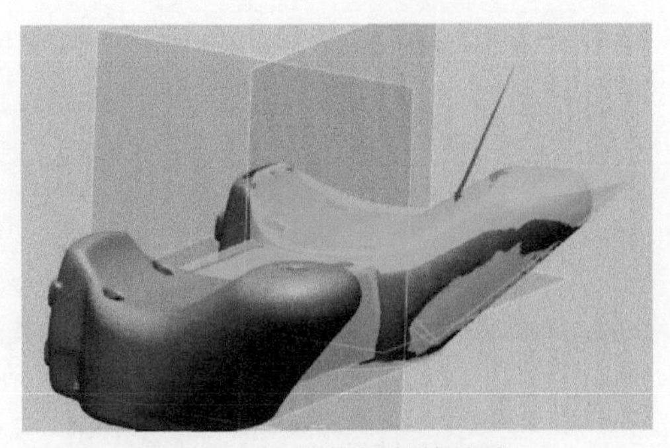

图 4-1-49　曲面切割的结果

单击【草图】按钮，绘制出两个矩形，单击【对勾】按钮。单击【实体拉伸】按钮，将绘制的矩形进行拉伸，参数设置如图 4-1-50 所示。

单击【圆角】按钮，依次将图 4-1-51 所示部位倒圆角。

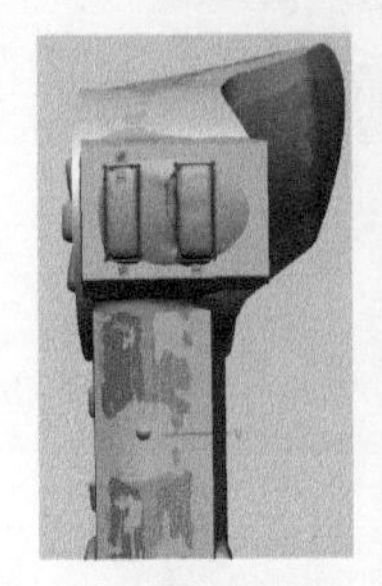

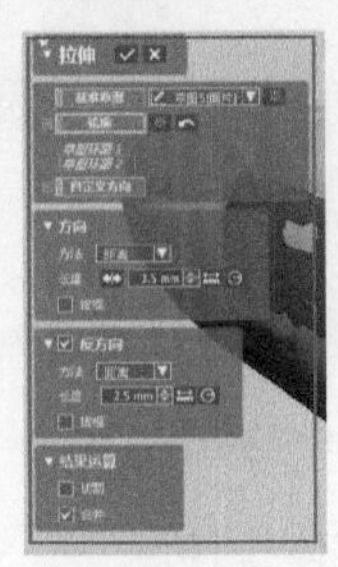

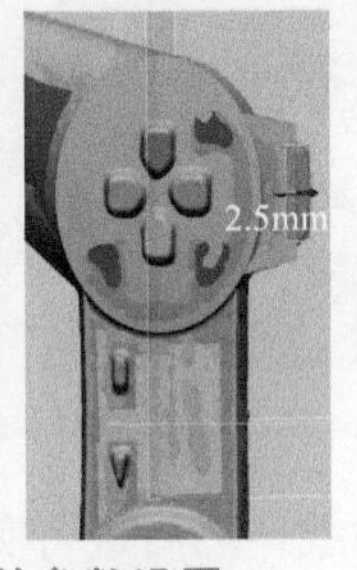

图 4-1-50　双矩形实体拉伸的参数设置

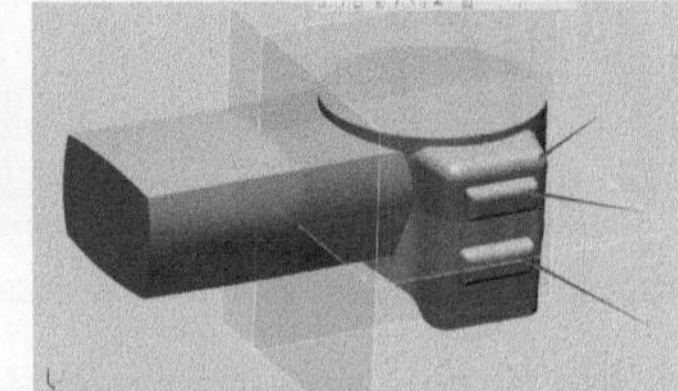

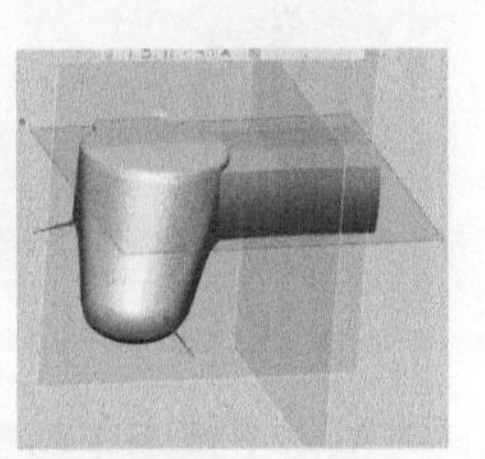

图 4-1-51　指定部位的倒圆角

Step 7：单击【草图】按钮，绘制出图 4-1-52 所示的图形，单击【对勾】按钮。单击【拉伸】按钮，将绘制的轮廓线进行拉伸剪切，单击【对勾】按钮。

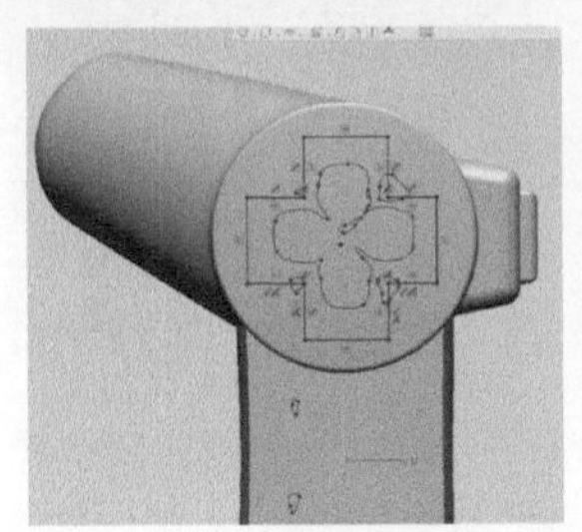

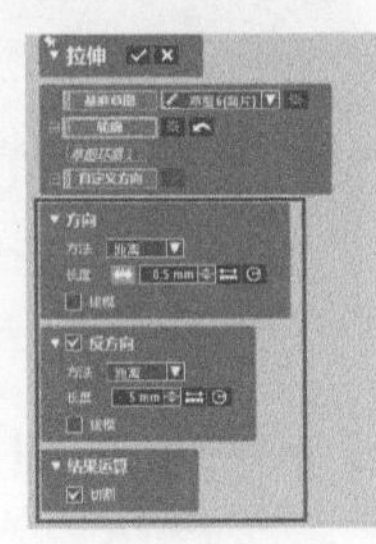

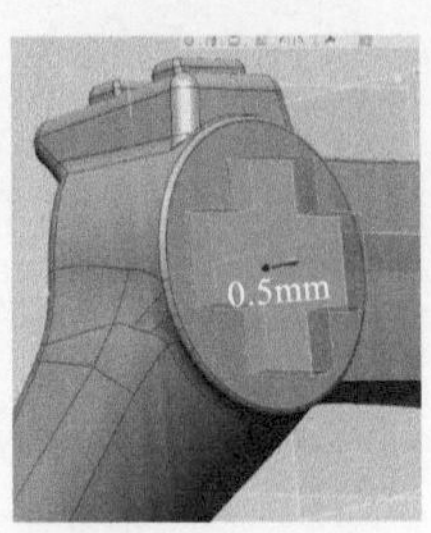

图 4-1-52　按轮廓线进行拉伸剪切

Step 8：单击【切割】按钮，“工具要素”选择上平面，“对象体”选择实体，如图 4-1-53 和图 4-1-54 所示。

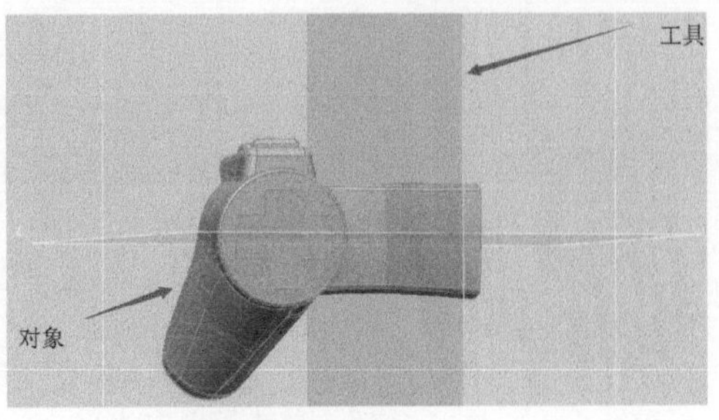

图 4-1-53　上平面对实体的切割

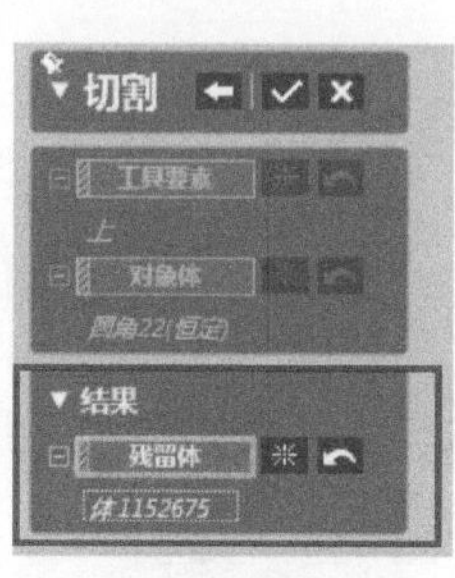

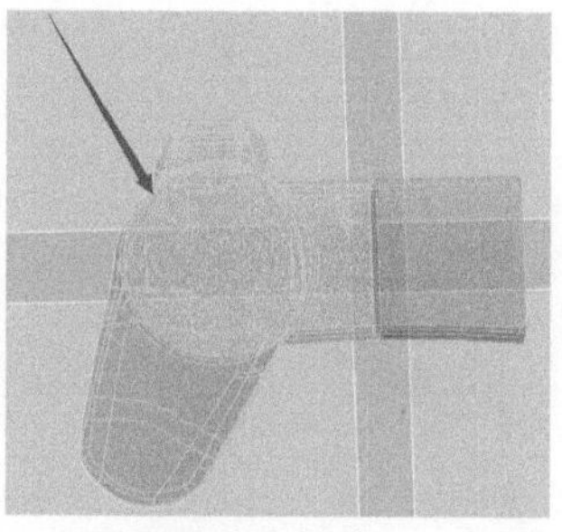

图 4-1-54　上平面切割的结果

Step 9：单击【镜像】按钮，“对称平面”选择上平面，“体”选择切割得到的实体，如图 4-1-55 所示。

单击【布尔运算】按钮，将对称得到的实体与切割得到实体进行合并，如图 4-1-56 所示。

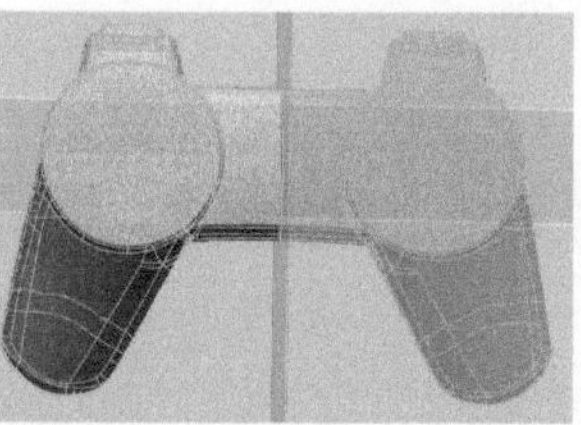

图 4-1-55　镜像的生成

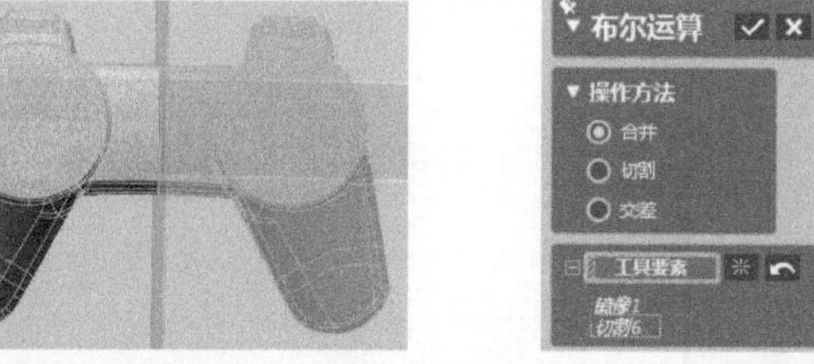

图 4-1-56　实体的合并

单击【草图】按钮，绘制出图 4-1-57 所示的轮廓线，然后进行实体拉伸。

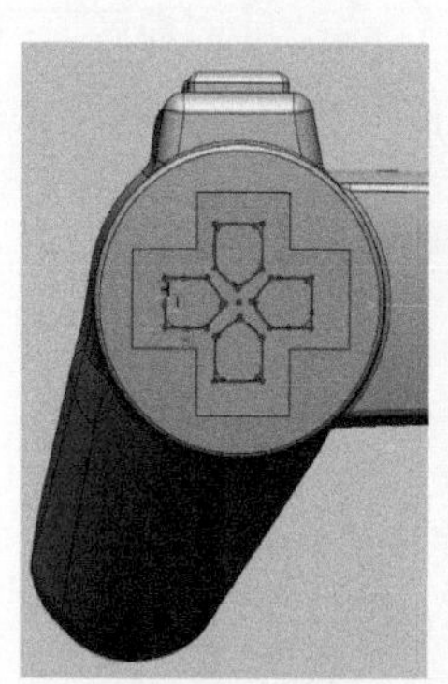

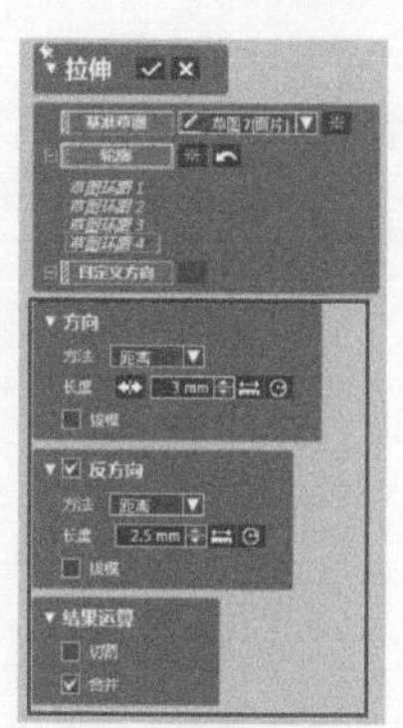

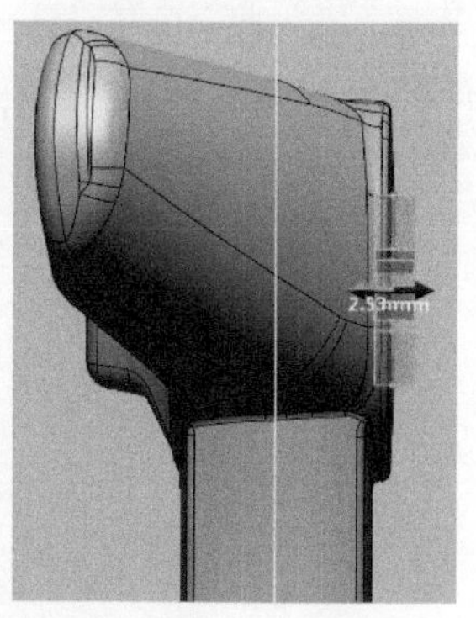

图 4-1-57　游戏手柄左半部分的实体拉伸

按以上操作方法完成游戏手柄右半部分的实体拉伸，如图 4-1-58 所示。

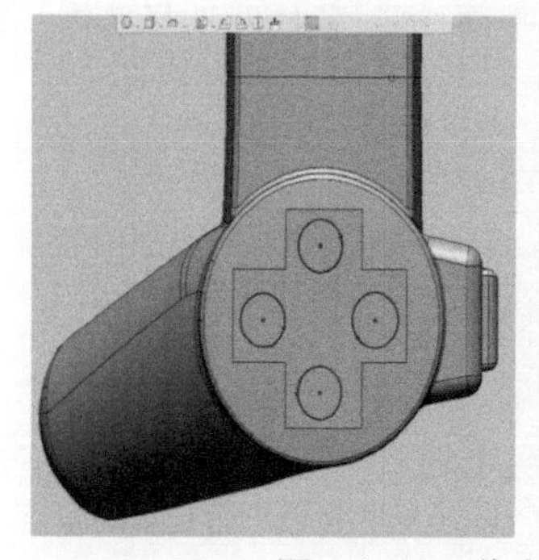

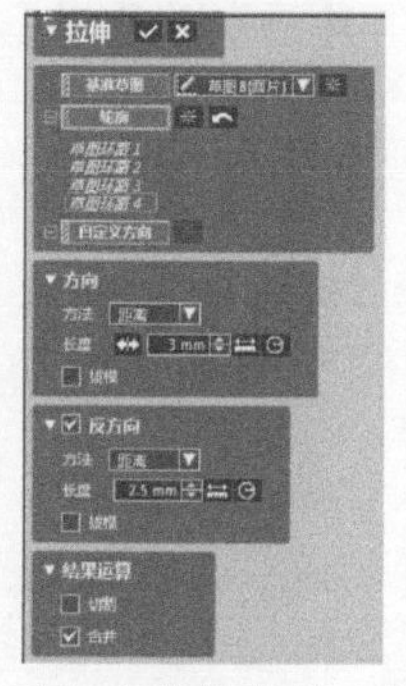

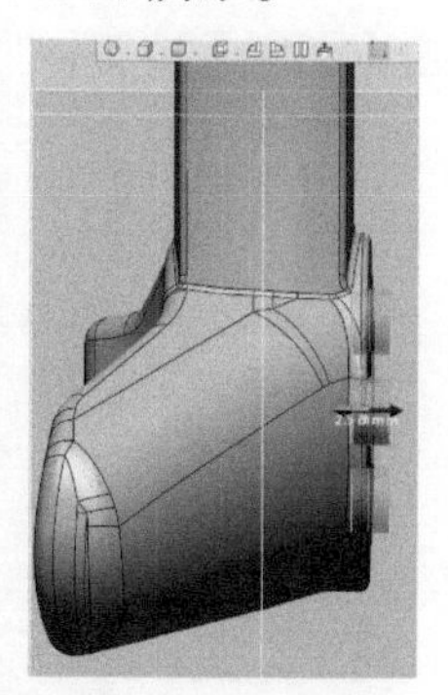

图 4-1-58　游戏手柄右半部分的实体拉伸

Step 10：单击【圆角】按钮，将图 4-1-59 所示的地方进行倒圆角，单击【对勾】按钮。将图 4-1-60 所示的边界都进行倒圆角。

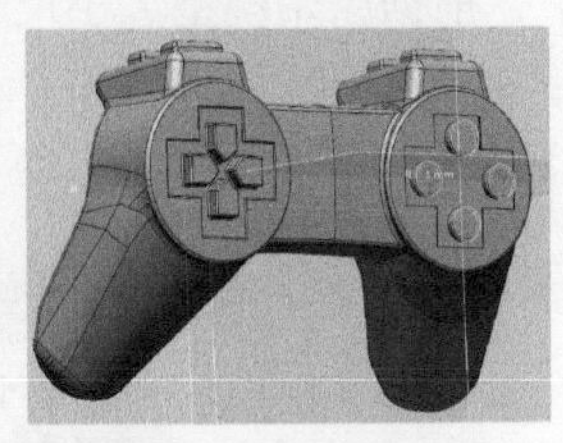

图 4-1-59 指定部位进一步倒圆角

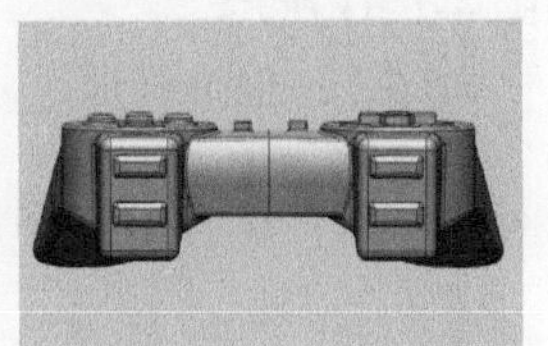

图 4-1-60 边界的倒圆角

最终倒圆角后的效果如图 4-1-61 所示。

产品最终效果，如图 4-1-62 所示。

图 4-1-61 完成倒圆角的效果

图 4-1-62 产品最终效果

任务三 计算机游戏手柄创新设计

任务描述

随着游戏设备硬件的升级换代和玩家对软件、硬件需求的不断提高，越来越多的玩家希望能够在玩手机游戏时使用游戏手柄，现有的计算机游戏手柄已经不能满足玩家的需求。

请你根据“任务二”的数字模型，设计一个用于连接游戏手柄与手机的手机固定架，方便使用者在打游戏时观看手机屏幕中的游戏画面。具体要求如下：

1）手机固定架一端安装在游戏手柄上，另一端安装在手机上，具体安装位置自定，但要安全稳固，符合人性化设计，同时不能影响游戏手柄的正常使用。

2）可以改变“任务二”完成的游戏手柄数字模型形状以适应与手机固定架的连接。

3）手机固定架要求设计美观。

4）手机固定架结构合理，角度可调节。

5）符合 3D 打印制作工艺要求。

将三维创新设计源文件和“.stp”格式文件（整体装配结果），均命名为“sheji – gudingjia”。然后在给定的两个 U 盘中，各存一份，计算机 D 盘根目录下备份一份，其他地方不准存放。分值指标分配见表 4-1-3。

表 4-1-3 手柄创新设计考核

指标	外形美观	结构合理	稳固便于拆装	符合打印工艺
分值	3	6	3	3

任务实施

Step 1：将游戏手柄原始数据调入 3D One Plus 中，根据原始模型大小尺寸设计连接件的大小，如图 4-1-63 所示。

Step 2：根据外形尺寸，绘制连接件的雏形，如图 4-1-64 所示。

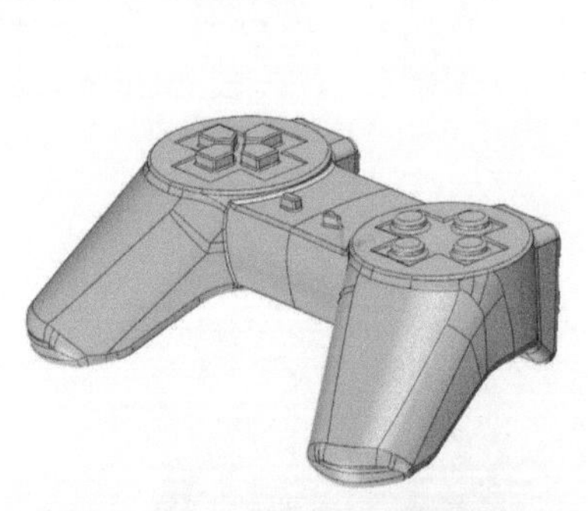

图 4-1-63 游戏手柄原始模型

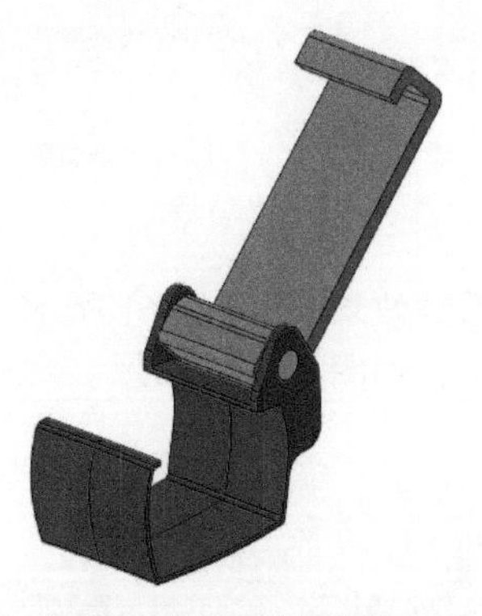

图 4-1-64 连接件雏形

Step 3：为保证贴合，可复制游戏手柄的配合面，如图 4-1-65 所示。

Step 4：将连接件加厚成实体零件，并设计转轴，具体尺寸根据游戏手柄大小自行定义，如图 4-1-66 所示。

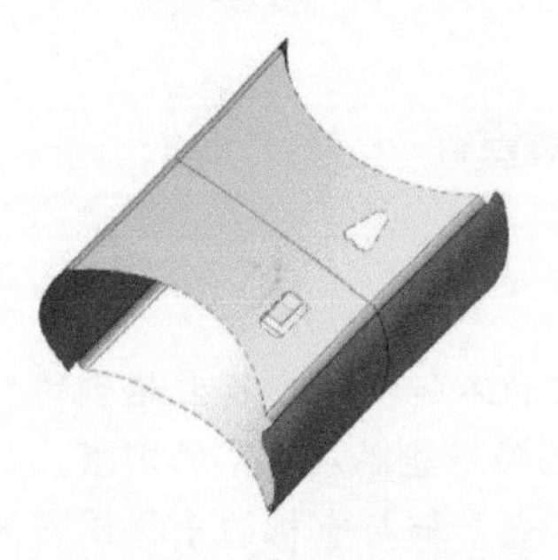

图 4-1-65 游戏手柄配合面

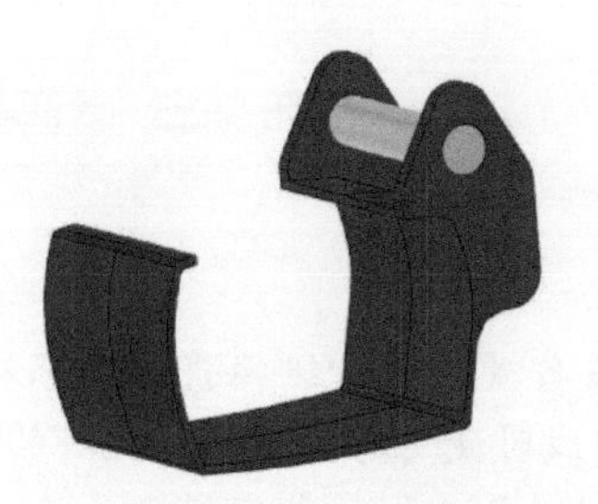

图 4-1-66 带有转轴的连接件

Step 5：设计手机卡槽，注意可旋转角度为 −45° ~ 0°，如图 4-1-67 所示。

Step 6：装配效果如图 4-1-68 所示。

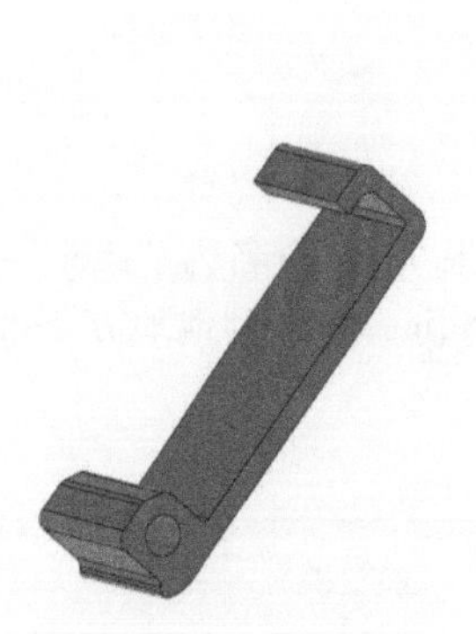

图 4-1-67 手机卡槽

图 4-1-68 装配效果

任务四　手机游戏手柄及连接件打印与后处理

任务描述

根据“任务二”(对于手机固定架创新设计过程中对任务二完成的数字模型造成改变的，请以改变后的数字模型为准)、“任务三”完成的数字模型，结合赛场提供的3D打印成形设备，配套的设备操作软件和加工耗材等，进行游戏手柄及连接件的3D打印成形加工。

向3D打印成形设备输入数字模型，选设加工参数，按照要求进行加工。对打印完成的制件进行基本的后处理：打磨、拼接、修补等。剥离支撑材料，对产品各零件进行表面打磨。完成产品装配，零件之间不准黏结。

将打印及后处理完成的产品，装入信封封好。

分值指标分配见表4-1-4。

表4-1-4　手机游戏手柄及连接件的打印与后处理分值指标分配

指标	工艺合理	产品品质	完整性	支撑去除	表面无孔洞
分值	3	2	3	4	3

任务实施

Step 1：启动UP Studio软件。

Step 2：载入游戏手柄与连接件模型。单击图4-1-69所示左侧选项栏里添加按钮，添加所需模型。

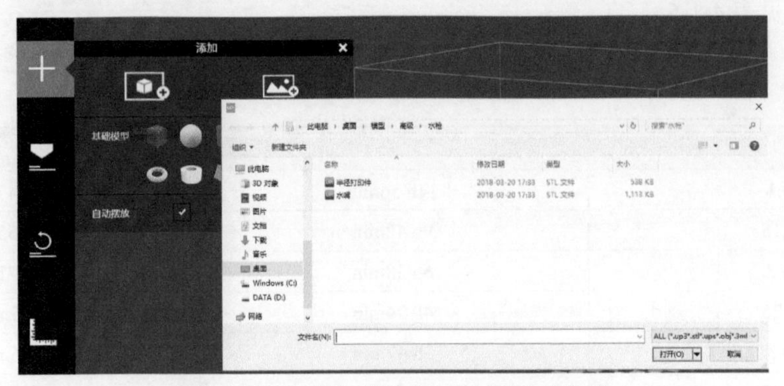

图4-1-69　载入游戏手柄及连接件模型

Step 3：选择合理的打印方向。模型打印过程中，因摆放角度的不同，会直接影响最后模型的打印效果与打印耗时。综合考虑各方面因素后选择打印方向如图4-1-70所示。

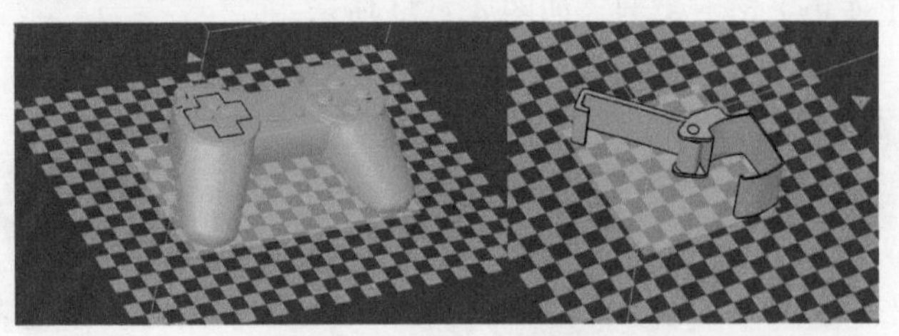

图4-1-70　游戏手柄及连接件模型摆放角度的选择

Step 4：打印参数设置。

(1)单击打印按钮进行打印参数设置，设置层厚(层厚越薄，打印越精细，耗时越长)，选择填充类型（填充越密，强度越高耗时越长），如图 4-1-71 所示。

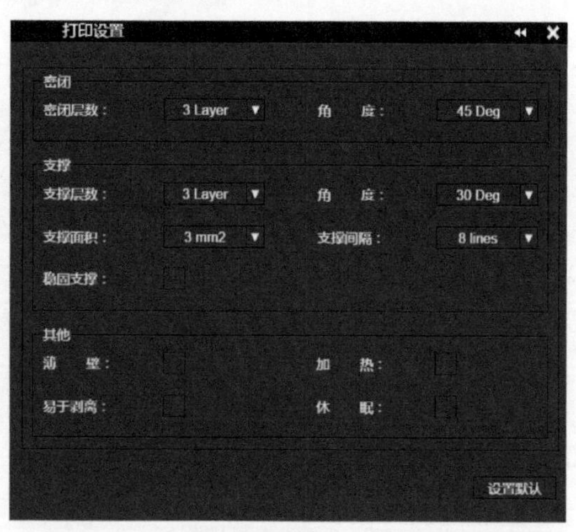

图 4-1-71　游戏手柄及连接件打印参数的设置

（2）打印预览。在打印模型之前，选手可使用打印预览功能来测试和计算模型打印所需要的时间和耗费的材料质量。设置好打印参数，单击【打印预览】按钮，软件将告知用户打印时间与耗费的材料重量，如图 4-1-72 所示。

（3）游戏手柄及连接件采用不同打印层厚打印，所产生的打印耗时变化见表 4-1-5。

图 4-1-72　游戏手柄及连接件打印预览

表 4-1-5　游戏手柄与连接件打印时间与层厚的关系

打印层厚 /mm	游戏手柄打印时间	连接件打印时间
0.1	14h 56min	2h 47min
0.15	9h 42min	1h 55min
0.2	6h 38min	1h 21min
0.25	4h 24min	55min
0.3	3h 47min	46min
0.35	3h 7min	40min

Step 5：打印后处理。

（1）戴上工作手套，从打印机上取下打印工作板，如图 4-1-73 所示。

（2）用平口铲从工作板上铲下模型，如图 4-1-74 所示。

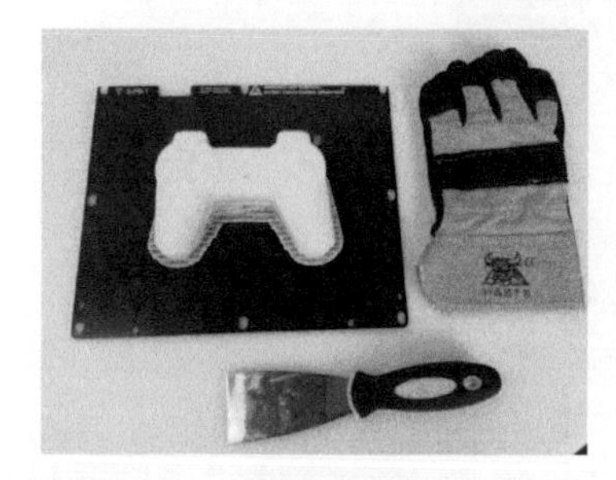

图 4-1-73　打印工作板及所需工具

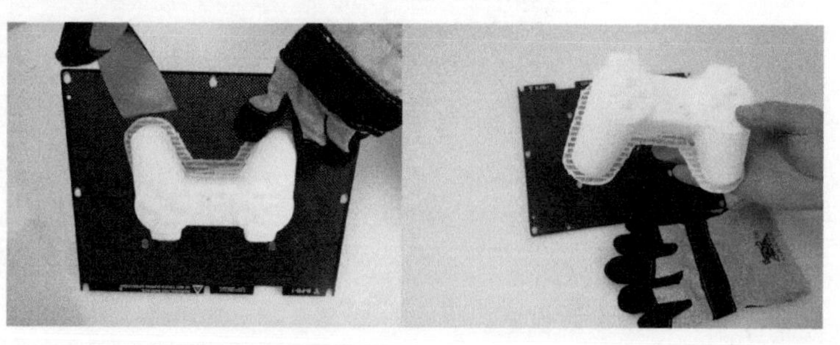

图 4-1-74　模型与工作板的分离

（3）使用尖嘴钳去除支撑材料，如图 4-1-75 所示。

（4）打磨。打磨工具有锉刀、砂纸，如图 4-1-76 所示。

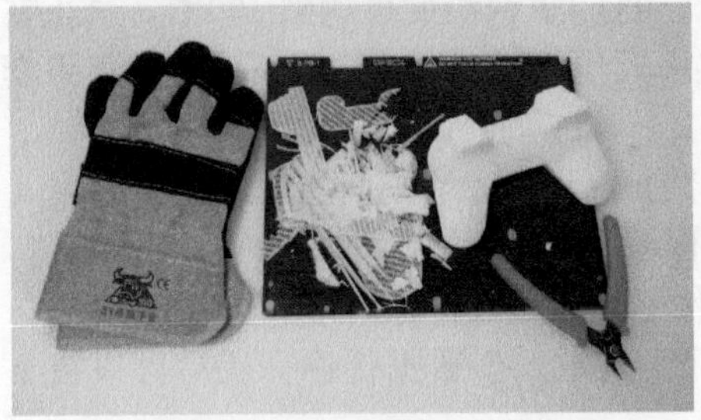

图 4-1-75　支撑材料的去除

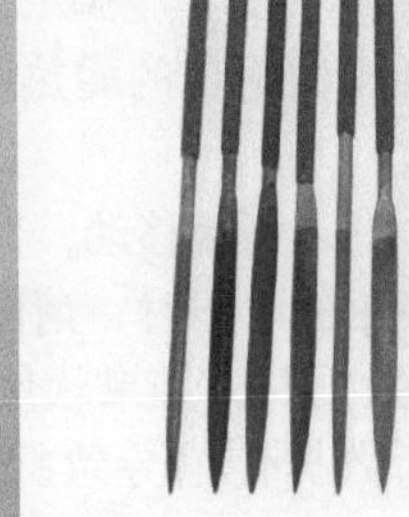

图 4-1-76　打磨工具

先用锉刀去掉毛刺，然后用粗砂纸打磨模型外表面，最后用细砂纸打磨细节并用水冲洗干净，如图 4-1-77 所示。

（5）后处理完成，提交作品，效果如图 4-1-78 所示。

图 4-1-77　打磨步骤

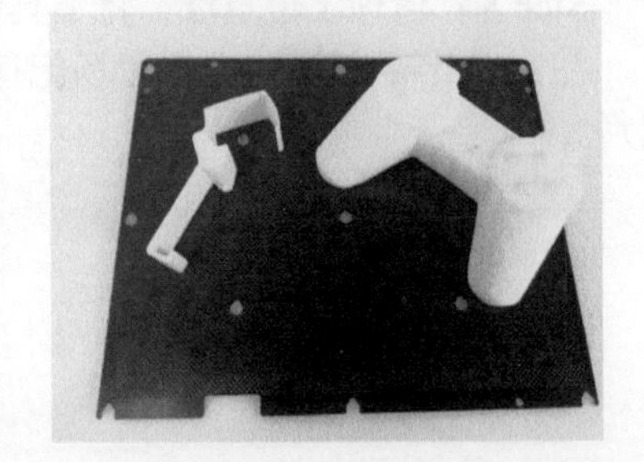

图 4-1-78　游戏手柄及连接件作品效果

任务五　职业素养

任务描述

主要考核竞赛队在本阶段竞赛过程中的以下方面：

1）设备操作的规范性。

2）工具、量具的正确使用。

3）现场的安全、文明生产。

4）完成任务的计划性、条理性，以及遇到问题时的应对措施等。

分值指标分配见表 4-1-6。

表 4-1-6　职业素养分值指标分配

指标	设备操作规范性	工具、量具正确使用	安全、文明生产	其他
分值	2	1	1	1

评分标准：该模块扣分由两位现场裁判共同提出，负责现场裁判工作的裁判长复核并同意。

若出现明显违反职业道德、竞赛纪律、安全操作规程，损害设备、工具、量具的行为，且后果较严重，则职业素养任务记零分。处理决定由两位现场裁判共同提出，裁判长复核并同意。

任务实施

Step 1：在打印期间，打印机的喷嘴温度将达到260℃，打印平台温度可达到100℃。禁止在高温状态下裸手接触这些部件，即使使用随机器附带的耐热手套也不行，因为高温可能会损坏手套从而烫伤手。

Step 2：在打印期间，喷嘴和打印平台将以高速移动，禁止在设备工作期间触摸这些部件。

Step 3：当剥除支撑材料并将模型从多孔板取下时，请佩戴手套。

Step 4：当UP软件向打印机发送模型数据时，如果软件上方打印机状态栏显示“传输中”时，请不要拔打下USB数据线。因为这将中断数据传输导致打印失败。当数据传输完成后可以拔下USB数据线。

Step 5：UP BOX +的工作温度在15~30℃，相对湿度为20%~50%。建议在触摸机器之前释放用户身体的静电，以防止打印中断和可能对打印机造成的损坏。

Step 6：连接或断开任何接线前请关闭打印机电源，否则可能会损坏打印机。

Step 7：比赛结束后，清理干净工作板，初始化打印机。

Step 8：清理工位垃圾，将工具归回原位，有序离开赛场。

注意：比赛期间，遵守考场纪律，请勿随意走动，大声喧哗。有问题需要处理，请举手联系裁判。

项目二　洗车水枪数字化设计与成形

2

已知条件

洗车水枪产品样件如图 4-2-1 所示。

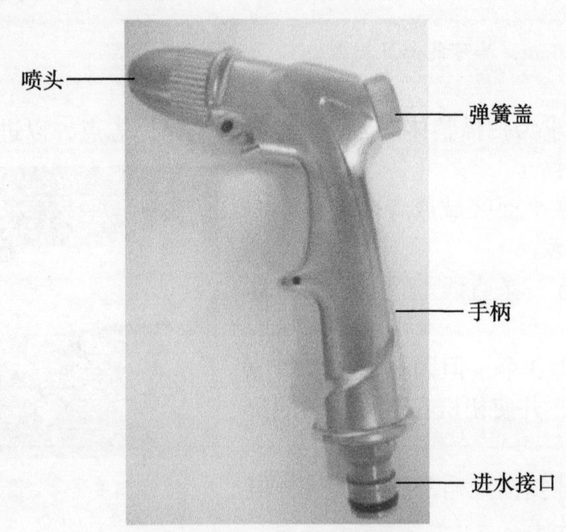

图 4-2-1　洗车水枪样件

用途：使用不同的喷头可以洗车。

使用方法：将水管连接到进水接口处，捏住扳手，调节好喷头即可使用。

任务一　洗车水枪三维数据采集

任务描述

参赛选手使用赛场提供的 Win3DD-M 三维扫描装置和样件，高精度完成给定的水枪样件外观的三维扫描，并且对获得的点云进行相应取舍，剔除噪点和冗余点。

将经过取舍后的点云电子文件（格式“.stl”）及原始扫描文件（格式“.asc”），均命名为“工位号 – saomiao – shuiqiang”。然后在给定的 U 盘及计算机 D 盘根目录下建立文件夹，命名为“任务一”，各备份一份，其他地方存放无效。

分值指标分配见表 4-2-1。

表 4-2-1　洗车水枪三维数据采集分值指标分配

指标	水枪正大面造型	水枪背大面造型	细节特征及圆角
分值	12	12	6

评分标准：对选手提交的扫描数据进行尺寸检测，对数据的完整性以及处理后的效果、质量进行评分（以点足以建立曲面为标准）。

注意： 标志点处不作评分，未扫描到的部分不能进行补缺。

任务实施

1. 喷粉　观察发现该洗车水枪表面为铝合金材质，光滑处可能会反射光线影响正常的扫描效果，所以我们采用喷涂一层显像剂的方式进行扫描，从而获得更加理想的点云数据，为之后的建模打下基础。

注意事项： 喷粉距离约为30cm，尽可能薄且均匀。

2. 粘贴标志点　因要求为扫描整体点云，所以需要粘贴标志点，以进行拼接扫描。

标志点粘贴注意事项：

1）标志点尽量粘贴在平面区域或者曲率较小的曲面，且距离工件边界较远。

2）标志点不要粘贴在一条直线上，且不要对称粘贴。

3）公共标志点至少为 3 个，但因扫描角度等原因，一般建议 5~7 个为宜，并使相机在尽可能多的角度可以同时看到。

4）粘贴标志点要保证扫描策略的顺利实施，根据工件的长、宽、高合理分布。

图 4-2-2　洗车水枪标志点的粘贴

图 4-2-2 所示标志点的粘贴较为合理，当然还有其他粘贴方式。

3. 开始扫描

Step 1：新建工程，并命名，例如“saomiao-shuiqiang”，将洗车水枪置于转盘上，确定转盘和洗车水枪在十字中间后缓缓旋转转盘一周，在软件最右侧实时显示区域观察，确保能够扫描到整体；观察实时显示区域处洗车水枪的亮度（可以通过软件中设置相机曝光值来调整亮度）；检查扫描仪到洗车水枪的距离，此距离可以依据实时显示区域的白色十字与黑色十字重合确定，当重合时距离约为 600mm，此高度点云提取质量最好。如图 4-2-3 所示红色标示位置，调整好所有参数即可单击【扫描操作】，开始第一步扫描。

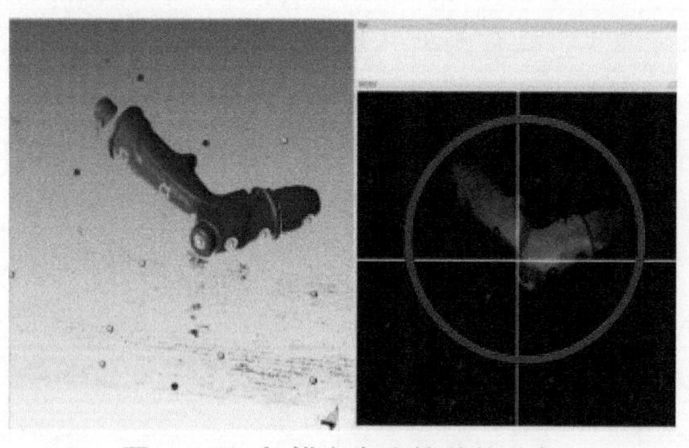

图 4-2-3　扫描汽车水枪前的准备

Step 2：转动转盘一定角度，必须保证与上一步扫描有公共重合部分，即上一步和该步能够同时看到至少三个标志点重合（该单目设备为三点拼接，但是建议使用四点拼接）如图 4-2-4 所示。

Step 3：与 Step 2 类似，向同一方向继续旋转一定角度后扫描，如图 4-2-5 所示。

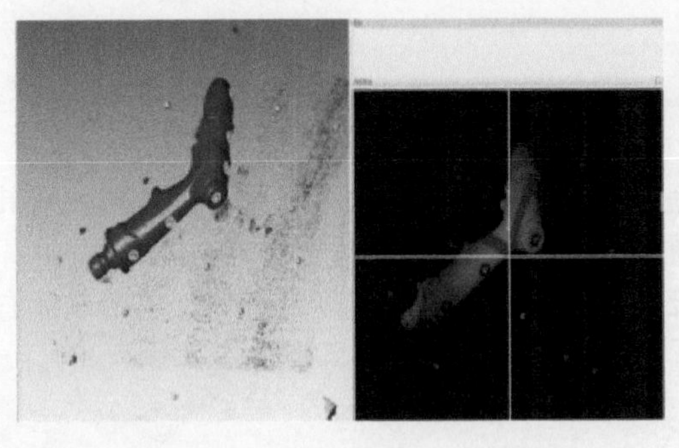

图 4-2-4　汽车水枪的三点拼接

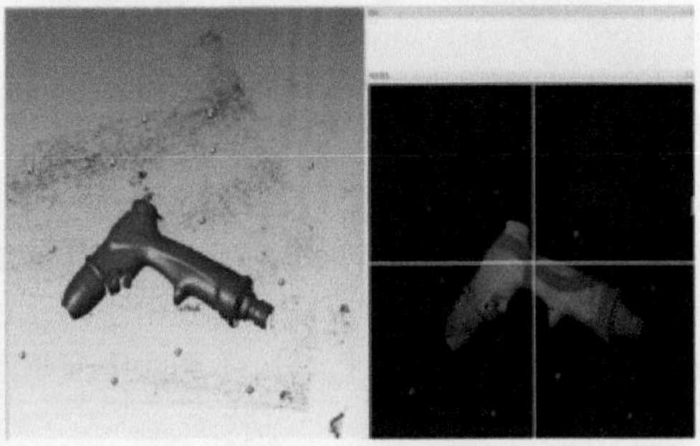

图 4-2-5　汽车水枪的旋转扫描

Step 4：与 Step 2 类似，向同一方向继续旋转一定角度扫描直到完成上表面扫描，如图 4-2-6 所示。

Step 5：将洗车水枪从转盘上取下，翻转转盘，同时也将洗车水枪进行翻转扫描下表面。通过之前手动粘贴的标志点来完成拼接过程，同 Step 2，向同一方向旋转一定角度，进行扫描，如图 4-2-7 所示。

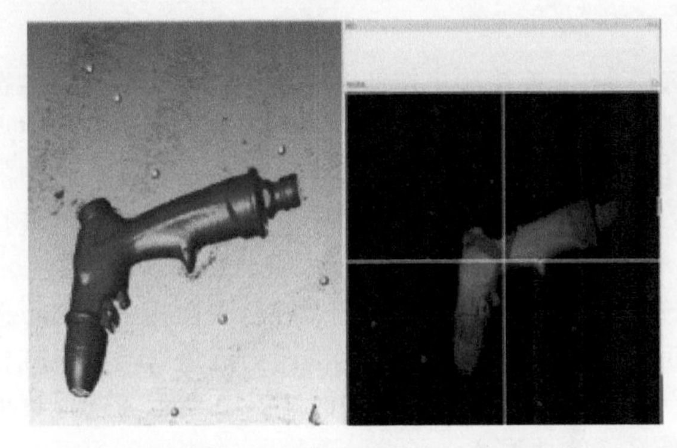

图 4-2-6　完成汽车水枪上表面扫描

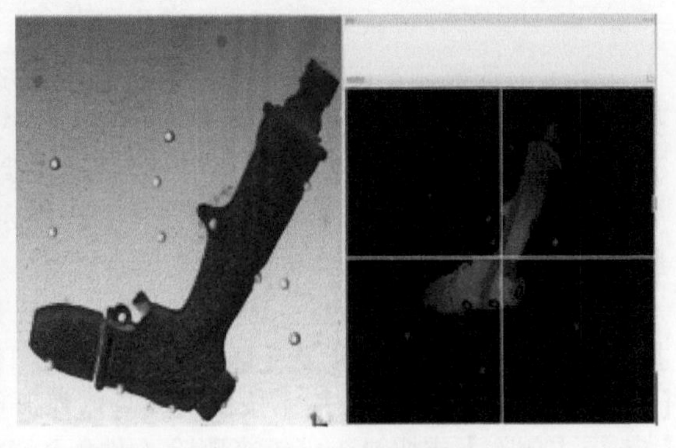

图 4-2-7　对汽车水枪翻转扫描

Step 6：执行两到三次扫描，直到获得完整的洗车水枪的点云数据。

在软件中选择【模型导出】，将扫描数据另存为“.asc”或者“.txt”格式文件即可。后续使用 Geomagic Wrap 点云处理软件进行点云处理。清理扫描仪环境，将各工具恢复到原始位置。

4. 点云数据处理　对点云数据的处理分为点云阶段和多边形处理阶段。

（1）点云阶段。

Step 1：打开扫描保存文件“saomiao-shuiqiang.txt”或“saomiao-shuiqiang.asc”。启动 Geomagic Wrap 软件，选择菜单【文件】-【打开】命令或单击工具栏上的【打开】图标，系统弹出“打开文件”对话框，查找洗车水枪数据文件并选中“saomiao-shuiqiang .txt”文件，然后单击【打开】按钮，在工作区显示载体如图 4-2-8 所示。

Step 2：将点云着色。为了更加清晰、方便地观察点云的形状，将其着色。选择菜单栏【点】-【着色点】，着色后的视图如图 4-2-9 所示。

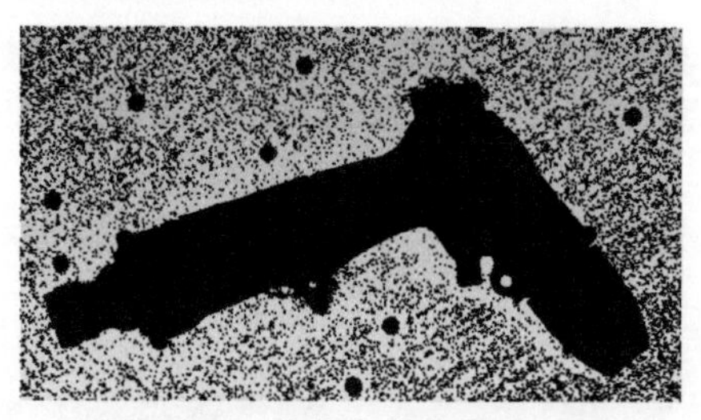

图 4-2-8　洗车水枪载体的显示

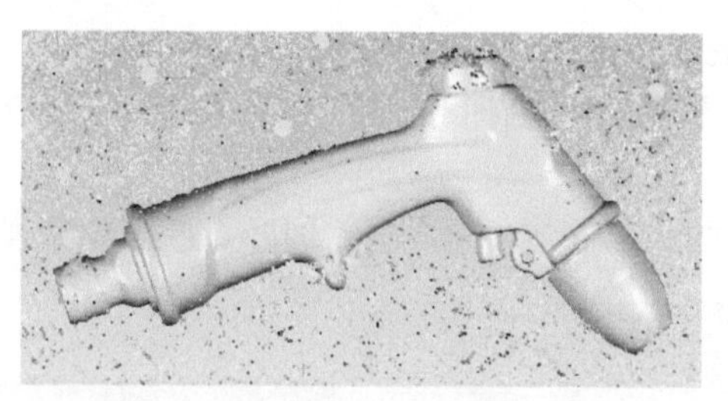

图 4-2-9　洗车水枪点云的着色

Step 3：设置旋转中心并反转选区。为了更加方便地观察点云的放大、缩小或旋转，对其设置旋转中心。在操作区域单击鼠标右键，选择【设置旋转中心】，在点云适合位置单击即可。

选择工具栏中【选择工具】，勾画出洗车水枪的外轮廓，点云数据呈现红色，单击鼠标右键选择【反转选区】，选择菜单【点】-【删除】或按下 Delete 键，如图 4-2-10 所示。

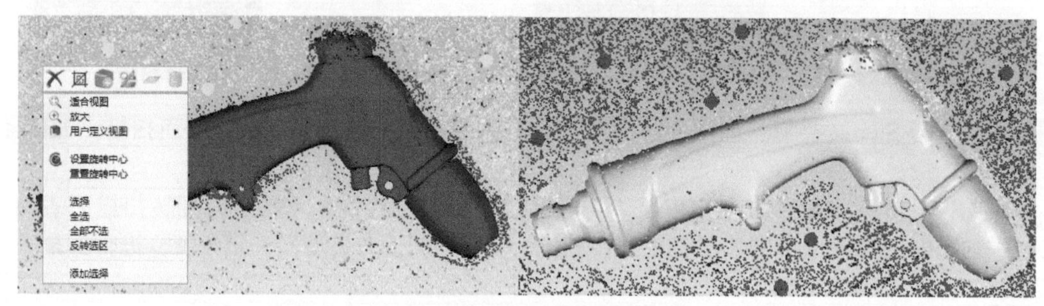

图 4-2-10　洗车水枪选区的反转

Step 4：选择非连接项。选择菜单栏【点】-【选择】-【非连接项】按钮，在管理器面板中弹出【选择非连接项】对话框。在【分隔】的下拉列表中选择低分隔方式，这样系统会选择在拐角处离主点云很近但不属于主点云部分的点。尺寸设置为默认值 5.0mm，单击上方的【确定】按钮。点云中的非连接项被选中，并呈现红色，如图 4-2-11 所示。选择菜单【点】-【删除】或按下 Delete 键进行删除。

Step 5：删除体外孤点。选择菜单【点】-【选择】-【体外孤点】按钮，在管理面板中弹出【选择体外孤点】对话框，设置【敏感度】的值为 100，也可以通过单击右侧的两个三角号增加或减少【敏感度】值，单击【应用】按钮。此时体外孤点被选中，呈现红色，如图 4-2-12 所示。选择菜单【点】-【删除】或按 Delete 键来删除（此命令操作 2~3 次为宜）。

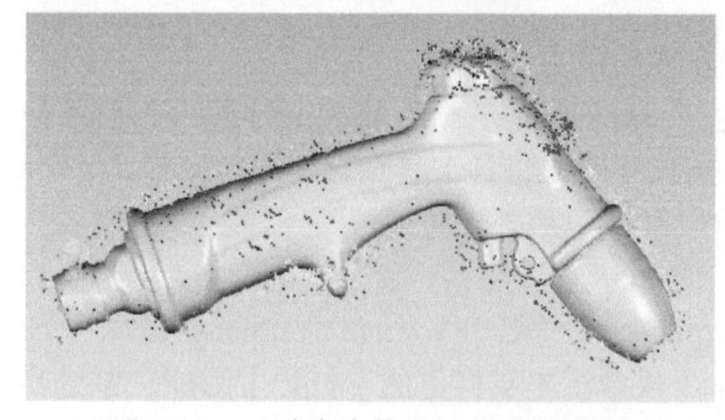

图 4-2-11　洗车水枪非连接项的选择

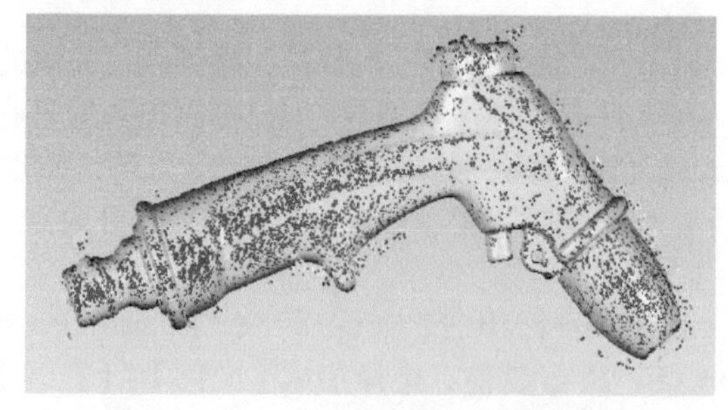

图 4-2-12　洗车水枪体外孤点的删除

Step 6：删除非连接点云。选择工具栏中【套索选择工具】，将非连接点云删除，如图 4-2-13 所示。

Step 7：减少噪音。选择菜单【点】-【减少噪音】按钮，在管理器模块中弹出【减少噪音】

对话框，如图 4-2-14 所示。

选择【棱柱形（积极）】，将平滑度水平滑标调到无。“迭代”设置为 5，“偏差限制”设置为 0.05mm。

选中【预览】选框，定义预览点为 3000，代表被封装和预览的点数量。选中【采样】选项。用鼠标在模型上选择一小块区域来预览，预览效果如图 4-2-14 所示。

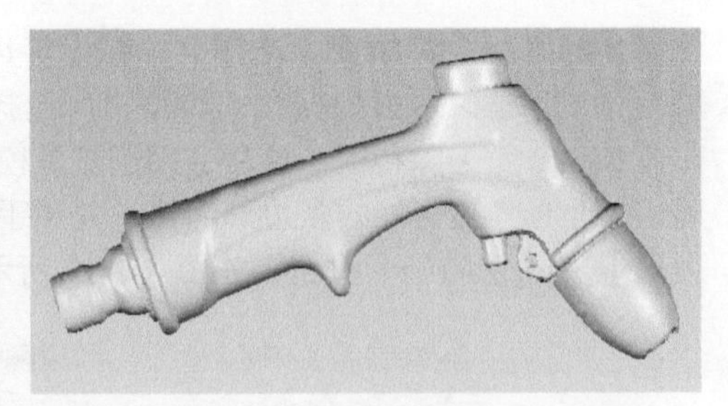
图 4-2-13　洗车水枪非连接点云的删除

左右移动“平滑度水平”滑标，同时观察预览区域的图像有何变化。该设计中将平滑度水平滑标设置在第二个档位，单击应用按钮，退出对话框。

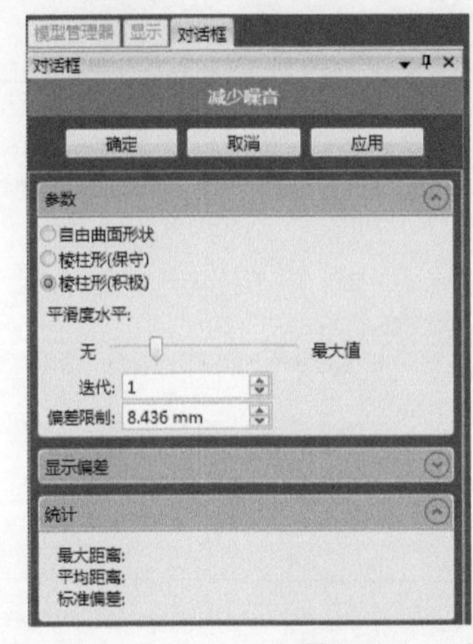

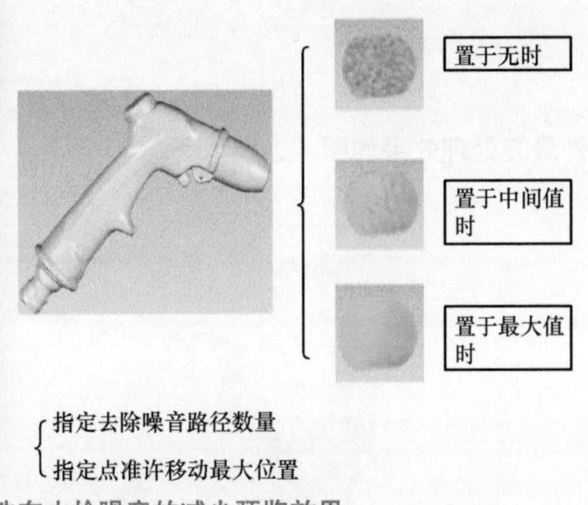

指定去除噪音路径数量
指定点准许移动最大位置

图 4-2-14　洗车水枪噪音的减少预览效果

Step 8：封装数据。选择菜单栏【点】-【封装】按钮，系统会弹出如图 4-2-15 所示的封装对话框，该命令将围绕点云进行封装计算，使点云数据转换为多边形模型。

选择【采样】，通过设置点间距来对点云进行采样。可以人为设定目标三角形的数量，设置的数量越大，封装之后的多边形网格越紧密。最下方的滑标能够调节采样质量的高低，可以根据点云数据的实际特性，进行适当调整。

（2）多边形处理阶段。

Step 1：删除钉状物。选择菜单栏【多边形】-【删除钉状物】按钮，在模型管理器中弹出如图 4-2-16 所示的【删除钉状物】对话框。平滑级别处在中间位置，单击应用。

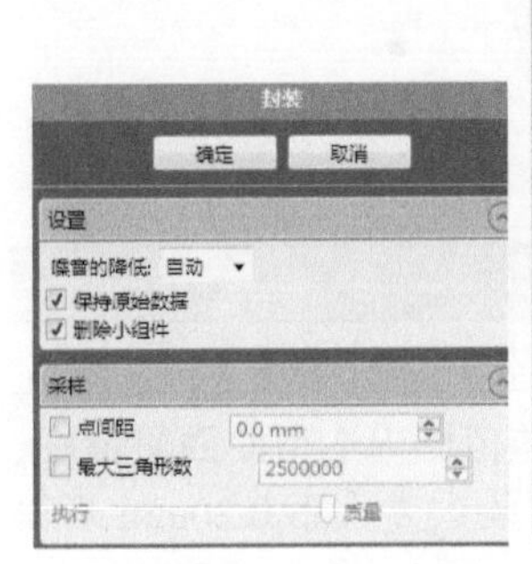

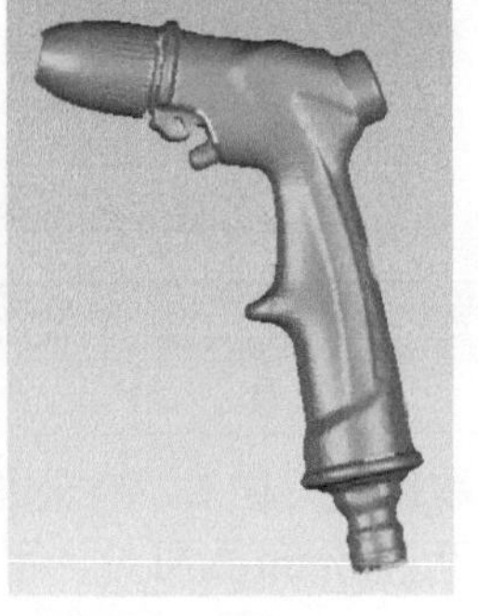

图 4-2-15　洗车水枪数据的封装

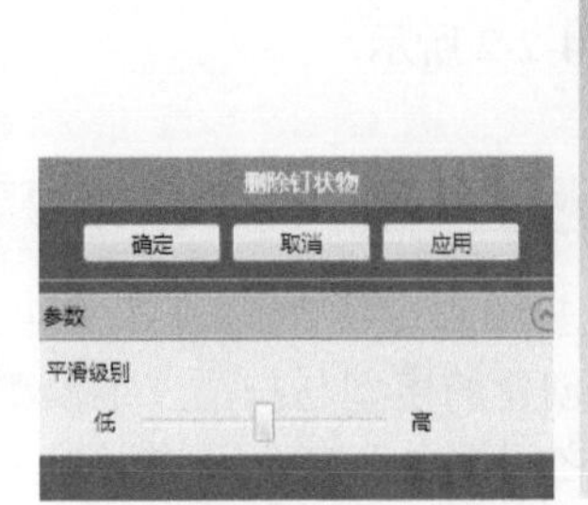

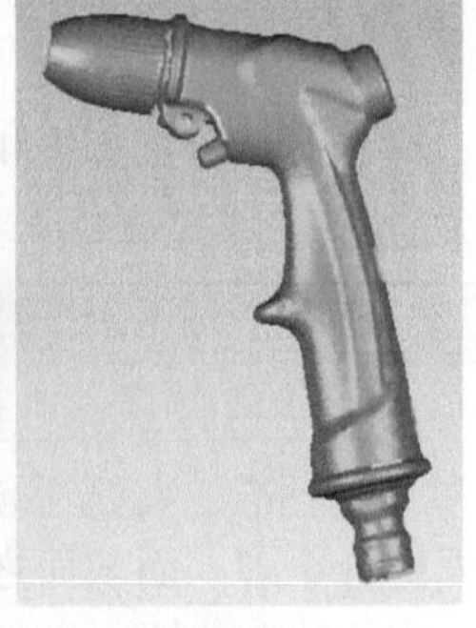

图 4-2-16　洗车水枪钉状物的删除

Step 2：全部填充。选择菜单栏【多边形】-【全部填充】按钮，在模型管理器中弹出“全部填充”对话框。可以根据孔的类型搭配选择不同方法进行填充。

Step 3：去除特征。该命令用于删除模型中不规则的三角形区域，并且插入一个更有秩序且与周边三角形连接更好的多边形网格。先用手动的选择方式选择需要去除特征的区域，然后选择【多边形】-【去除特征】按钮，如图 4-2-17 所示。

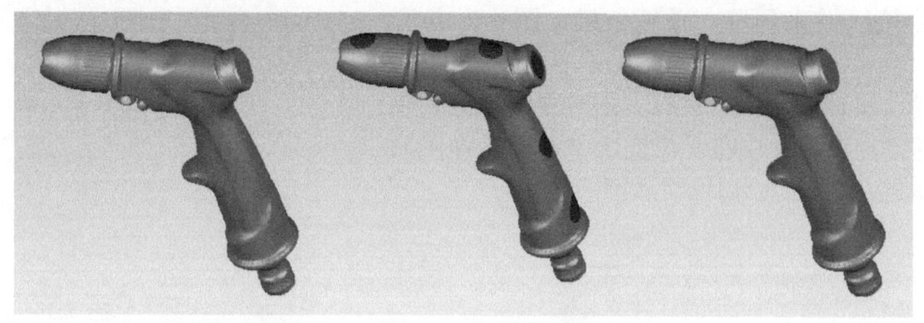

图 4-2-17　洗车水枪特征的去除

点云文件最终处理效果如图 4-2-18 所示。

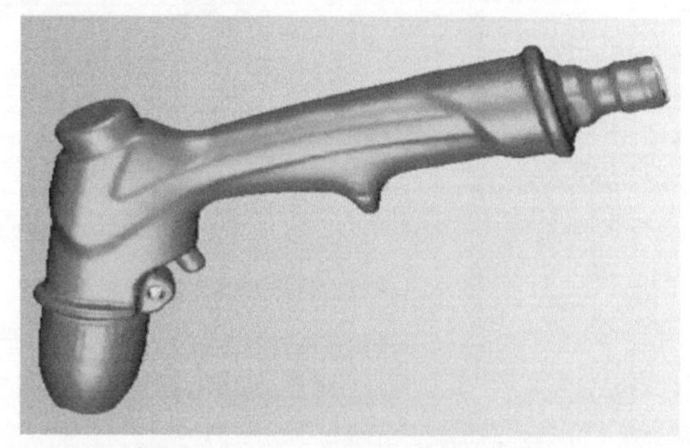

图 4-2-18　洗车水枪最终效果

Step 4：数据保存。单击左上角软件图标（文件按钮），文件另存为“shuiqiang.stl”格式（用于后续逆向建模）。

任务二　洗车水枪三维建模

任务描述

参赛选手选用计算机预装软件，利用“任务一”得到的扫描数据，完成洗车水枪的外观三维建模。

分值指标分配如表 4-2-2 所示。

表 4-2-2　洗车水枪三维建模分值指标分配

指标	水枪大面造型	细节特征	倒角
分值	36	8	6

评分标准：将选手创建的模型与扫描三维模型数据进行比对，在公差范围内造型曲面质量好、曲面拆分合理、面与面之间拟合度高，平均误差小于 0.08mm 为得分。平均误差大于 0.20mm 不得分，中间状态酌情给分。

注意： 禁止整体拟合方式建模，禁止用建模完的三维模型导出“.stl”格式文件。

任务实施

1. 坐标系建立

Step 1：导入处理完成的“shuiqiang.stl”数据。单击菜单栏中的【插入】-【导入】，选择“shuiqiang.stl”文件，选择【仅导入】按钮，如图 4-2-19 所示。

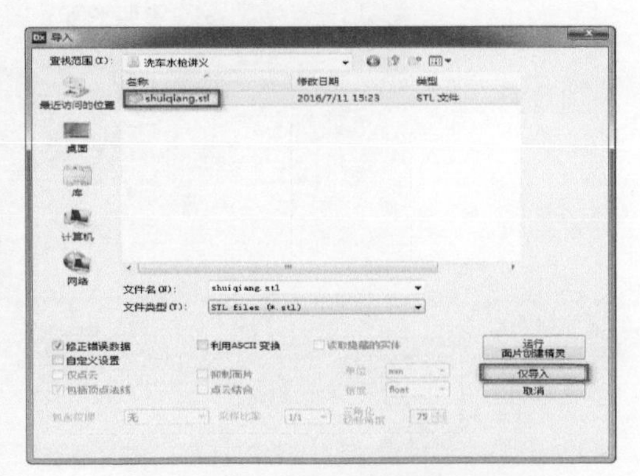

图 4-2-19　洗车水枪数据的导入

Step 2：分析模型特征并手动修改领域。单击【领域组】按钮，会弹出“自动分割领域”对话框，如图 4-2-20 所示将敏感度设置为 5，单击【预览】按钮，模型自动会将不同曲率的区域以不同的颜色划分，单击对话框中的✓按钮。

分析模型特征，根据曲面划分需要将自动划分的领域加以修改，以供后期创建特征使用。图 4-2-21 所示为初步划分的领域模型。

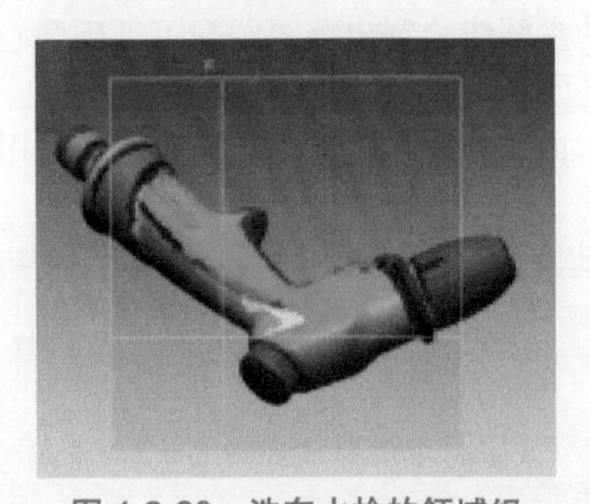
图 4-2-20　洗车水枪的领域组

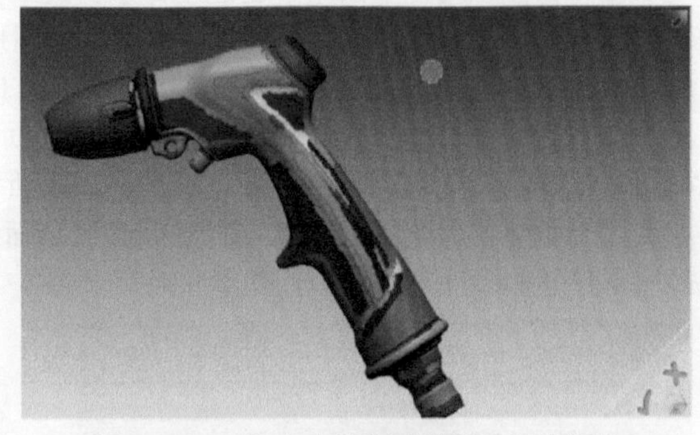
图 4-2-21　洗车水枪领域模型的初步划分

Step 3：建立一个参照平面用于创建坐标系。单击【参照平面】按钮，方法选择【提取】，更改选择模式为【矩形选择模式】。在洗车水枪喷头的低端平面区域选择领域创建参照平面，单击右下角✓按钮，确认操作即可成功创建一个参照平面 1，如图 4-2-22 所示。

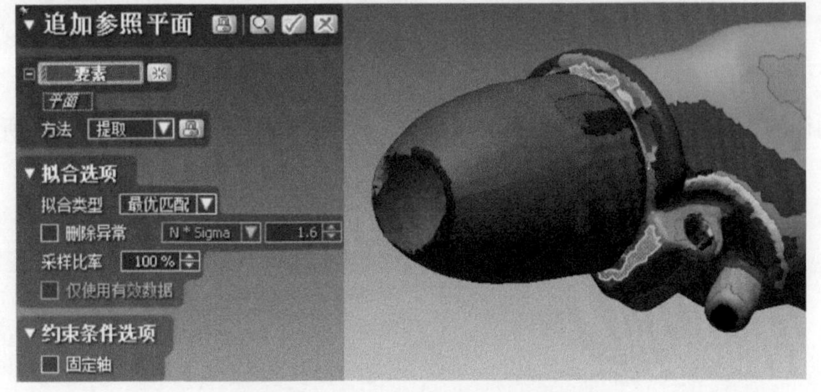

图 4-2-22　洗车水枪参照平面的创建

使用同样的方法，分别在弹簧盖顶端平面和手柄底端平面处创建参照平面 2 和参照平面 3，如

图 4-2-23 所示。

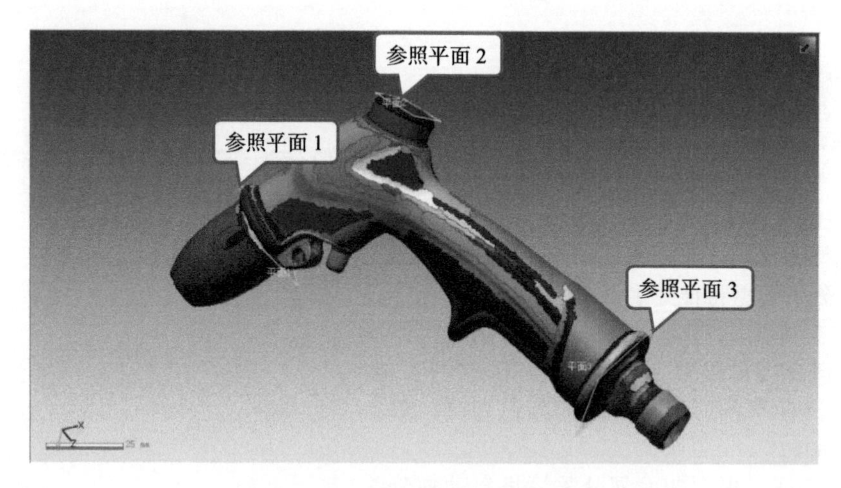

图 4-2-23　洗车水枪参照平面 2、3

Step 4：建立对称平面用于创建坐标系。此工件具有对称特征，所以需要创建对称平面用于坐标系的建立，利用参照平面 1、2、3，截取各处圆形特征的参照线绘制出草图圆即可得到圆心，利用这三个不在一条直线上的点创建平面，即为工件的对称平面。

方法是单击【面片草图】按钮，选择参照平面 2，进入面片草图模式，单击短粗箭头，用鼠标拖动前后位置，截取此处外轮廓圆，如图 4-2-24 所示。

单击对话框左上角 按钮确定，然后参照截面线绘制此圆，单击工具栏中【创建圆】按钮，框选参照线得到此圆即得到圆心，如图 4-2-25 所示。

图 4-2-24　洗车水枪外轮廓圆的截取

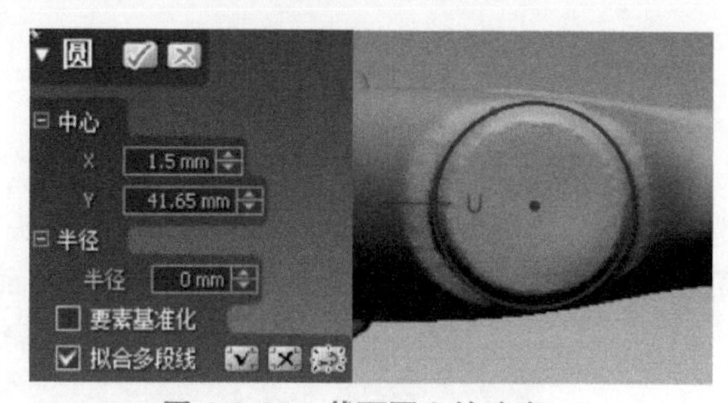

图 4-2-25　截面圆心的确定

按上述同样的操作方法，绘制出平面 1 和平面 3 处的圆得到圆心，如图 4-2-26 所示。

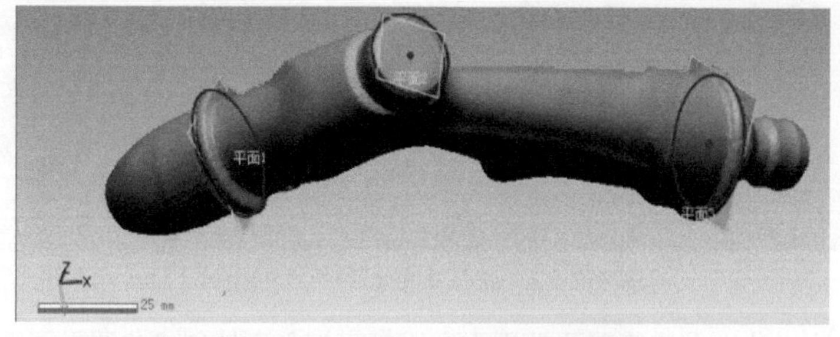

图 4-2-26　平面 1、3 截得圆的圆心

然后单击【参照平面】，依次选择上述创建的三个圆的圆心，即可得到参照平面 4，如图 4-2-27 所示。

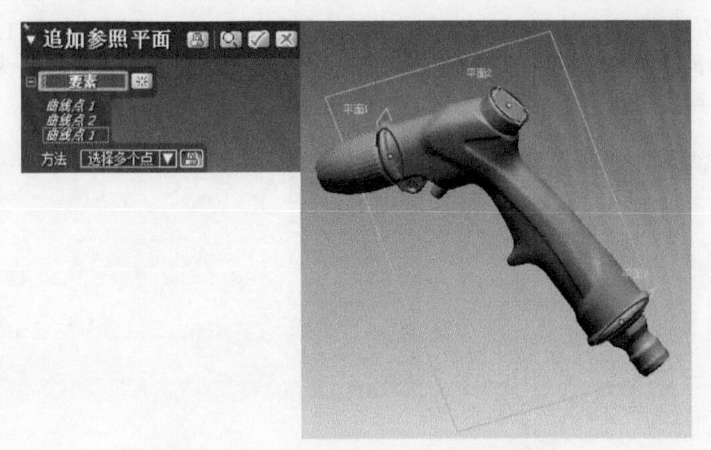

图 4-2-27　洗车水枪参照平面 4 的创建

Step 5：建立坐标系。单击【手动对齐】按钮，选择点云模型，单击下一阶段，移动方式选择“X-Y-Z”，位置选项选择喷头处圆的圆心，Y 轴选择“平面 1 与平面 4”，Z 轴选择“平面 4”，如图 4-2-28 所示。参数设置完成后单击左上角 按钮，然后退出手动对齐模式。坐标系创建完成（注：用于辅助建立坐标系的参照平面及草图在建立坐标系之后可隐藏或删除）。

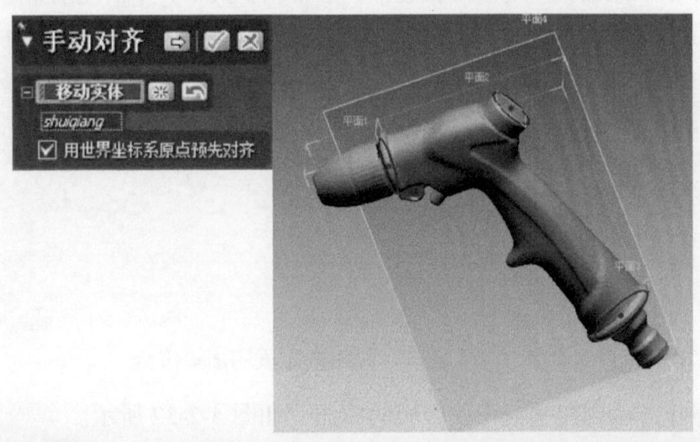

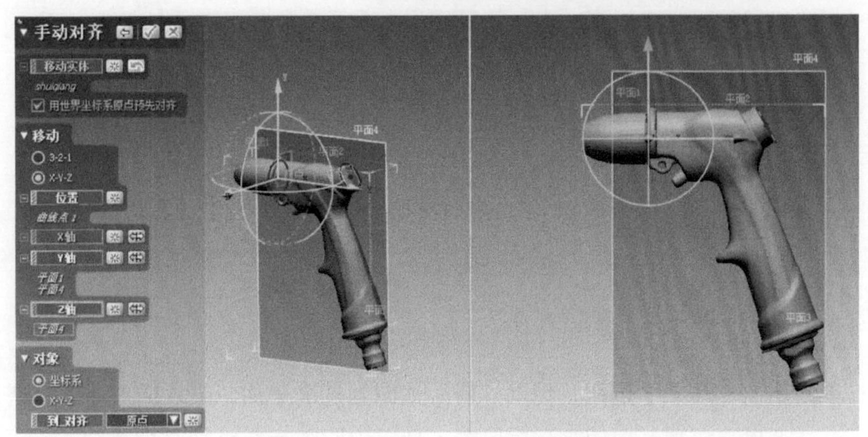

图 4-2-28　洗车水枪坐标系的建立

2. 模型主体创建

Step 1：单击【面片草图】按钮，以“前”平面为基准平面，进入面片草图模式，截取需要的参照线后单击左上角✓按钮。使用工具栏草图工具绘制如图 4-2-29 所示的草图 1。

单击【拉伸曲面】按钮，进入拉伸曲面模式，选择面片草图 1，拉伸方法为“距离”，长度设置为“20mm”，得到拉伸曲面 1，方向如图 4-2-30 所示。

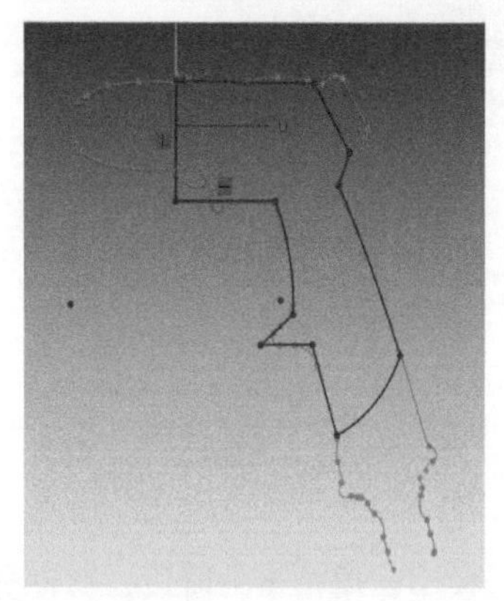

图 4-2-29 洗车水枪草图 1 的绘制

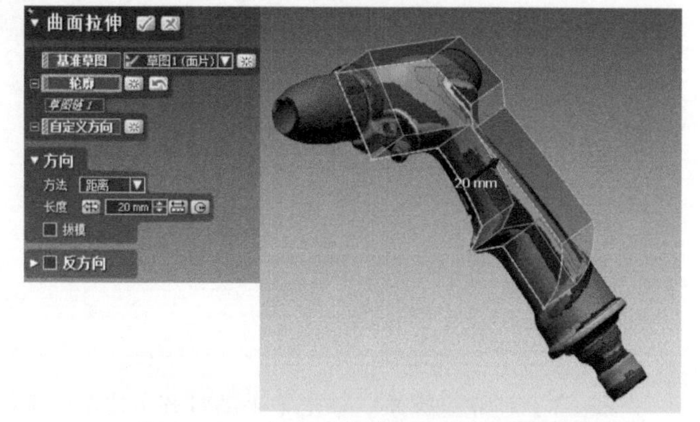

图 4-2-30 洗车水枪草图 1 的曲面拉伸

Step 2：单击【面片拟合】按钮，选择手柄上段区域的领域，参数设置如图 4-2-31 所示，分辨率选择“控制点数”，平滑拉至最大，勾选延长选择，手动调整大小，单击左上角✓按钮。

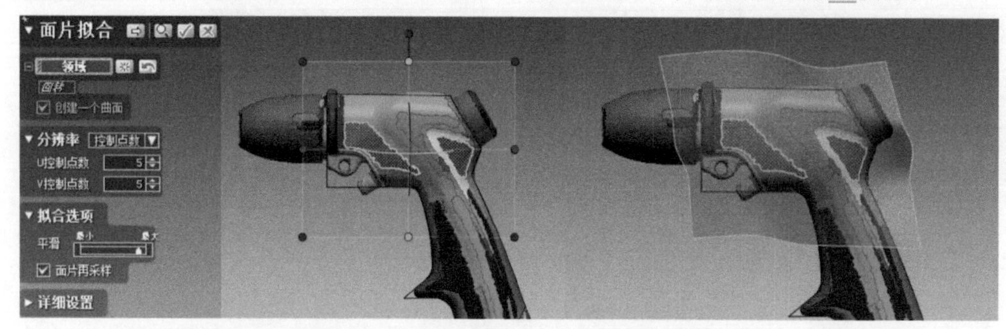

图 4-2-31 洗车水枪手柄上段的面片拟合

按上述同样的操作方法创建手柄中段区域的曲面，如图 4-2-32 所示。

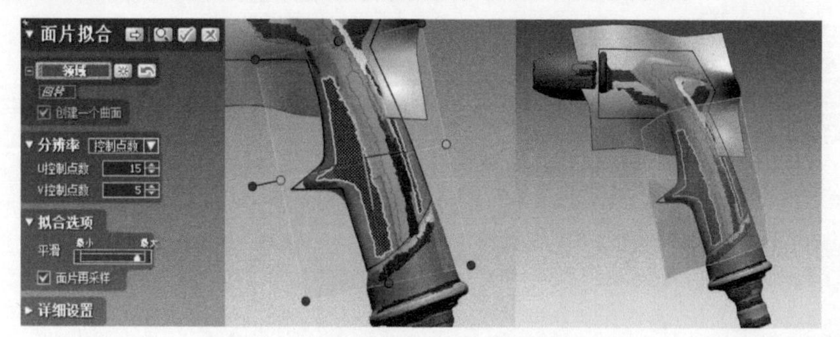

图 4-2-32 洗车水枪手柄中段的面片拟合

Step 3：单击【面片草图】按钮，仍以“前”平面为基准平面，进入面片草图模式，截取需要的参照线并单击左上角✓按钮。使用工具栏草图工具绘制如图 4-2-33 所示的草图 2。

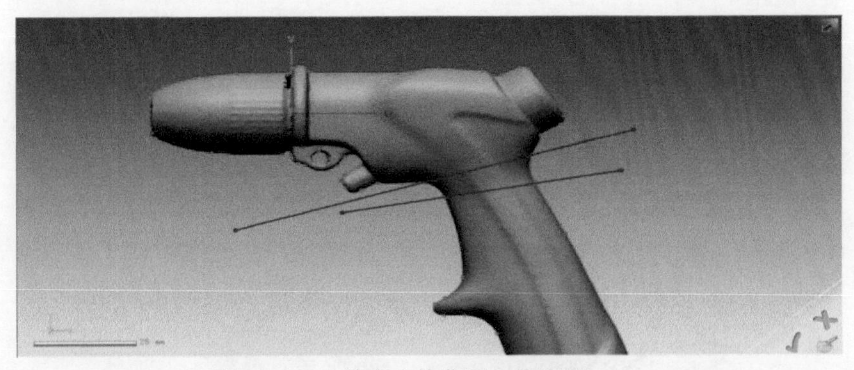

图 4-2-33　洗车水枪草图 2 的绘制

单击【拉伸曲面】按钮，进入拉伸曲面模式，选择面片草图 2，拉伸方法为“距离”，长度设置为“20mm”，得到拉伸曲面 2，方向如图 4-2-34 所示。

Step 4：单击【剪切曲面】按钮，如图 4-2-35 所示，工具要素选择“曲面拉伸 2_1”，对象选择“面片拟合 1”，残留体选择“上段区域”，单击左上角按钮，退出剪切曲面模式。

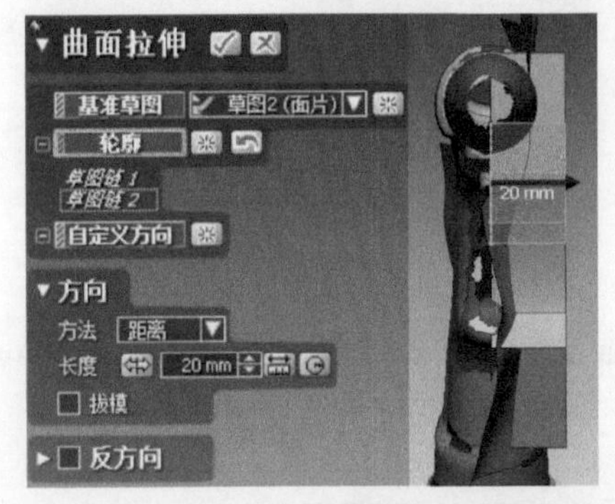

图 4-2-34　洗车水枪草图 2 的曲面拉伸

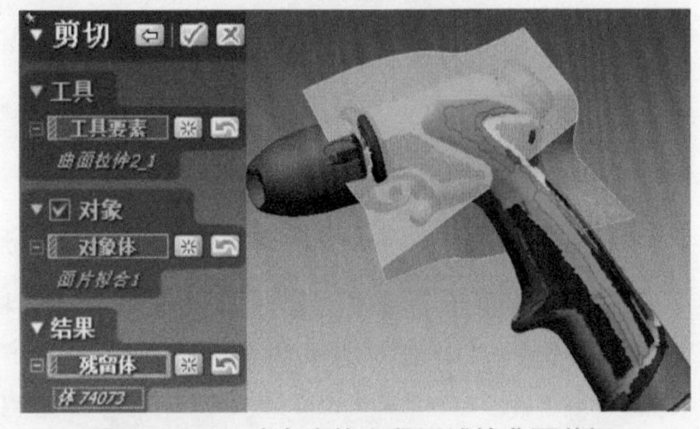

图 4-2-35　洗车水枪上段区域的曲面剪切

单击【剪切曲面】按钮，如图 4-2-36 所示，工具要素选择“曲面拉伸 2_2”，对象选择“面片拟合 2”，残留体选择“下段区域”，单击左上角按钮，退出剪切曲面模式（剪切完毕后即可将曲面拉伸 2_1、曲面拉伸 2_2 隐藏）。

单击【剪切曲面】按钮，如图 4-2-37 所示，工具要素选择“曲面拉伸 1”，对象选择“面片拟合 1 与面片拟合 2”，残留体选择图中所示区域，单击左上角按钮，退出剪切曲面模式。

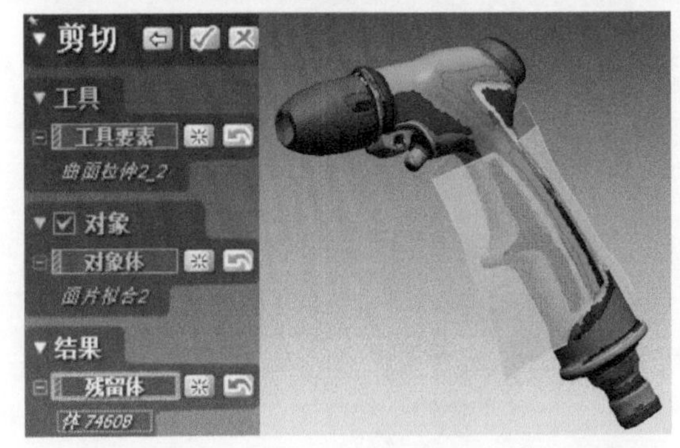

图 4-2-36　洗车水枪下段区域的曲面剪切

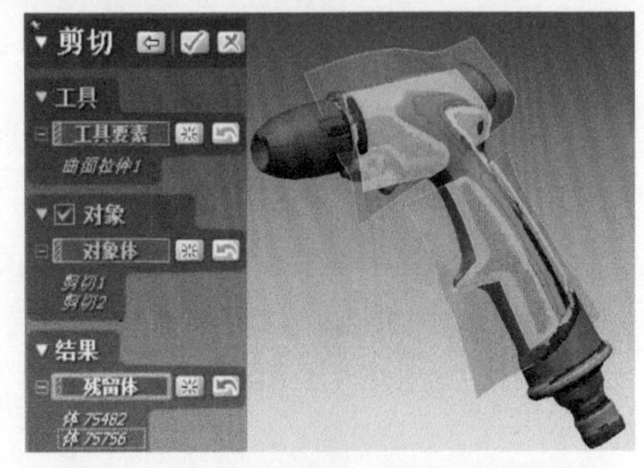

图 4-2-37　洗车水枪整段区域的曲面剪切

单击【放样】按钮，如图 4-2-38 所示，轮廓选择两曲面的边线，约束条件下起始约束与终止约束选择“与面相切”，得到放样曲面 1，单击左上角 按钮，退出放样曲面模式。

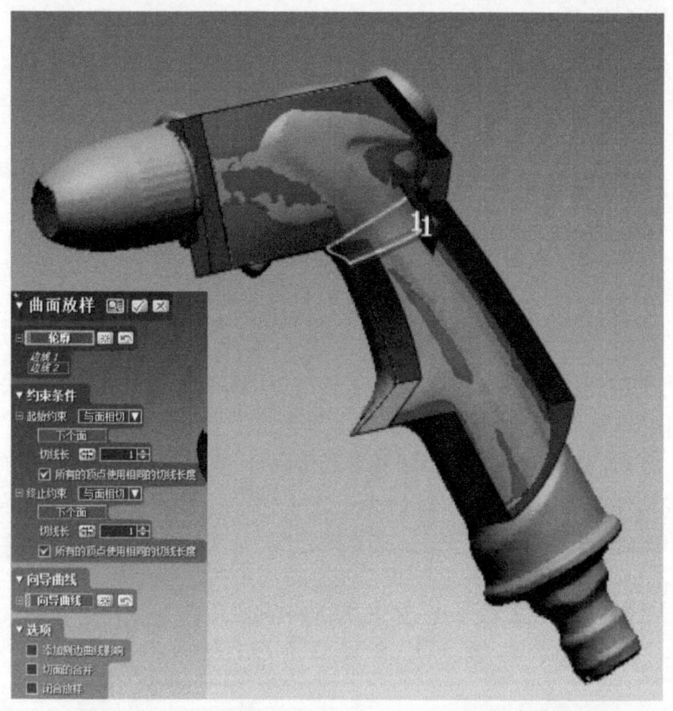

图 4-2-38　约束条件下洗车水枪拉伸曲面 1 的放样

单击【延长曲面】按钮，如图 4-2-39 所示，选择放样曲面 1 的左右边线，终止条件选择“距离”，参数设置为“2mm”，延长方法选择“曲率”。单击左上角 按钮，退出延长曲面模式。

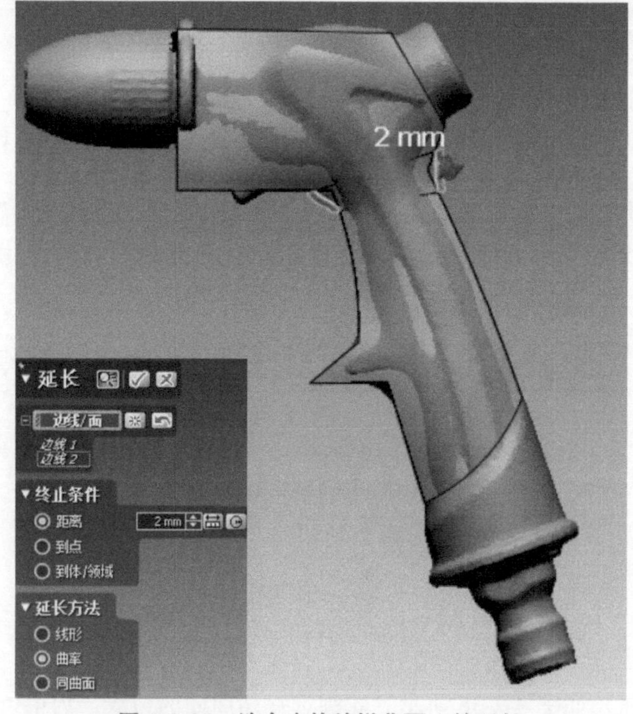

图 4-2-39　洗车水枪放样曲面 1 的延长

单击【剪切曲面】按钮，如图 4-2-40 所示，工具要素选择“曲面拉伸 1”，对象选择“面片放样 1”，残留体选择如图所示区域，单击左上角 按钮，退出剪切曲面模式。

Step 5：单击【缝合】按钮，曲面体选择如图 4-2-41 所示三个曲面，单击【下一阶段】，再单击左上角 按钮，退出缝合曲面模式。

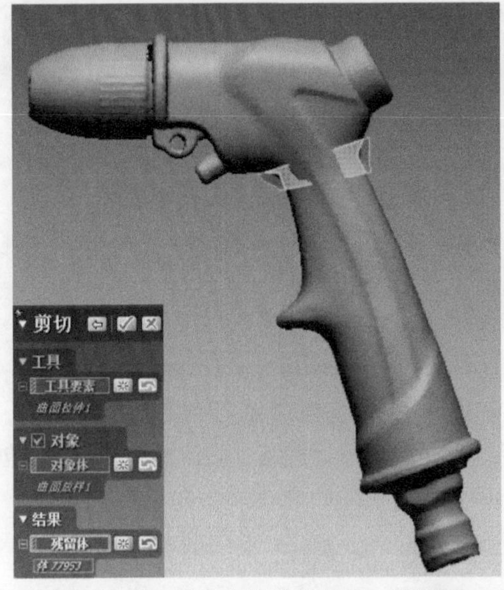

图 4-2-40　洗车水枪放样曲面 1 的剪切

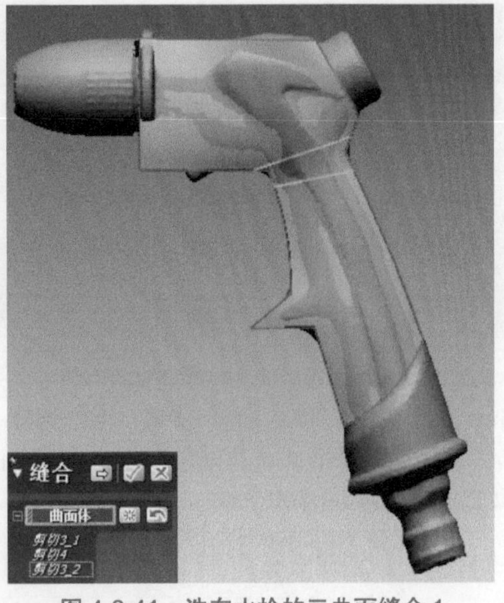

图 4-2-41　洗车水枪的三曲面缝合 1

单击【剪切曲面】按钮，工具要素选择“曲面拉伸 1 和上述缝合曲面”，对象处将对勾去掉不做选择，这样的剪切方法可以将工具要素里选择的所有曲面互相修剪，并将所有曲面自动缝合为一个曲面，残留体选择如图 4-2-42 所示区域，单击左上角 按钮，退出剪切曲面模式。

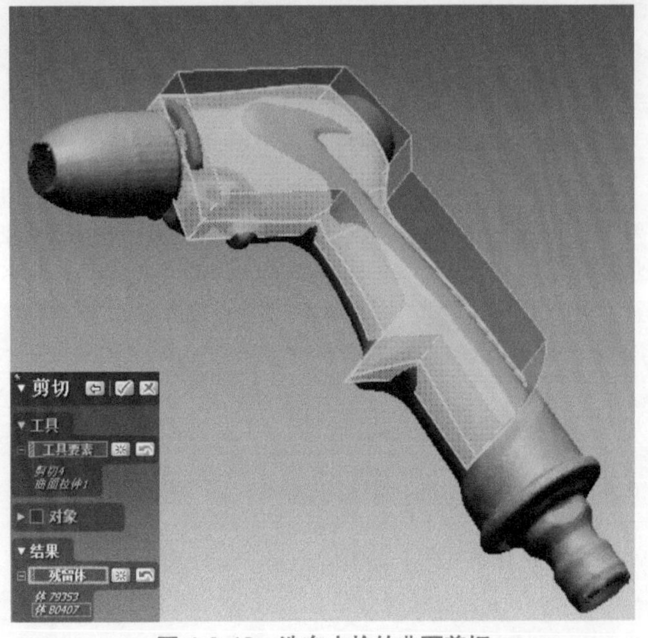

图 4-2-42　洗车水枪的曲面剪切

Step 6：单击【圆角】按钮，如图 4-2-43 所示，要素选择如图所示边线，单击【魔法棒】自动探索圆角半径，同时将右侧分析工具栏中【偏差】选项打开，结合自动探索的半径值与偏差颜色分析，手动将半径值调整，直到误差分析颜色接近绿色为止。单击左上角 按钮，退出倒圆角模式。

用同样的方法将如图 4-2-44 所示的边界都进行倒圆角。

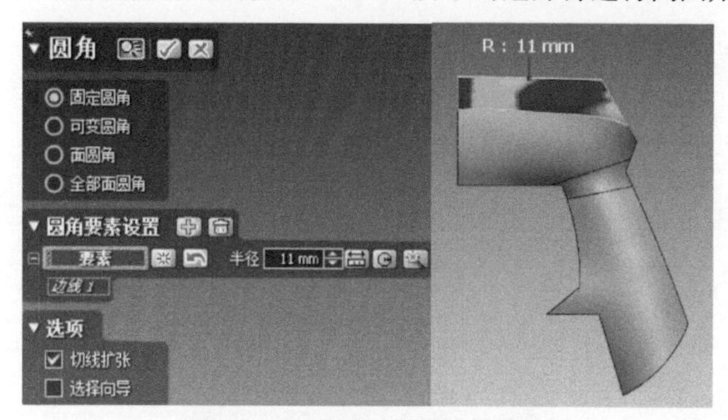

图 4-2-43　洗车水枪曲面倒圆角

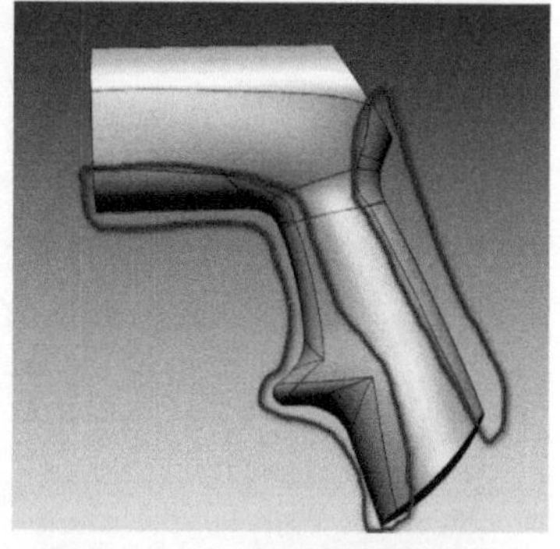

图 4-2-44　将所有边界倒圆角

Step 7：单击【参照平面】按钮，方法选择“提取”，更改选择模式为“矩形选择模式”，在洗车水枪手柄的底端平面区域选择领域创建参照平面，单击右下角 按钮，确认操作即可成功创建一个参照平面 1，如图 4-2-45 所示。

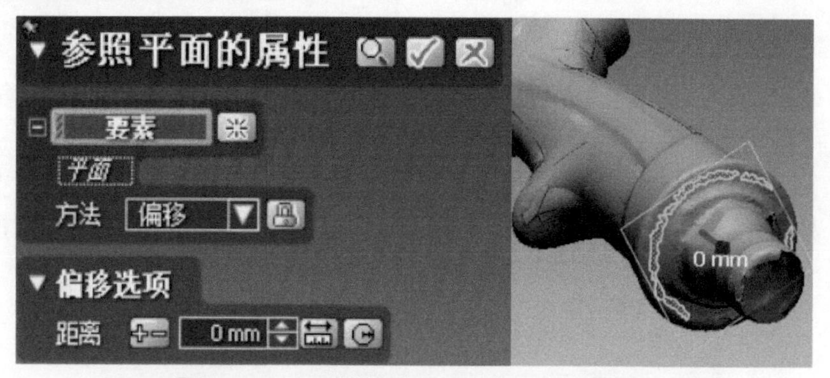

图 4-2-45　矩形选择模式下参照平面 1 的创建

单击【参照平面】按钮，方法选择“偏移”，要素选择上述创建的参照平面 1，偏移选项下方数量设置为“2”，距离为“6mm”，单击右下角 按钮，确认操作即可成功创建参照平面 2 和参照平面 3，如图 4-2-46 所示。

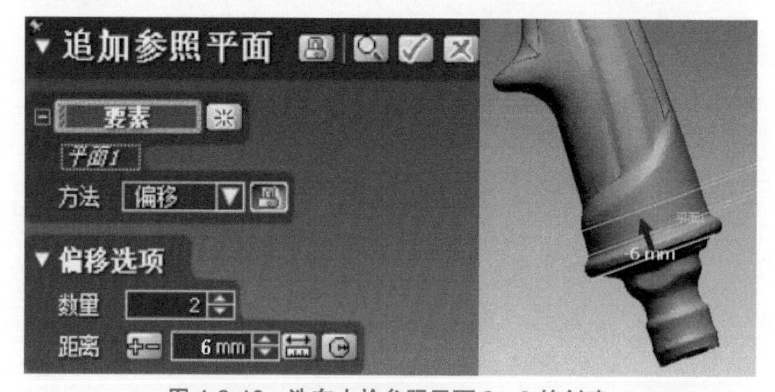

图 4-2-46　洗车水枪参照平面 2、3 的创建

单击【面片草图】按钮，以“平面 2”为基准平面，进入面片草图模式，截取需要的参照线单击左上角 按钮。使用工具栏草图工具绘制如图 4-2-47 所示的草图 3。单击右下方 按钮，退出面片草图模式（随后把参照平面 2 隐藏，方便之后操作）。

图 4-2-47　基准平面为平面 2 的草图 3 绘制

单击【面片草图】按钮，以“平面 3”为基准平面，进入面片草图模式，截取需要的参照线单击左上角 按钮。使用工具栏草图工具绘制如图 4-2-48 所示的草图 4。单击右下方 按钮，退出面片草图模式（随后把参照平面 3 隐藏，方便之后操作）。

图 4-2-48　基准平面为平面 3 的草图 4 绘制

单击【实体放样】按钮，如图 4-2-49 所示，轮廓选择刚刚创建的两个草图，约束条件下起始约束与终止约束选择“无”，得到实体放样曲面；单击左上角 按钮，退出放样模式。

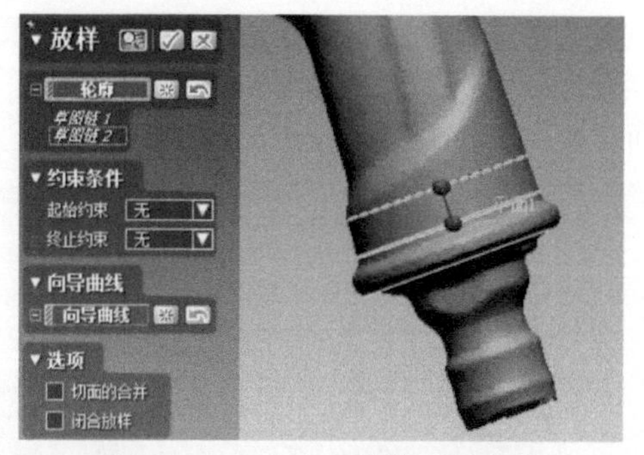

图 4-2-49 洗车水枪的实体放样

单击【移动面】按钮，参数如图 4-2-50 所示，面选择“面 1”，方向选择“面 1”，距离调整到超出参照平面 1 之外，后面方可用平面 1 剪切。单击左上角 按钮，退出移动面模式。

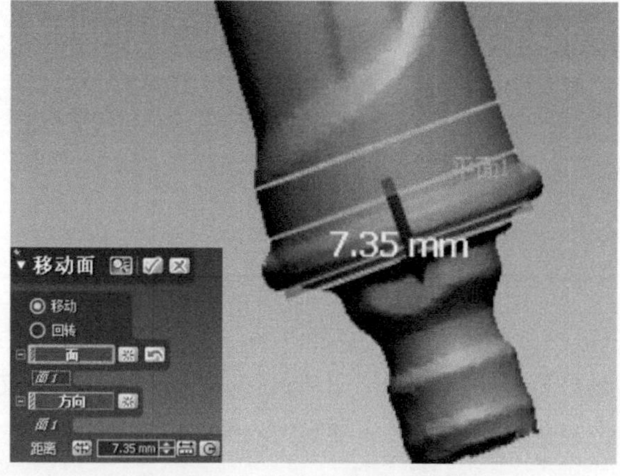

图 4-2-50 洗车水枪面 1 的移动

用同样的方法将对应面移动拉伸一定的距离，距离设置大于 20mm，方便后续的修剪，如图 4-2-51 所示。

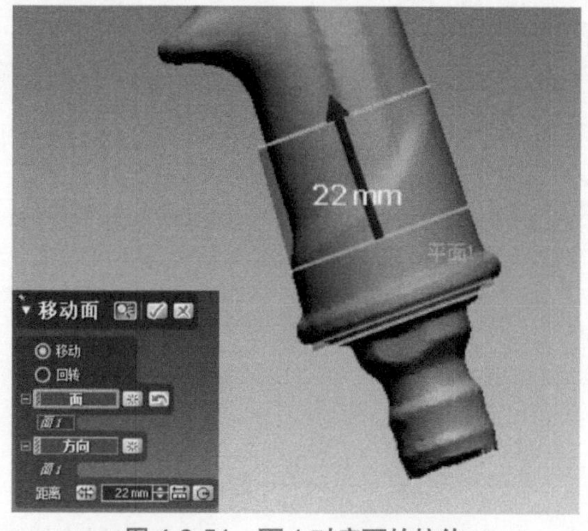

图 4-2-51 面 1 对应面的拉伸

单击【草图】按钮，单击“前基准平面”，进入草图模式，使用工具栏“3 点圆弧”工具绘制如图 4-2-52 所示的草图 5。单击右下方 按钮，退出草图模式。

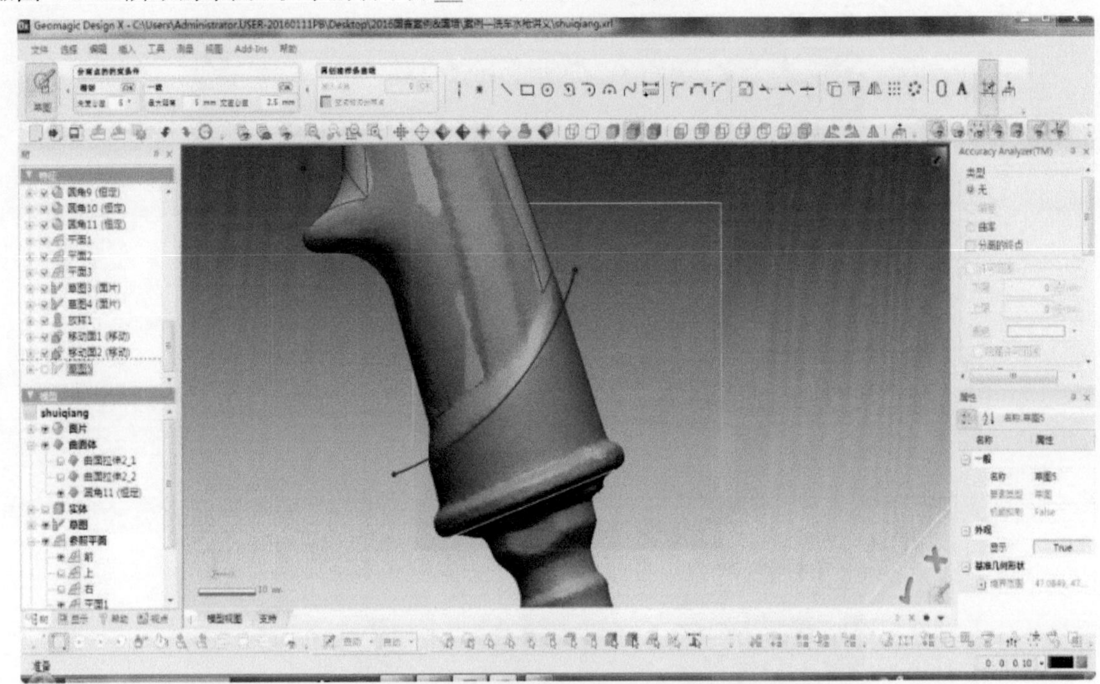

图 4-2-52　“3 点圆弧”草图绘制工具的使用

单击【拉伸曲面】按钮，进入拉伸曲面模式，选择草图 5，拉伸方法为“距离”，长度设置为“20mm”，得到拉伸曲面 3，方向如图 4-2-53 所示。

单击【剪切实体】按钮，如图 4-2-54 所示，工具要素选择“前基准面、参照平面 1 与上述拉伸曲面 3”，对象选择“放样实体 1”，残留体选择如图所示区域，单击左上角 按钮，退出剪切实体模式。

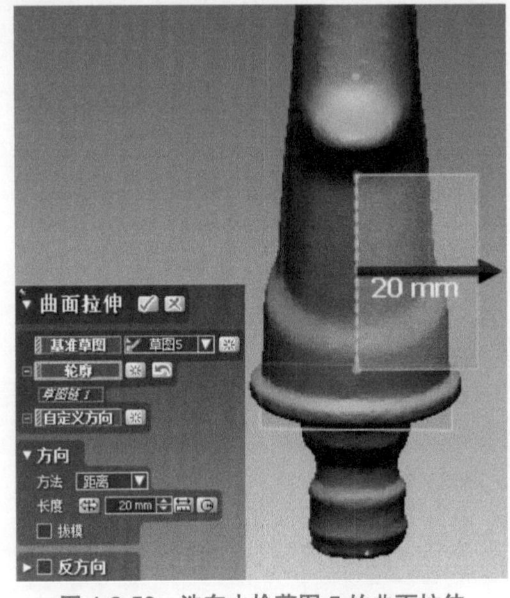

图 4-2-53　洗车水枪草图 5 的曲面拉伸

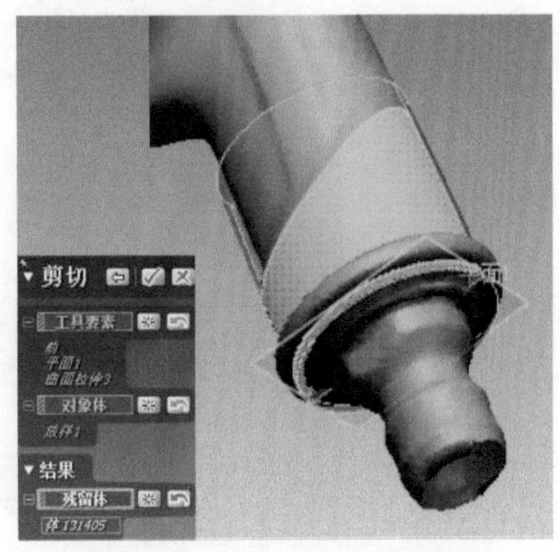

图 4-2-54　洗车水枪的实体剪切

Step 8：单击【删除面】按钮，依次选择如图 4-2-55 所示的面 1、面 2 和面 3，确认操作即可将它们删除。单击左上角 按钮，退出删除面模式。

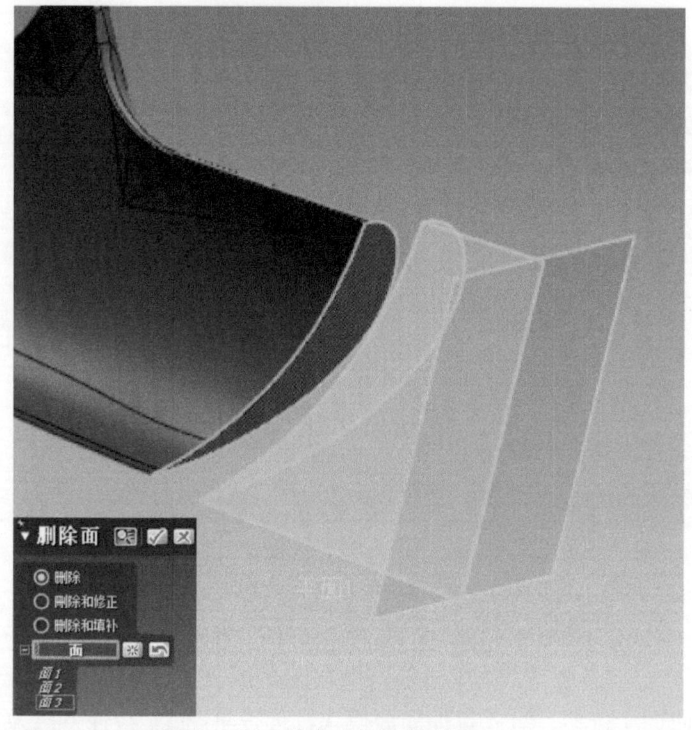

图 4-2-55　洗车水枪面的删除

单击【放样】按钮，如图 4-2-56 所示，轮廓选择两曲面的边线，约束条件下起始约束与终止约束选择“无”，得到放样曲面 2，单击左上角 按钮，退出放样曲面模式。

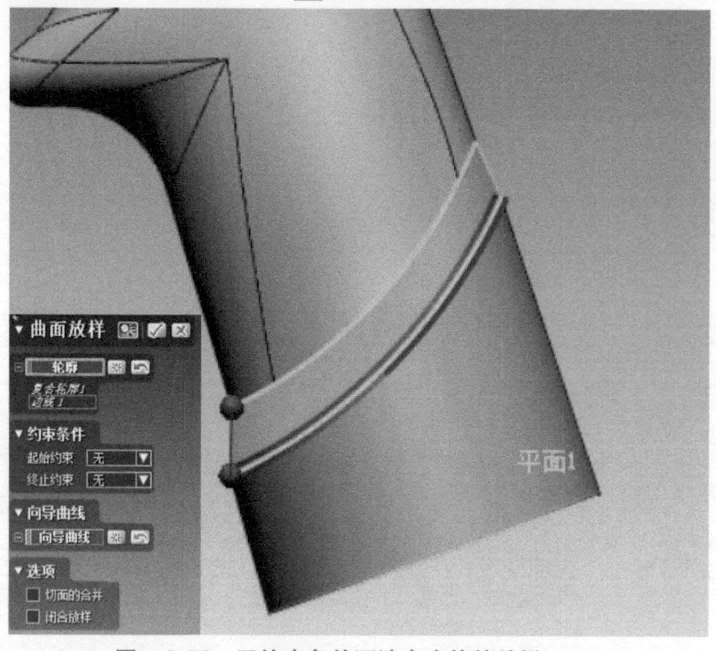

图 4-2-56　无约束条件下洗车水枪的放样

Step 9：单击【面片草图】按钮，以“前基准面”为基准平面，进入面片草图模式，截取需要的参照线后单击左上角 按钮。使用工具栏草图工具绘制如图 4-2-57 所示的草图 6。单击右下方 按钮，退出面片草图模式。

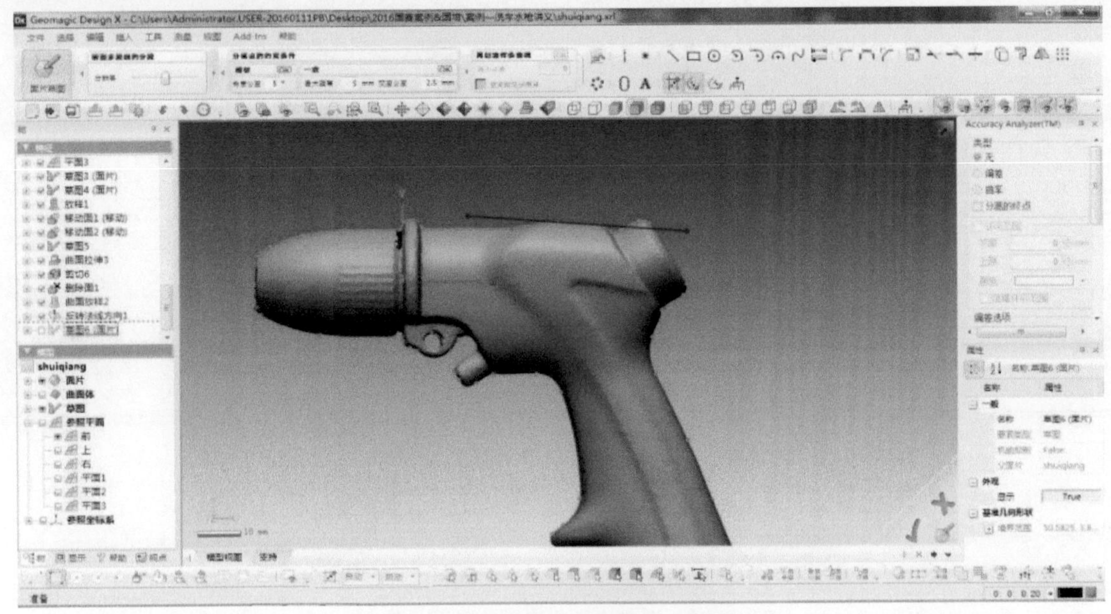

图 4-2-57　洗车水枪草图 6 的绘制

单击【拉伸曲面】按钮，进入拉伸曲面模式，选择面片草图 6，参数设置如图 4-2-58 所示，拉伸方法为“距离”，长度设置为“20mm”，得到拉伸曲面 4，方向向左。

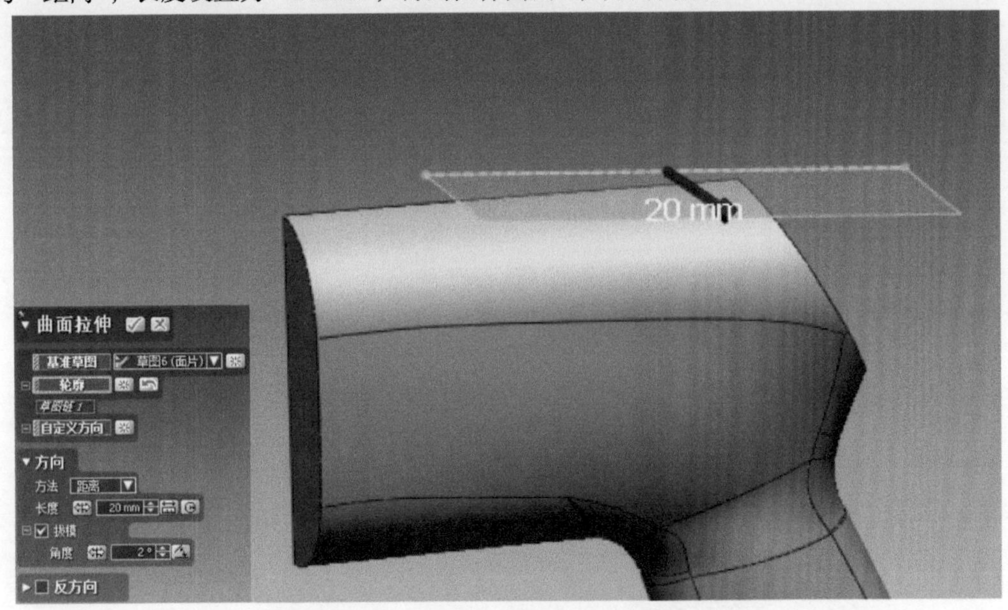

图 4-2-58　洗车水枪草图 6 的拉伸

单击【面片拟合】按钮，选择手柄上如图 4-2-59 所示领域，参数设置见图，分辨率选择“许可偏差”，平滑拖至中间位置，勾选延长选择，手动调整大小，单击左上角 按钮。

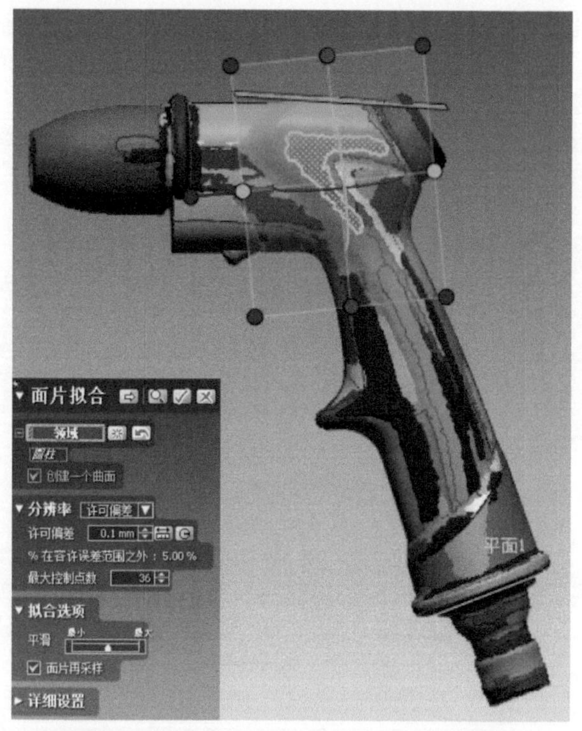

图 4-2-59　洗车水枪指定部位的面片拟合 1

使用同样的方法将图 4-2-60 所示曲面创建出来。

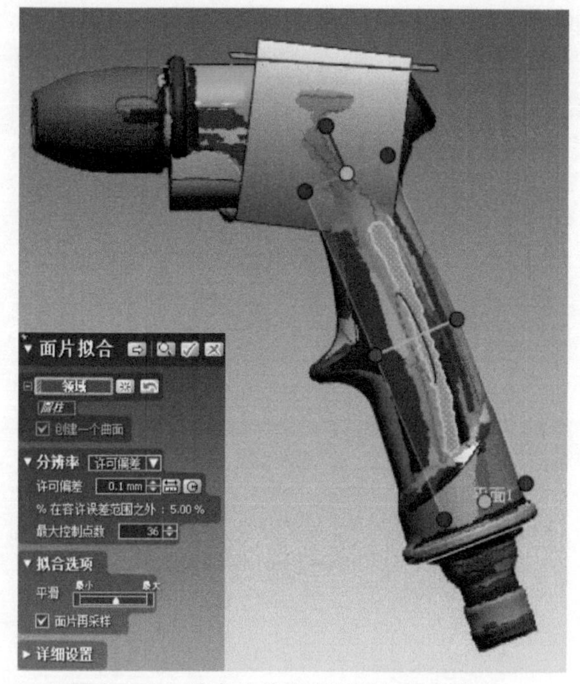

图 4-2-60　洗车水枪指定部位的面片拟合 2

将之前创建的曲面恢复显示，用于曲面修剪，使用“拉伸曲面 2_1”和“拉伸曲面 2_2”将刚才创建的两个拟合曲面进行修剪，结果如图 4-2-61 所示。

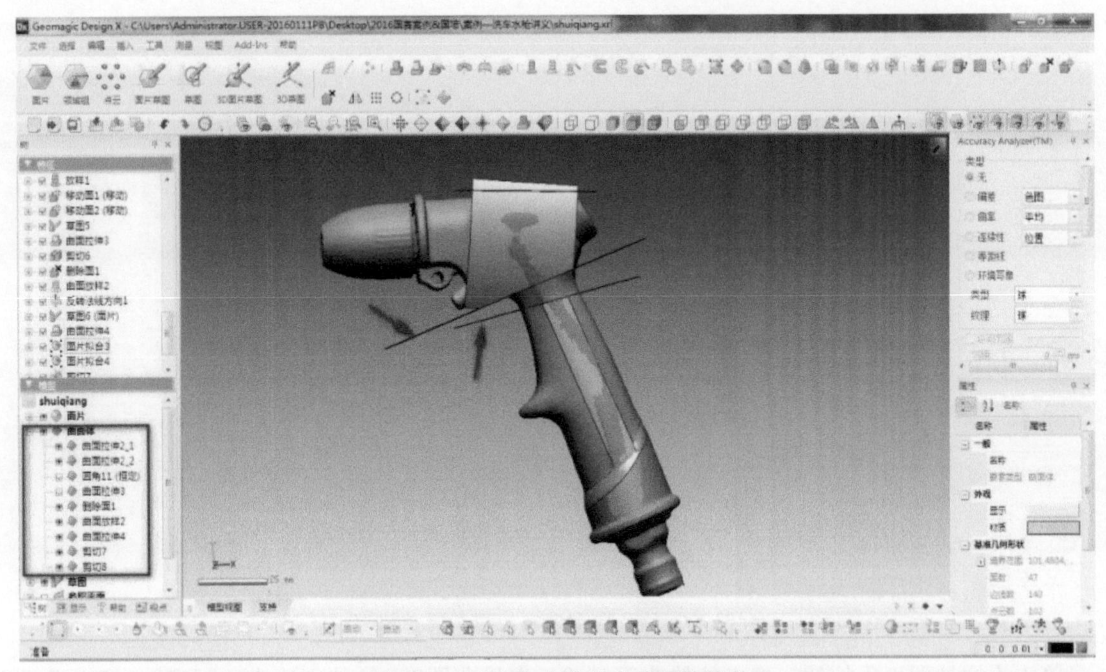

图 4-2-61　汽车水枪拟合曲面的修剪

单击【剪切曲面】按钮，如图 4-2-62 所示，工具要素选择“剪切 7”和“曲面拉伸 4”，对象处将对勾去掉不做选择，这样的剪切方法可以将工具要素里选择的所有曲面互相修剪，并将所有曲面自动缝合为一个曲面，残留体选择见图中所示区域，单击左上角 按钮，退出剪切曲面模式。

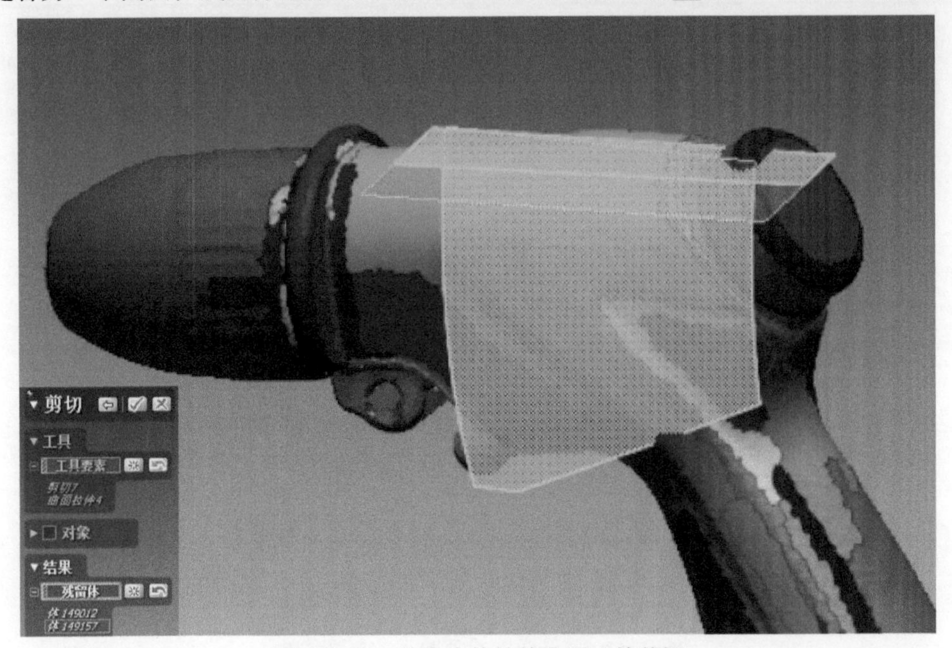

图 4-2-62　洗车水枪拉伸曲面 4 的剪切

单击【草图】按钮，以“前基准面”为基准平面，进入草图模式，使用工具栏工具绘制如图 4-2-63 所示的草图 7。单击右下方 按钮，退出草图模式。

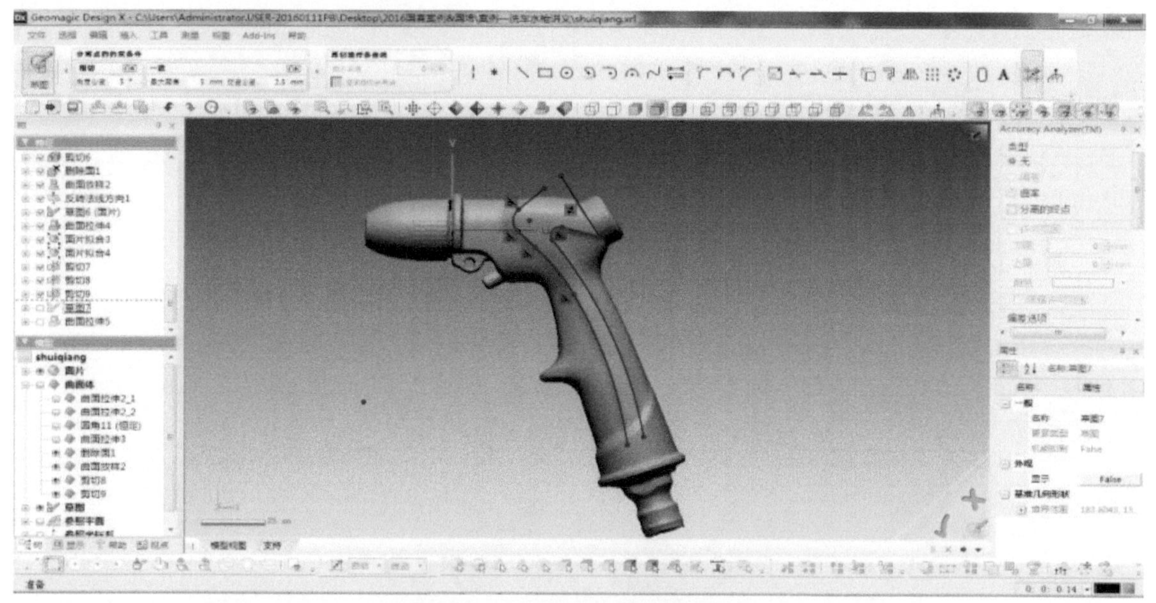

图 4-2-63　洗车水枪草图 7 的绘制

单击【拉伸曲面】按钮，进入拉伸曲面模式，选择草图 7，拉伸方法为“距离”，长度设置为“20mm”，得到拉伸曲面 5，方向如图 4-2-64 所示。

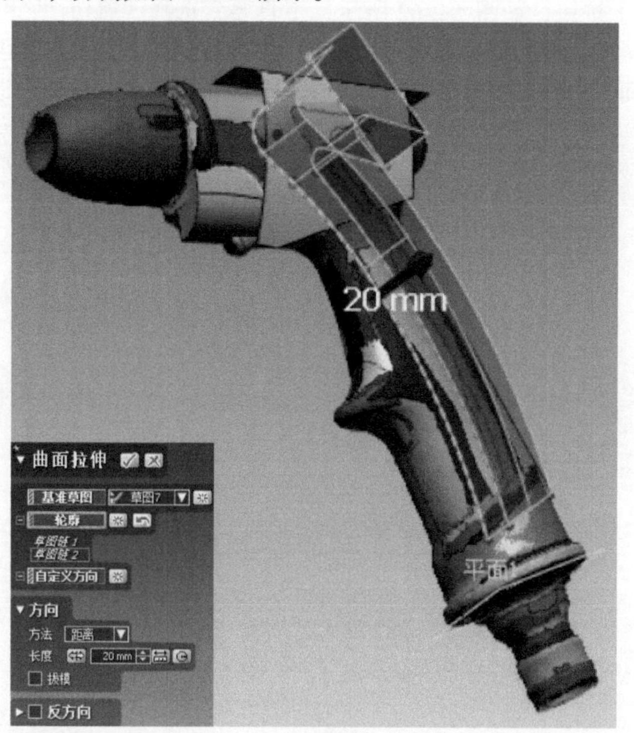

图 4-2-64　洗车水枪草图 7 的曲面拉伸

单击【圆角】按钮，如图 4-2-65 所示，要素选择如图所示边线，单击【魔法棒】自动探索圆角半径，同时将右侧分析工具栏中【偏差】选项打开，结合自动探索的半径值与偏差颜色分析，手动将半径值调整，直到误差分析颜色接近绿色为止。单击左上角按钮，退出倒圆角模式。

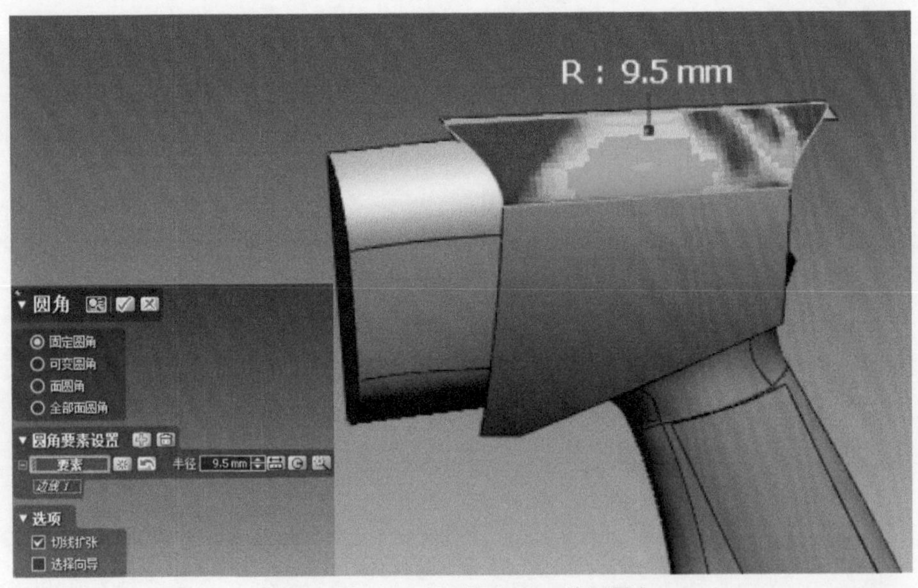

图 4-2-65　洗车水枪曲面 5 的倒圆角

单击【剪切曲面】按钮，如图 4-2-66 所示，工具要素选择“曲面拉伸 5_1”和“曲面拉伸 5_2”，对象选择“圆角 12”和“剪切 8”，残留体选择见图中所示区域，单击左上角按钮，退出剪切曲面模式。

图 4-2-66　洗车水枪拉伸曲面 5 的剪切

单击【放样】按钮，如图 4-2-67 所示，轮廓选择两曲面的边线，约束条件下起始约束与终止约束选择“与面相切”，得到放样曲面 3，单击左上角按钮，退出放样曲面模式。

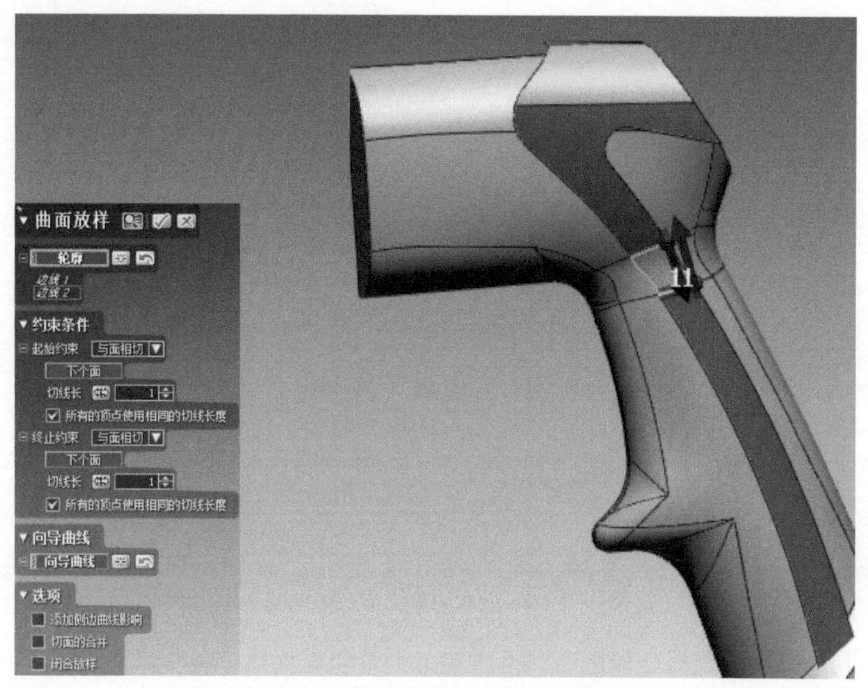

图 4-2-67　洗车水枪拉伸曲面 5 的放样

单击【延长曲面】按钮，如图 4-2-68 所示，选择放样曲面 3 的左右边线，终止条件选择“距离”，参数为“1.5mm”，延长方法选择“曲率”。单击左上角按钮，退出延长曲面模式。

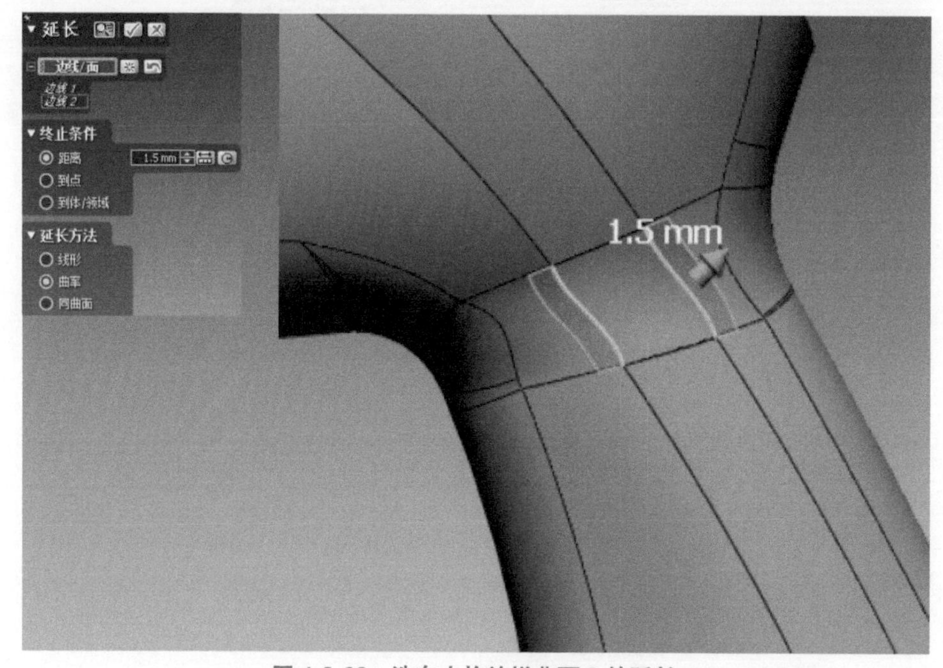

图 4-2-68　洗车水枪放样曲面 3 的延长

单击【剪切曲面】按钮，如图 4-2-69 所示，工具要素选择“曲面拉伸 5_1”和“曲面拉伸 5_2”，对象选择“曲面放样 3”，残留体选择见图中所示区域，单击左上角按钮，退出剪切曲面模式。

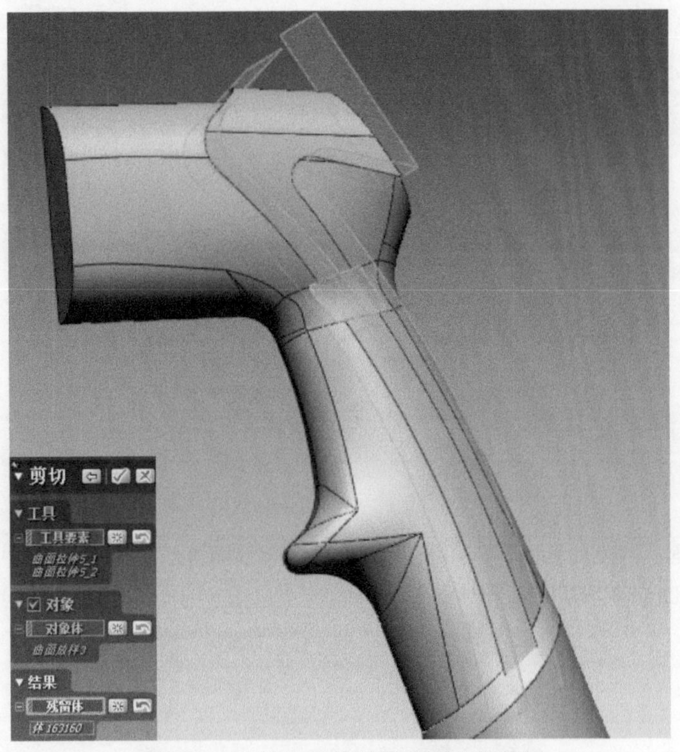

图 4-2-69　洗车水枪放样曲面 3 的剪切

单击【剪切曲面】按钮，如图 4-2-70 所示，工具要素选择“曲面放样 2”，对象选择“剪切10_2”，残留体选择见图中所示区域，单击左上角按钮，退出剪切曲面模式。

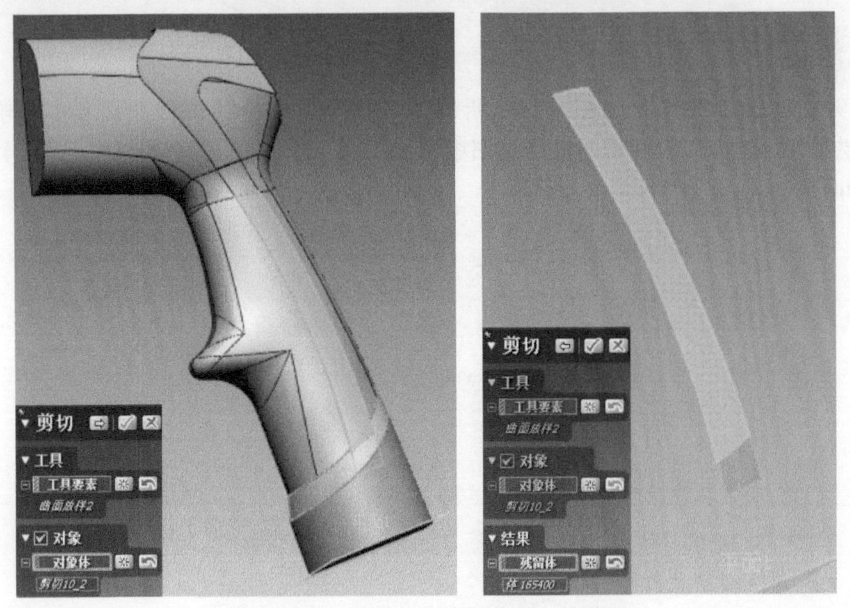

图 4-2-70　洗车水枪放样曲面 2 的剪切

单击【草图】按钮，以“前基准面”为基准平面，进入草图模式，使用工具栏工具绘制如图 4-2-71 所示的草图 8。单击右下方按钮，退出草图模式。

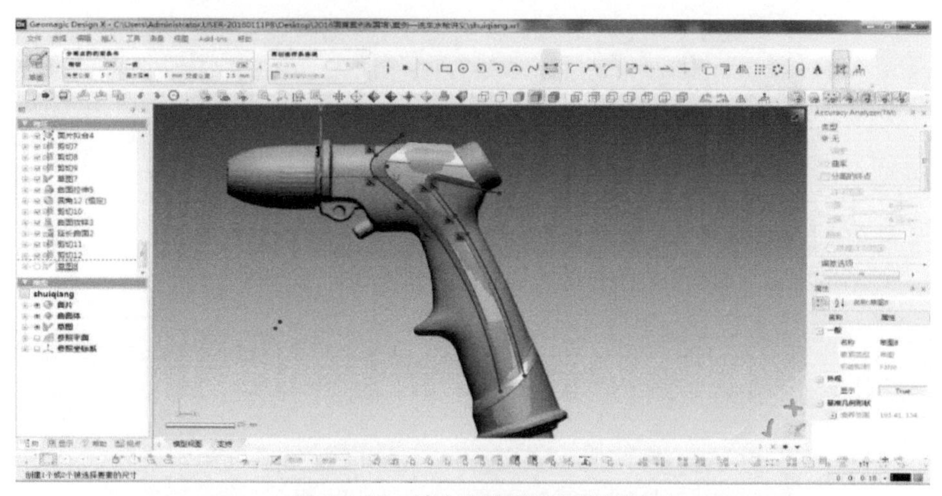

图 4-2-71 洗车水枪草图 8 的绘制

单击【拉伸曲面】按钮，进入拉伸曲面模式，选择草图 8，拉伸方法为“距离”，长度设置为“20mm”，得到拉伸曲面 6，方向如图 4-2-72 所示。

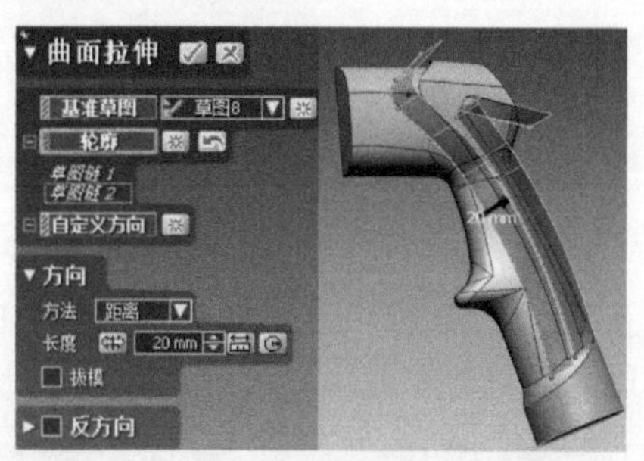

图 4-2-72 洗车水枪草图 8 的曲面拉伸

单击【剪切曲面】按钮，如图 4-2-73 所示，工具要素选择“拉伸曲面 6_1”与“拉伸曲面 6_2”，对象选择“圆角 11”，残留体选择见图中所示区域，单击左上角 按钮，退出剪切曲面模式（随后把拉伸曲面 6_1 与拉伸曲面 6_2 隐藏）。

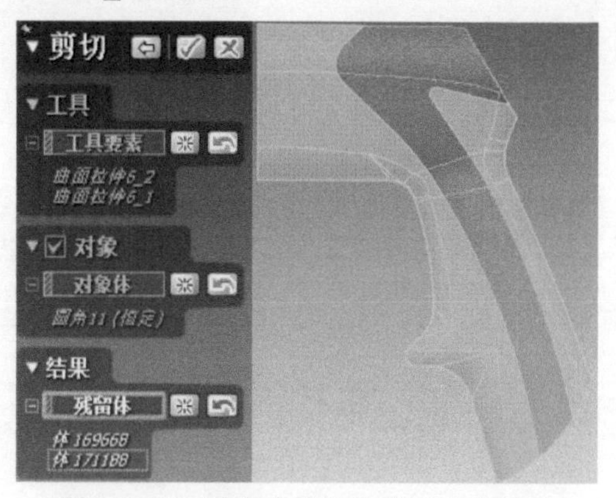

图 4-2-73 洗车水枪拉伸曲面 6 的剪切

单击【缝合】按钮，曲面体选择如图 4-2-74 所示三个曲面，单击【下一阶段】，再单击左上角 按钮，退出缝合曲面模式。

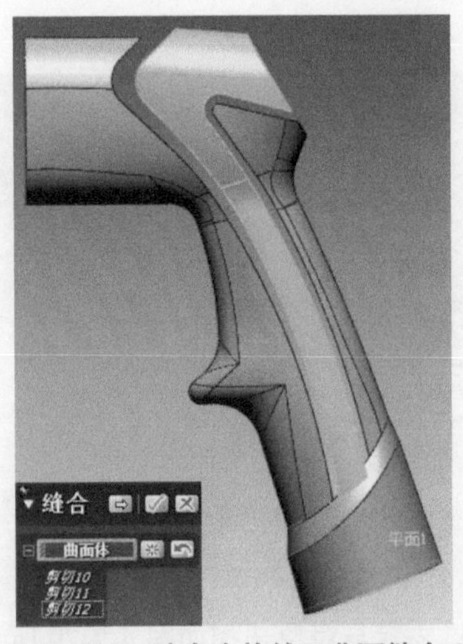

图 4-2-74　洗车水枪的三曲面缝合 2

单击【放样】按钮，如图 4-2-75 所示，轮廓选择两曲面的边线，约束条件下起始约束与终止约束选择“无”，单击左上角 按钮，退出放样曲面模式。

使用同样的方法依次创建如图 4-2-76 所示的三个曲面。

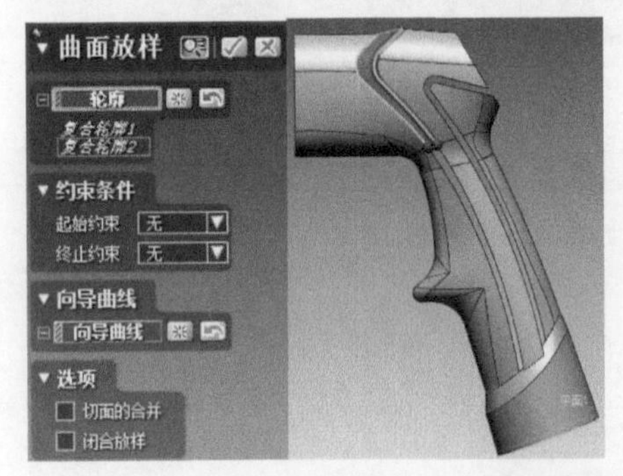

图 4-2-75　洗车水枪缝合后三曲面的放样

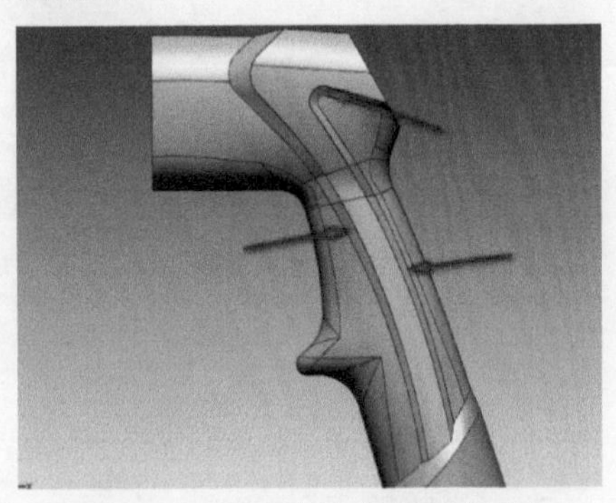

图 4-2-76　完成其余曲面的创建

单击【面填补】按钮，如图 4-2-77 所示，依次选择要填补区域周边的边线，勾选“设置连续性约束条件”然后选择“边线 1”与“边线 2”，在高级连续性选项内将连续性与精度拖至最大，勾选详细设置中的“创建一个补丁”，然后单击左上角 按钮，退出面填补模式。

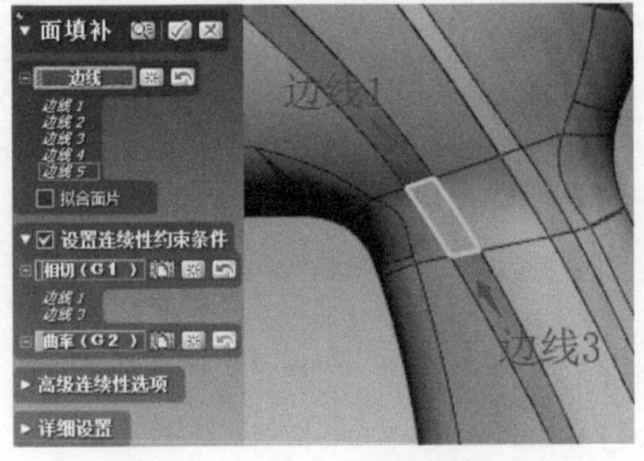

图 4-2-77　洗车水枪的面填补 1

用同样的方法创建面填补 2，如图 4-2-78 所示。

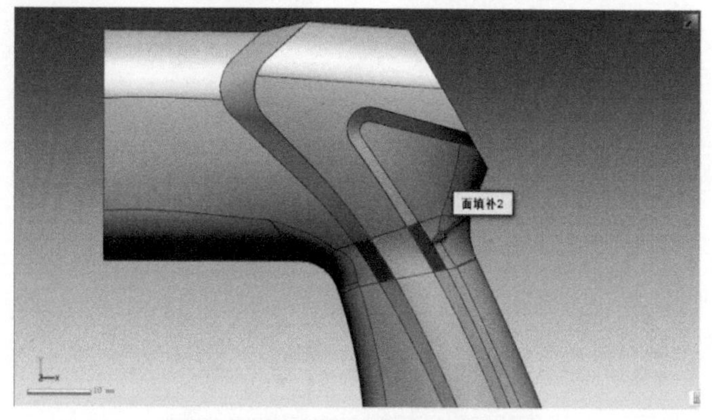

图 4-2-78　洗车水枪的面填补 2

单击【剪切曲面】按钮，工具要素与对象选择如图 4-2-79 所示，单击【下一阶段】，选择保留区域见图，单击左上角 按钮，退出剪切曲面模式。

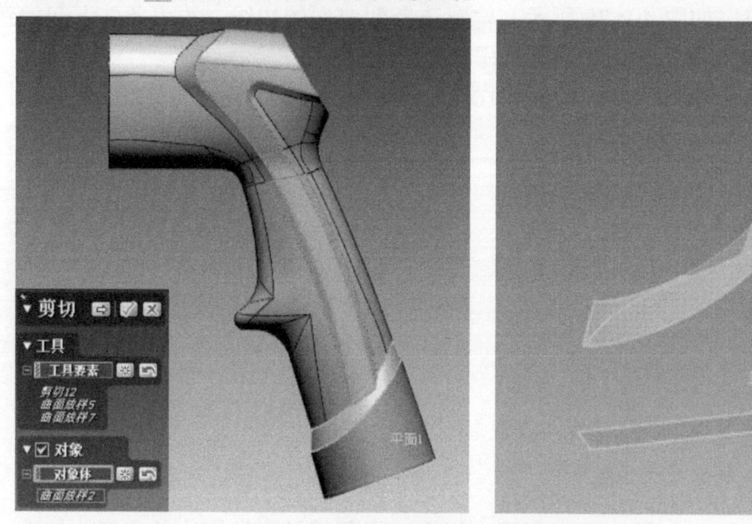

图 4-2-79　完成面填补后的曲面剪切

单击【删除面】按钮，依次选择如图 4-2-80 所示的面，单击左上角 按钮，退出删除面模式。

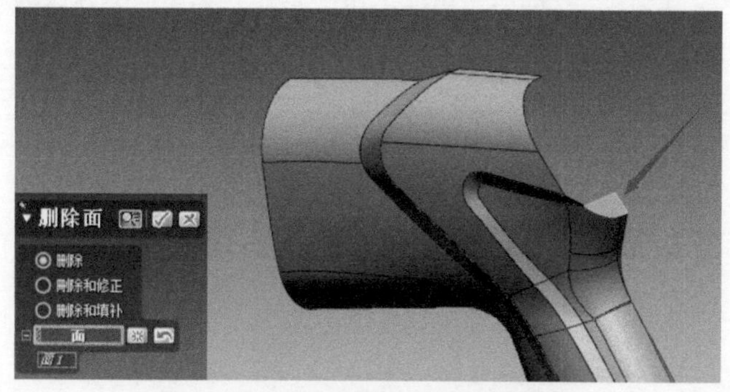

图 4-2-80　洗车水枪特定曲面的删除

单击【缝合】按钮，如图 4-2-81 所示，曲面体选择如图所示的全部曲面，单击【下一阶段】，

再单击左上角 按钮，退出缝合曲面模式。

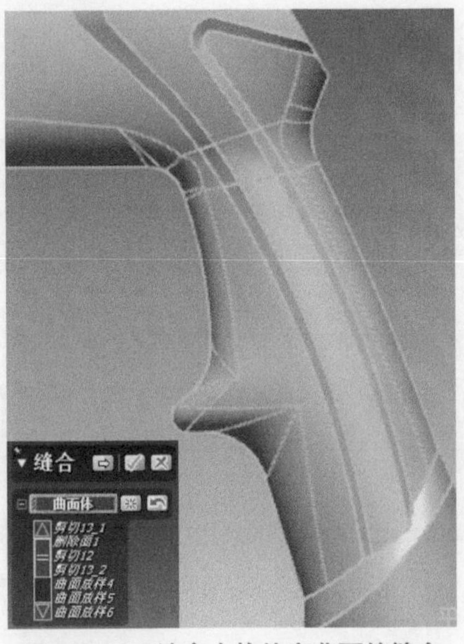

图 4-2-81 洗车水枪特定曲面的缝合

Step 10：将手柄部分缝合为实体。在进行对称合并操作之前，为了防止之前所有的操作中有曲面超出了对称平面，必须先用对称平面剪切缝合后的曲面。然后单击【剪切曲面】按钮，工具要素选择“前基准面”，与对象选择缝合的曲面如图 4-2-82 所示，单击下一阶段，选择保留区域见图，单击左上角 按钮，退出剪切曲面模式。

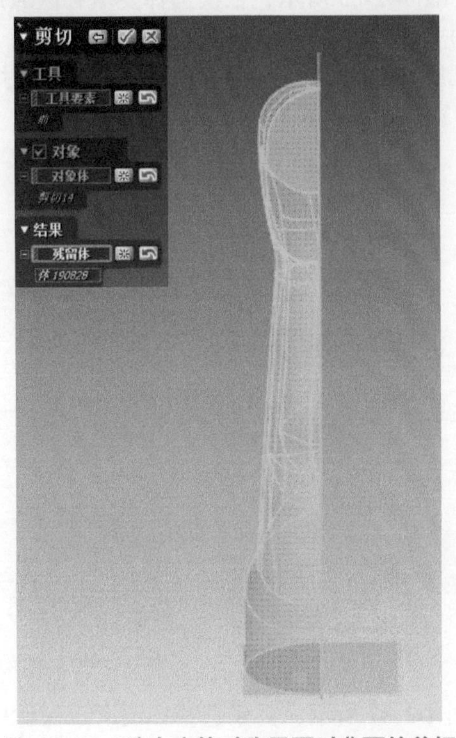

图 4-2-82 洗车水枪对称平面对曲面的剪切

单击【镜像】按钮，体选择要镜像的曲面，对称平面选择“前基准面”，单击左上角按钮，完成镜像，如图 4-2-83 所示。

单击【缝合】按钮，曲面体选择如图 4-2-84 所示的全部曲面，单击下一阶段，单击左上角按钮，退出缝合曲面模式。

图 4-2-83　洗车水枪的镜像

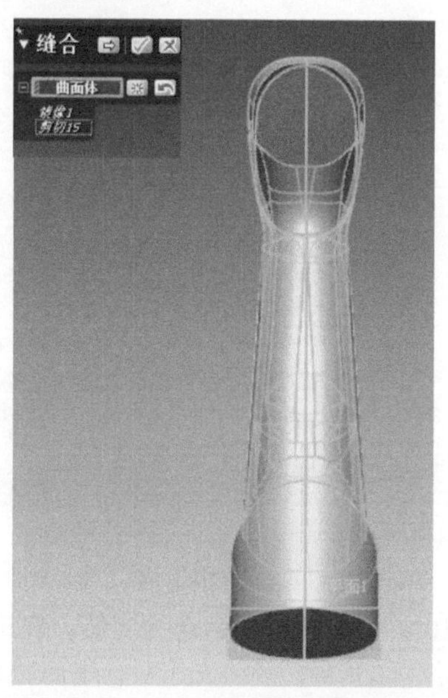

图 4-2-84　洗车水枪镜像曲面的缝合

单击【面填补】按钮，如图 4-2-85 所示，依次选择要填补区域周边的边线，勾选详细设置中的“创建一个补丁”，然后单击左上角按钮，退出面填补模式。

最后使用缝合的方法，把所有曲面缝合。当所有曲面构成一个封闭的空间曲面时，软件会自动将这个封闭的曲面合并为一个实体，如图 4-2-86 所示。

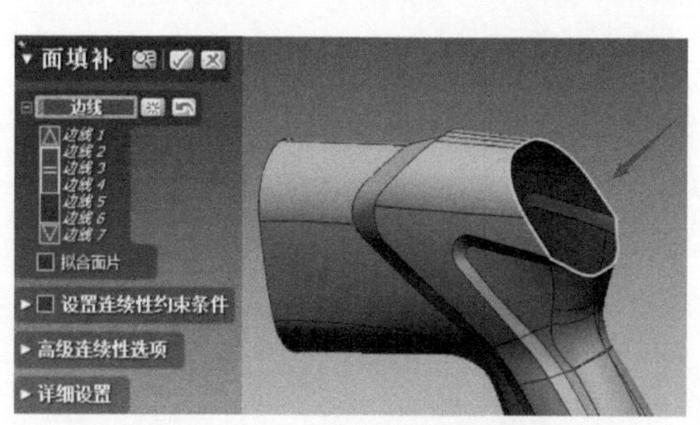

图 4-2-85　洗车水枪的面填补 3

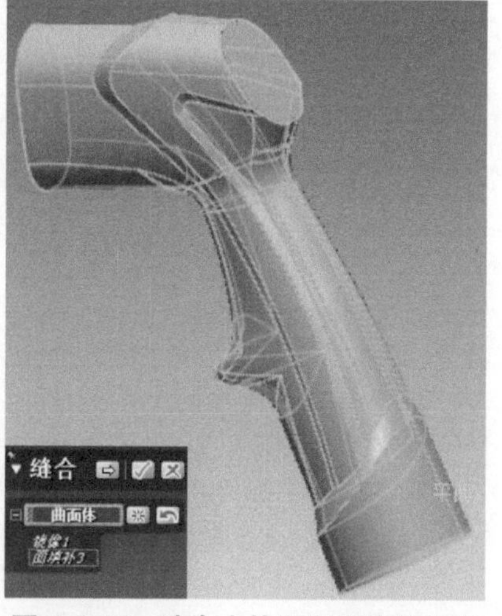

图 4-2-86　洗车水枪手柄实体的生成

单击【圆角】按钮，如图 4-2-87 所示，要素选择如图所示对称中心线上的棱线边，手动将半径值调整为 5mm。单击左上角按钮，退出倒圆角模式。手柄构建完成。

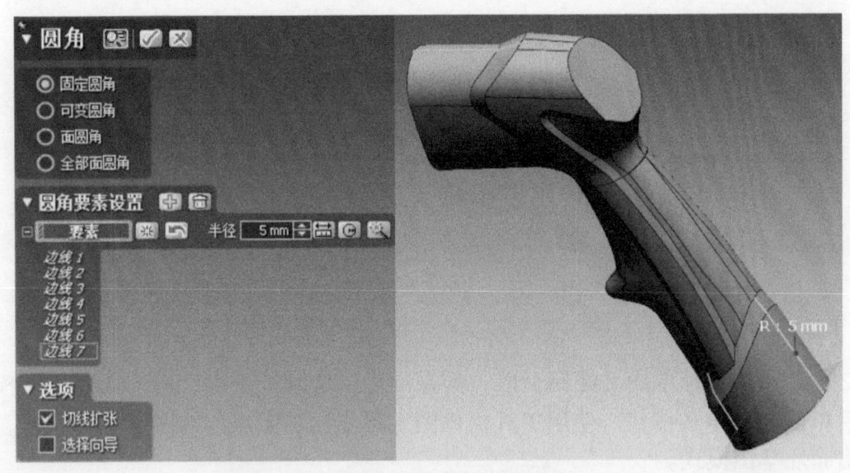

图 4-2-87　洗车水枪手柄构建完成

3. 水枪喷头的建模

Step 1：单击【面片草图】按钮，以“前基准面”为基准平面，进入面片草图模式，截取需要的参照线后单击左上角按钮。使用工具栏草图工具绘制如图 4-2-88 所示的草图 1。单击右下方按钮，退出面片草图模式。

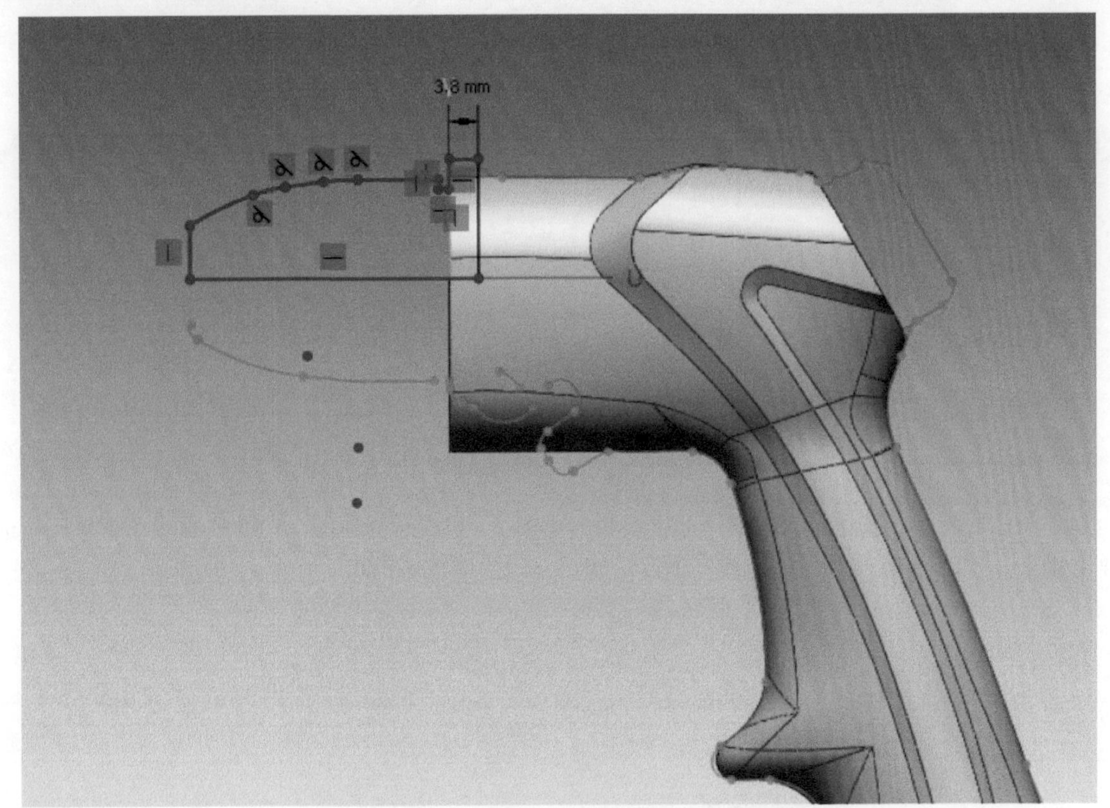

图 4-2-88　洗车水枪喷头草图 1 的绘制

单击【回转体】按钮，轮廓选择上述绘制的草图 1，轴线选择草图 1 中的中心线，结果运算选择【合并】，如图 4-2-89 所示。单击右下方按钮，退出回转体模式。

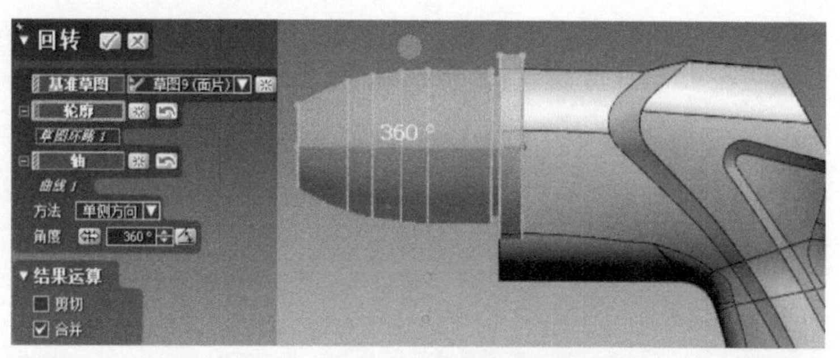

图 4-2-89　洗车水枪喷头草图 1 的回转

Step 2：单击【面片草图】按钮，以“前基准面”为基准平面，进入面片草图模式，截取需要的参照线后单击左上角 按钮。使用工具栏草图工具绘制如图 4-2-90 所示的草图 2。单击右下方 按钮，退出面片草图模式。

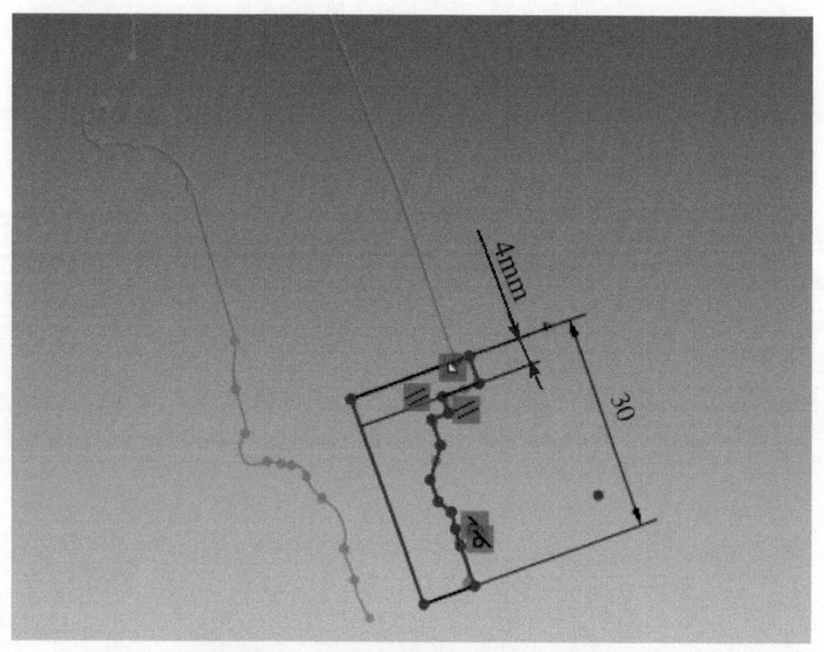

图 4-2-90　洗车水枪喷头草图 2 的绘制

单击【回转体】按钮，轮廓选择上述绘制的草图 2，轴线选择草图 2 中的中心线，结果运算选择【合并】，如图 4-2-91 所示。单击右下方 按钮，退出回转体模式。

图 4-2-91　洗车水枪喷头草图 2 的回转

单击【面片草图】按钮，单击如图 4-2-92 所示平面为基准平面，进入面片草图模式，截取需要的参照线后单击左上角按钮。使用工具栏草图工具绘制草图 3。单击右下方按钮，退出面片草图模式。

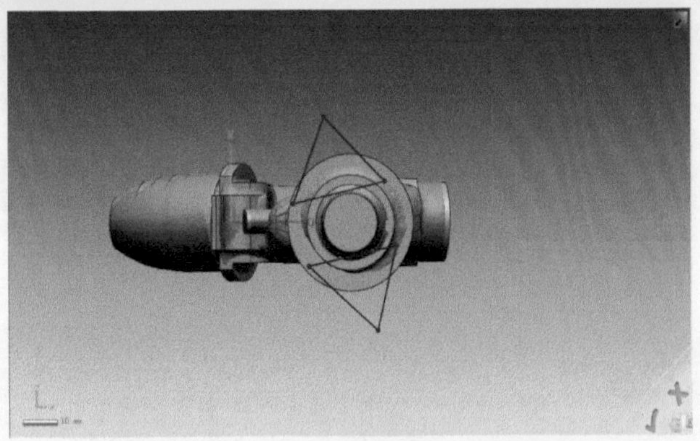

图 4-2-92　洗车水枪喷头草图 3 的绘制

单击【拉伸实体】按钮，轮廓选择草图 3，拉伸距离为“10mm”，方向如图 4-2-93 所示，结果运算选择“剪切”。单击右下方按钮，完成创建。

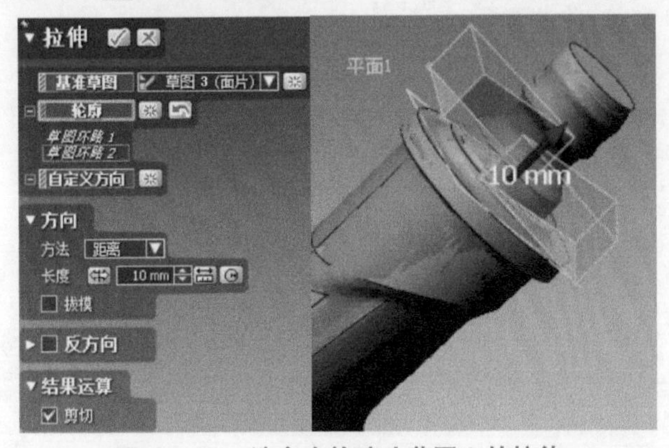

图 4-2-93　洗车水枪喷头草图 3 的拉伸

Step 3：单击【面片草图】按钮，以“弹簧盖顶端领域”为基准平面，进入面片草图模式，截取需要的参照线后单击左上角按钮。使用工具栏草图工具绘制如图 4-2-94 所示的草图 4。单击右下方按钮，退出面片草图模式。

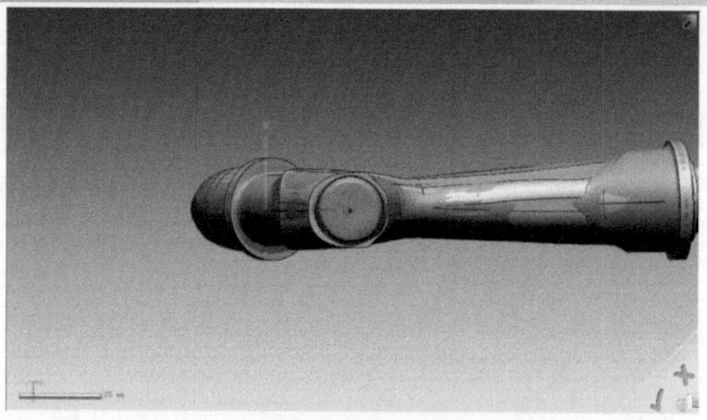

图 4-2-94　洗车水枪喷头草图 4 的绘制

单击【拉伸实体】按钮，轮廓选择草图，拉伸距离为“12mm”，方向如图 4-2-95 所示，结果运算选择“合并”。单击右下方 按钮，完成创建。

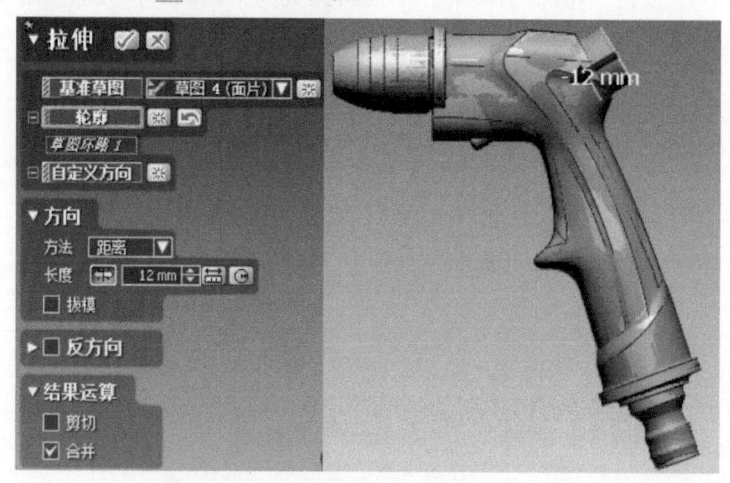

图 4-2-95　洗车水枪喷头草图 4 的拉伸

Step 4：单击【面片草图】按钮，以“前基准面”为基准平面，进入面片草图模式，截取需要的参照线后单击左上角 按钮。使用工具栏草图工具绘制如图 4-2-96 所示的草图 5。单击右下方 按钮，退出面片草图模式。

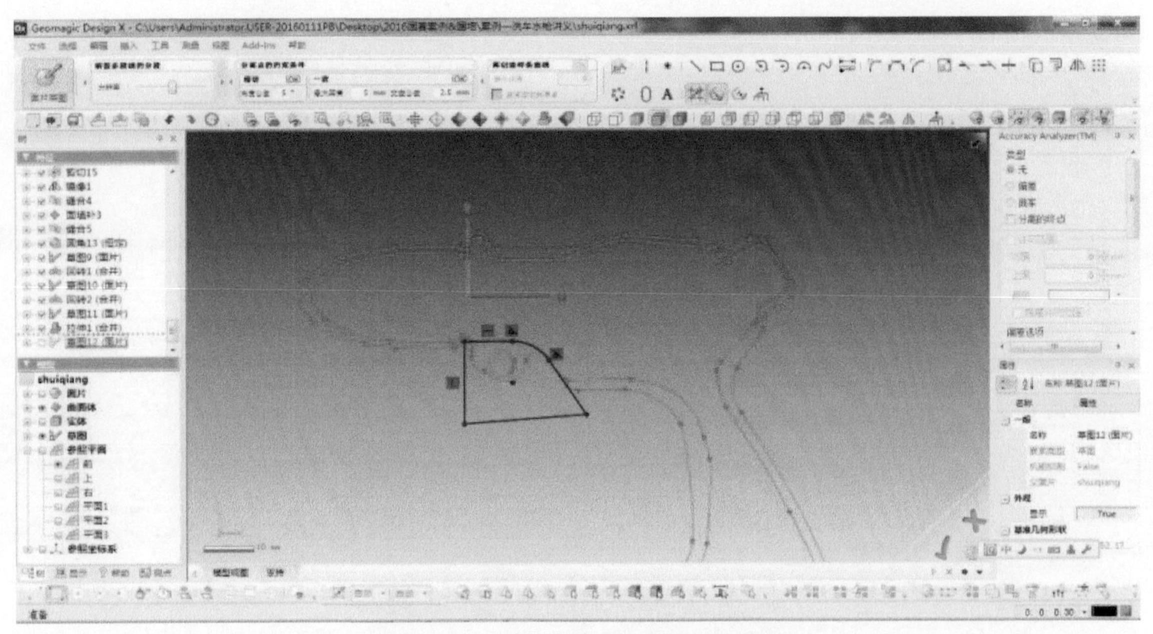

图 4-2-96　洗车水枪喷头草图 5 的绘制

单击【拉伸实体】按钮，轮廓选择草图 5，拉伸距离为“20mm”，反方向拉伸距离同为“20mm”，如图 4-2-97 所示，结果运算选择“剪切”。单击右下方按钮，完成创建。

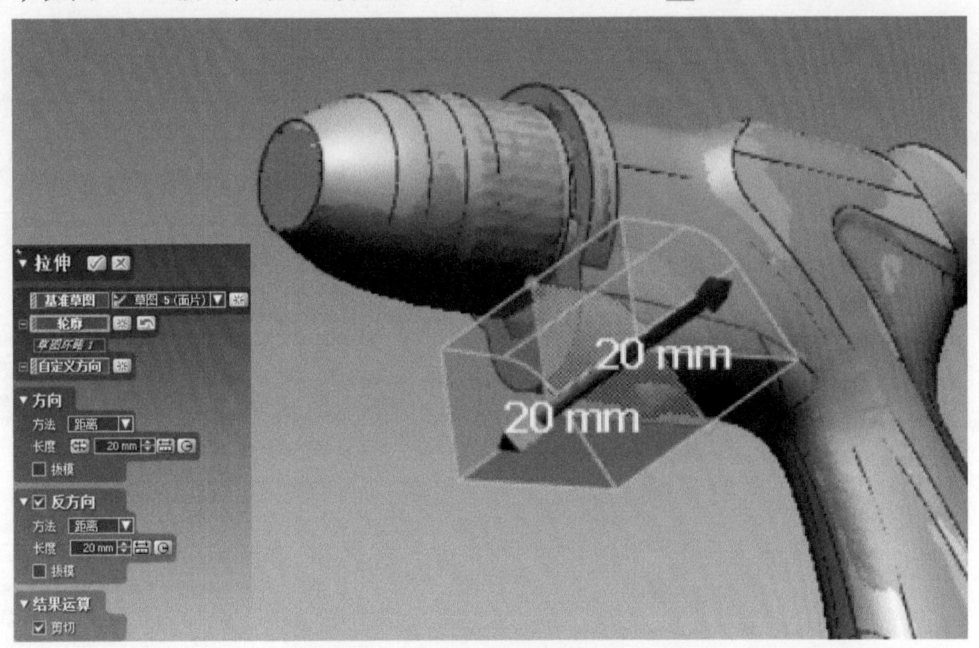

图 4-2-97　洗车水枪喷头草图 5 的拉伸

单击【面片草图】按钮，以“前基准面”为基准平面，进入面片草图模式，截取需要的参照线后单击左上角按钮。使用工具栏草图工具绘制如图 4-2-98 所示的草图 6。单击右下方按钮，退出面片草图模式。

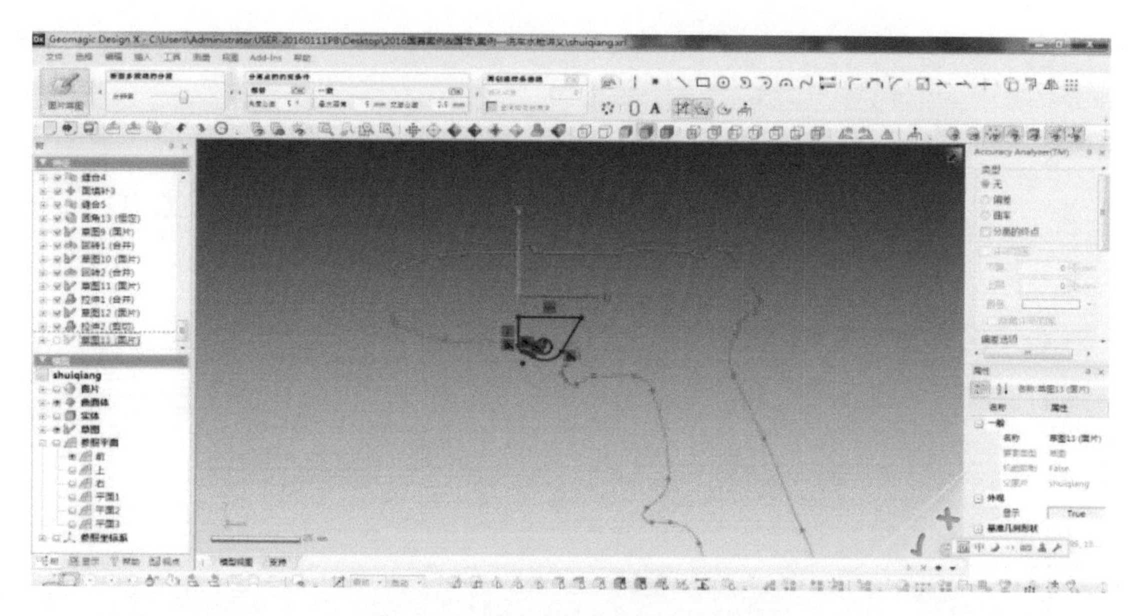

图 4-2-98　洗车水枪喷头草图 6 的绘制

单击【拉伸实体】按钮，轮廓选择草图 6，拉伸距离为“7mm”，反方向拉伸距离同为“7mm”，如图 4-2-99 所示，结果运算选择“合并”。单击右下方 按钮，完成创建。

图 4-2-99　洗车水枪喷头草图 6 的拉伸

单击【面片草图】按钮，单击平面领域，进入面片草图模式，截取需要的参照线后单击左上角 按钮。使用工具栏草图工具绘制如图 4-2-100 所示的草图 7。单击右下方 按钮，退出面片草图模式。

图 4-2-100 洗车水枪喷头草图 7 的绘制

单击【拉伸实体】按钮，轮廓选择草图 7，拉伸距离为“15mm”，方向如图 4-2-101 所示，结果运算选择“合并”。单击右下方按钮，完成创建。

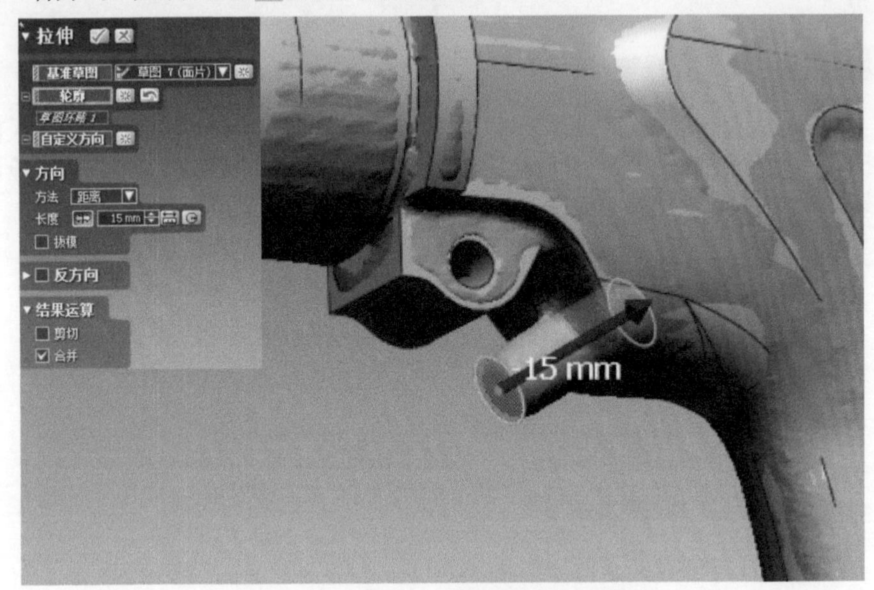

图 4-2-101 洗车水枪喷头草图 7 的拉伸

Step 5：单击【圆角】按钮，参照实物及点云数据对实体进行“倒圆角”操作。最终效果如图 4-2-102 所示。

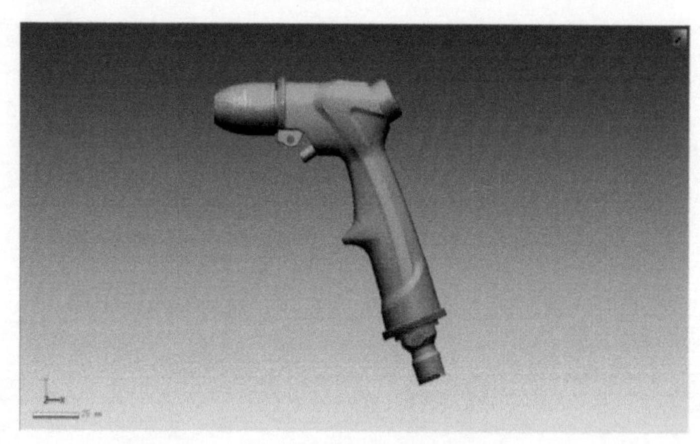

图 4-2-102　洗车水枪倒角后的效果

任务三　洗车水枪创新设计

任务描述

1. 主体其他结构的创新设计

2. 提交的成果

1）将三维创新设计的原始文件和“.stp”格式文件（要求保存整体装配结果），均命名为“工位号－sheji”。然后在给定的U盘及计算机D盘根目录下建立文件夹，命名为“任务三”，各备份一份，其他地方存放无效。

2）将创新设计说明装入给定的贴有“工位号”的信封内。说明文件上和信封上不准书写任何记号、图案等。

任务实施

Step 1：从水枪的注水和放置方式两个方面考虑创新设计结构：一方面可以根据人体工程学原理，为水枪设计一个扳机结构；另一方面从放置水枪的方便和稳定性考虑，可以为水枪设计一个简易的放置支架，具体方案如图 4-2-103 所示。

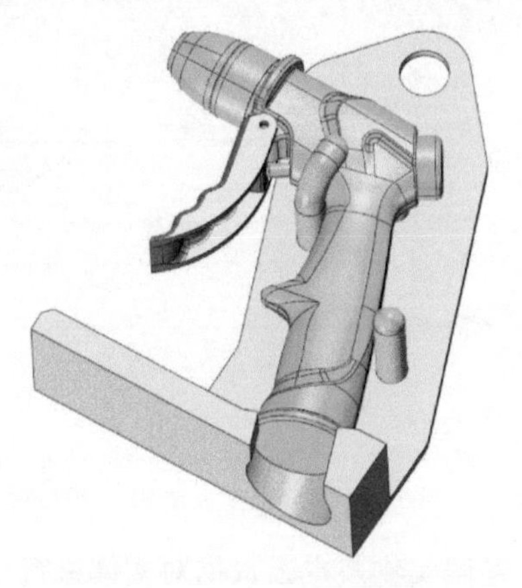

图 4-2-103　洗车水枪的创新设计

Step 2：对扳机的设计要求是符合人体工程学，操作简单，拆装方便，结实耐用且符合环保要求。其机构尺寸如图 4-2-104 所示。

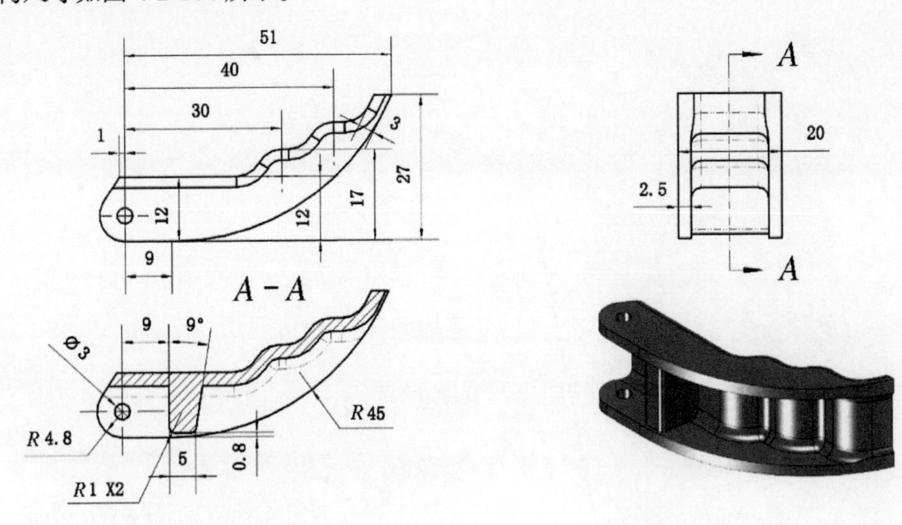

技术要求

1. 未标注圆弧为 $R5$
2. 未标注圆角为 $R2$

图 4-2-104　扳机机构尺寸

Step 3：在设计放置支架时首先把水枪模型导入建模软件 3D One Plus，根据其模型特点设计支架结构，对水枪起到支撑作用，如图 4-2-105 所示。

Step 4：根据水枪的外形特点，设计支撑底板，具体尺寸可自行确定，如图 4-2-106 所示。

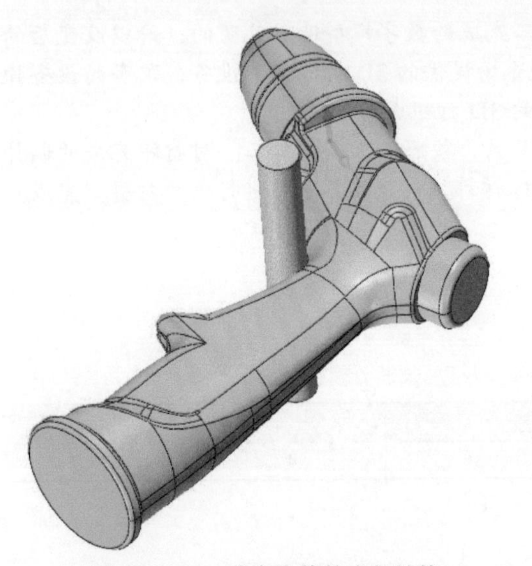

图 4-2-105　洗车水枪的支架结构

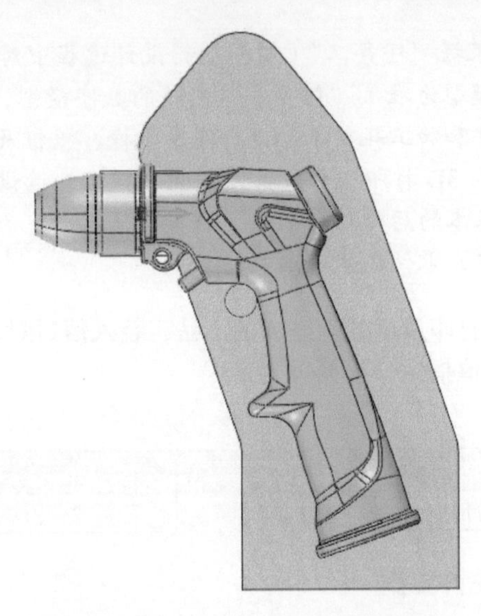

图 4-2-106　洗车水枪支撑底板的设计

Step 5：卡扣和底部支撑结构如图 4-2-107 所示。

Step 6：由于水枪侧表面不平整，故需增加支撑点，如图 4-2-108 所示。

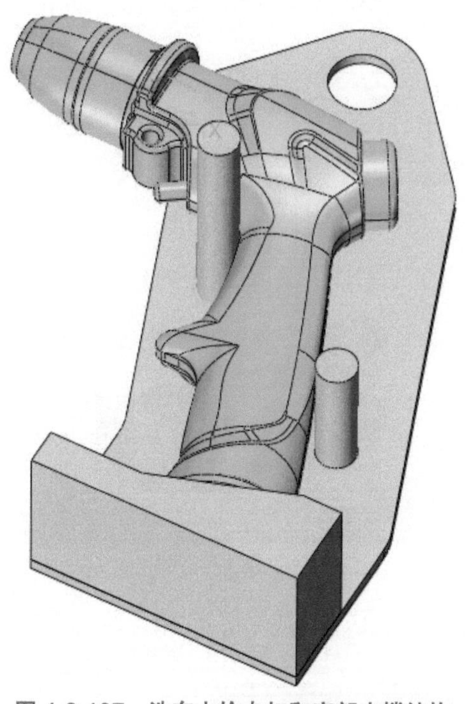

图 4-2-107　洗车水枪卡扣和底部支撑结构

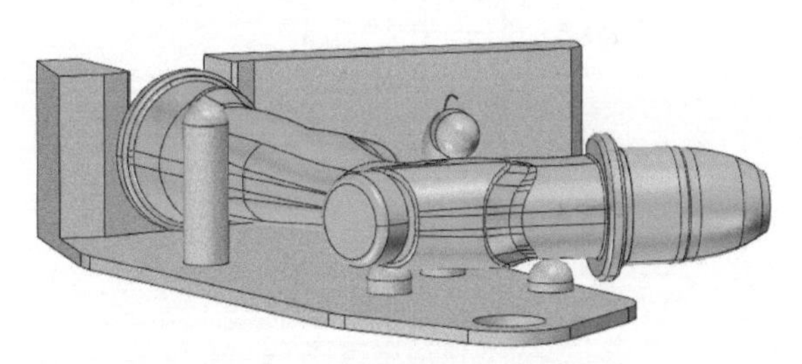

图 4-2-108　洗车水枪支撑点的增加

任务四　洗车水枪、扳机及支架打印与后处理

任务描述

根据“任务二”（对于创新设计过程中对任务二完成的数字模型造成改变的，请以改变后的数字模型为准）、“任务三”完成的数字模型，结合赛场提供的 3D 打印成形设备，配套的设备操作软件和加工耗材等，进行洗车水枪、扳机及支架的 3D 打印成形加工。

向 3D 打印成形设备输入数字模型，选设加工参数，按照要求进行加工。对打印完成的制件进行基本的后处理：打磨、拼接、修补等。剥离支撑材料，对产品各零件进行表面打磨。完成产品装配，零件之间不准粘结。

将打印及后处理完成的产品，装入信封封好。

分值指标分配见表 4-2-3。

表 4-2-3　洗车水枪、扳机及支架的打印与后处理分值指标分配

指标	工艺合理	产品品质	完整性	支撑去除	表面无孔洞
分值	3	2	3	4	3

任务实施

Step 1：启动 UP Studio 软件。

Step 2：载入扳机与支架模型。单击图 4-2-109 左侧选项栏里添加按钮，添加所需模型。

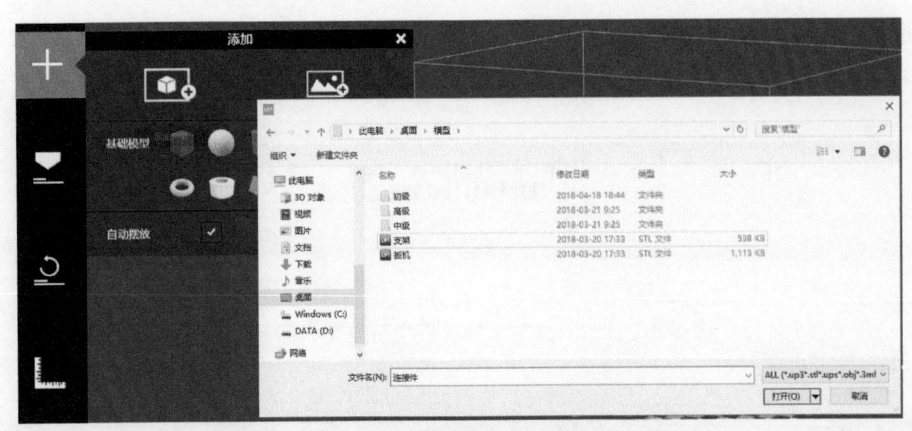

图 4-2-109　载入洗车水枪、扳机及支架模型

Step 3：选择合理的打印方向。模型打印过程中，因摆放角度的不同，会直接影响最后模型的打印效果与打印耗时。综合考虑各方面因素后选择打印方向如图 4-2-110 所示。

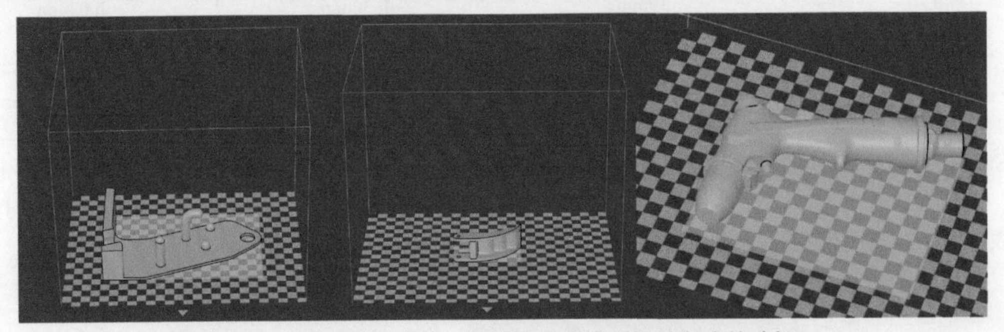

图 4-2-110　洗车水枪、扳机及支架模型摆放角度的选择

Step 4：打印参数设置。

（1）单击打印按钮进行打印参数设置，设置层厚（层厚越薄，打印越精细，耗时越长）选择填充类型（填充越密，强度越高，耗时越长），如图 4-2-111 所示。

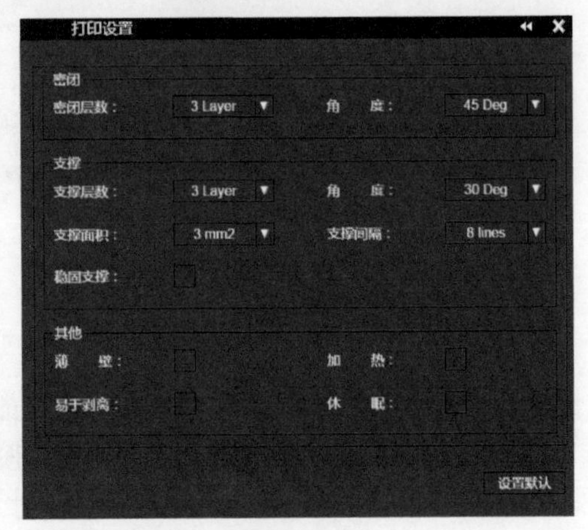

图 4-2-111　洗车水枪、扳机及支架打印参数的设置

（2）打印预览。在打印模型之前，选手可使用打印预览功能来测试和计算模型打印所需要的时间和耗费的材料质量。设置好打印参数，单击【打印预览】按钮。软件将告知选手打印时间与耗费的材料重量，如图 4-2-112 所示。

（3）扳机、支架及洗车水枪采用不同打印层厚打印，所产生的打印耗时变化见表 4-2-4 所示。

图 4-2-112　洗车水枪、扳机及支架打印预览

表 4-2-4　洗车水枪、扳机及支架打印时间与层厚的关系

打印层厚 /mm	扳机打印时间	支架打印时间	洗车水枪打印时间
0.10	1h 22min	9h 1min	8h 52min
0.15	57min	6h 21min	5h 47min
0.20	39min	4h 30min	4h 02min
0.25	27min	2h 54min	2h 23min
0.30	25min	2h 36min	2h 04min
0.35	22min	2h 15min	1h 57min

Step 5：打印后处理。戴上工作手套，从打印机上取下打印工作板，用平口铲从工作板上铲下扳机、支架及洗车水枪模型，使用尖嘴钳去除支撑材料。先用锉刀去掉毛刺，然后用粗砂纸打磨模型外表面，最后用细砂纸打磨细节并用水冲洗干净，如图 4-2-113 所示。

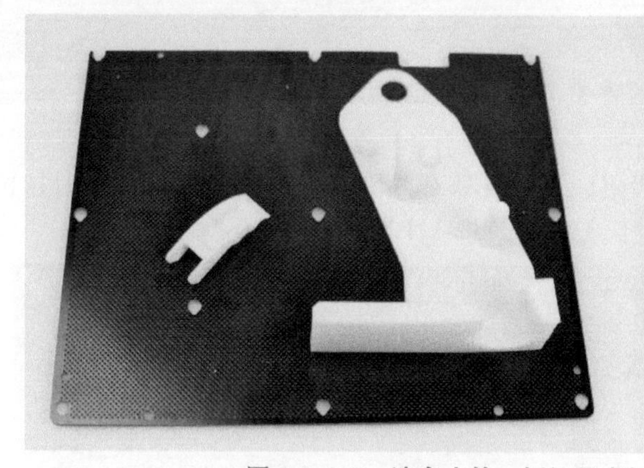
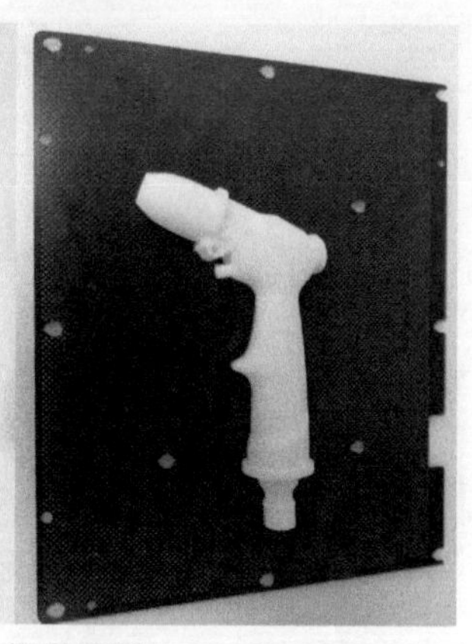

图 4-2-113　洗车水枪、扳机及支架作品效果

任务五　职业素养

职业素养主要考核选手的综合能力指标，如：能规范操作设备；能正确使用工具、量具；能做到安全、文明生产；完成任务时计划性、条理性强，遇到问题时能及时找到应对措施等。

具体要求参见项目一计算机游戏手柄数字化设计与成型中职业素养的要求。

第五篇

创意作品案例篇

本篇以金砖国家技能发展与技术创新大赛 3D 打印造型技术大赛竞赛内容中第一阶段“原创设计阶段”任务为载体，介绍职业能力八项指标在原创设计阶段的应用以及原创设计作品案例。

项目一　原创设计阶段任务分析

1

一、原创设计阶段任务描述

1.“互联网 +”先进制造类方向　各参赛队按照竞赛主题，自行设计和制造参赛作品，要求作品具有完整结构与特定功能。

2.“互联网 +”文化创意类方向　各参赛队按照竞赛主题，自行设计和制造艺术设计、生活用品、装饰摆件和家居装饰类作品；室内设计、空间设计、装修装饰、家居设计、环境艺术、园林设计类作品；角色设计、场景设计、静物设计和游戏道具类作品。

以上两种方向的所有参赛作品应具有一定的创新性与文化表现力，由多个零件组成。组成参赛作品的零部件 80% 以上应为 3D 打印件，鼓励使用先进理论和先进技术进行优化设计。

二、职业能力简介

1. 什么是职业能力　职业能力是指完成工作任务需要采取的行动或策略。其内涵主要体现在以下几方面。

1）人的职业能力只能通过实际行动来获得和发展，即需要通过完成具体真实的任务来培养。

2）职业能力与相应的职业领域是紧密相关的，职业能力的获取不能脱离职业情景。

3）职业能力是人的综合素质的具体体现，其各个能力要素不能被割裂而应作为整体进行综合培养。

4）职业能力强调在完整的工作任务中解决问题，既需要掌握具体的专业知识，又需要具备通用的思考能力。

2. 职业能力八项指标　发达国家职业教育培养目标主要以职业能力来体现，具体来说有以下八项能力指标。

（1）直观性。通过语言或文字描述，利用图样和草图，条理清晰、结构合理地向委托方展示任务结果。

（2）功能性。解决方案要想满足任务要求，实现设计功能是最基本，也是决定性的要求。

（3）使用价值导向。职业行动、行动过程、工作过程和工作任务始终要以顾客为导向，因为委托方的利益代表了工作成果的使用价值。

（4）经济性。职业工作受到经济成本的影响。这是一个专业人员解决实际问题能力高低的体现。在工作中，需要不断估算经济性并考虑各种成本因素。

（5）企业生产和工作过程导向。以企业生产流程为导向的解决方案会考虑与上下游过程之间的衔接，还会考虑跨越每个人工作领域的部门间的合作。

（6）社会接受度。人性化的工作设计与组织、健康保护以及其他超越工作本身的社会因素，如委托方、客户和社会的不同利益的协调。同时也要考虑劳动安全、事故防范以及解决方案对社会环境可能造成的影响。

（7）环保性。环保性对于所有工作过程和生产流程都是一个重要的考核指标。

（8）创造性。创造性是评价解决方案设计空间的一个重要指标。

三、职业能力在原创作品设计案例中的体现

原创设计阶段每支参赛队伍在设计与制作“3D 打印原创作品”以及现场答辩创作过程时，主要是根据职业能力八项指标来进行的。以图 5-1-1 所示的自动化机械手臂为例，从八个方面进行阐释。

1. 功能和结构

（1）功能。本作品是能够模仿人手、臂的某些动作，以固定程序来抓取、搬运物体的自动装置。它采用 PLC 作为主控元件，气缸和步进电动机作为运动元件。

（2）结构。本作品的运动机构是三段活动式关节，第一段为底座关节，第二段为中端关节，第三段为控手关节。这三段关节按照一定规律的组合来进行运动，通过控制电磁阀给气缸通断一定压力的大气，从而控制气缸运动杆的伸缩，继而控制机械手臂的手爪位置，来进行物料抓取工作。共有 8 种组合运动模式。

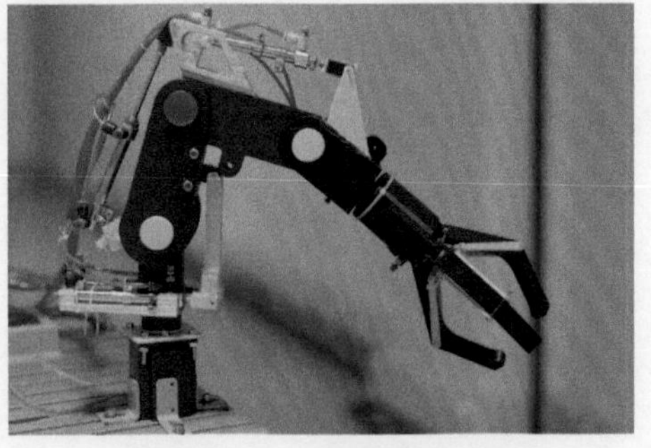

图 5-1-1 自动化机械手臂

底部采用步进电动机作为它的旋转运动件，通过 PLC 内部设定程序，可由人在触摸屏界面改变自变量（旋转角度 × 旋转 1° 所需要的脉冲数）。通过固定算法向步进控制器发送脉冲，从而实现精确位置控制。

2. 使用价值

1）在学校里面可以将其用作教学工具，培养学生的 PLC 编程能力、气动控制能力、位置控制能力。

2）它可自由改装，培养学生的创新能力。

3）在实际生产中，可以作为机床或者自动化生产线上装卸和传递工件的装置。

3. 节约成本

常规机械手由伺服电动机控制，动作精度高，但是需要一整套运动控制模块来操控，成本高且程序往往被厂家垄断，不容易修改。而本作品 80% 以上零部件通过 3D 打印制作，成型速度快、强度高、重量轻，同时采用气缸和步进电动机，使得成本大大降低，且维护方便，程序修改简便，能够实现运动轨迹修改从而用作其他用途，扩展开发性强。

4. 人性化设计　本作品由执行和控制元件组成，有两种工作模式，一种是程序设定工作模式，由 PLC 程序控制，通过传感器定位，按照任务需要进行工作。另一种是调试运行模式，通过工业触摸屏上的控制按钮和 PLC 进行通信，以此来控制机械手的运动，一般用于位置调试。

5. 团队合作　本作品是由团队三人合作完成的。第一人主要负责机械设计及 3D 打印工艺编制，第二人主要负责 3D 打印加工及组装，第三人主要负责 PLC 编程及文档书写。

6. 事故预防　在机械手上误操作导致撞击必然会引起事故，为了防止该类事故的发生，要求本机械手通过 PLC 识别出错误指令以后便不会执行工作，并在触摸屏上反馈提示，复位后，才可正常启动符合要求的运行指令。

7. 环保　本作品机械件采用 3D 打印 PLA（聚乳酸）材料，可自然降解；气缸为标准件，可回收利用；整机运动控制采用 5 个电磁阀加气缸，旋转采用单电动机传动，可做到低功耗运行，在作品可回收基础上做到省电、高效。

8. 创新性　本作品创新点在于设计了多段式组合机械臂，采用连杆式三抓手，可以在运动空间内旋转，进行多角度、多位置抓取物料及搬运工作。其传动采用气缸直接传动，效率高，速度快，位置相对精确。用多组组合来进行运动工作，程序容易修改，结构容易改装，可加装各种传感器从而完成各种不同的作业。

项目二　原创设计作品展示

2

案例 1：IRON MAN 可穿戴式铠甲

案例 2：自动化机械手臂

自动化机械手臂

功　能

本作品是能够模仿人手和臂的某些动作，以固定程序来抓取、搬运物品的自动装置。它采用 PLC 作为主控单元，采用气缸和步进电动机作为运动单元。

结　构

本作品的运动机构是三段活动式关节，分为第一段底座关节，第二段中端关节，第三段控手关节。其中，三段关节以一定规律的组合来进行运动，通过控制电磁阀，来给气缸通断一定压力的大气，从而控制气缸运动杆的伸出缩回，继而控制机械手臂的手抓位置，来进行抓取物料工作。共有 8 种组合运动模式。

使用价值

在学校可以用作教学工具，培养学生的 PLC 编程能力、气动控制能力和位置控制能力。它可自由改装，可以培养学生的创新能力。在实际生产中，可以作为机床或者自动化生产线上的装卸和传递工件装置。

节约成本

本作品 80% 以上采用 3D 打印制作，成型速度快、强度高、重量轻。常规机械手采用伺服电动机控制，其精度高但是需要一整套运动控制模块来操控，成本高，且程序往往垄断在厂家手里，不容易修改。而本作品采用气缸和步进电动机作为运动件，当生产线上需要固定抓取搬运物料时，采用本作品，将会大大降低成本，且维护方便，程序修改简便，即修改运动轨迹从而用作其他用途，扩展开发性强。

个性化设计

本作品由执行单元和控制单元组成，在工作时可有两种工作模式：一种是程序设定工作模式，由 PLC 程序控制，通过传感器定位，按照任务需要进行工作；另一种是调试运行模式，通过工业触摸屏上的控制按钮和 PLC 进行通信，以此来控制机械手的运动，一般用于位置模式调试。

事故预防

在机械手运行时误操作必然会引起事故，机械手可能会撞到其他物体，为了防止这一事故的发生，PLC 识别错误输入后不会执行工作，并在触摸屏上反馈复位后，可正常启动符合要求的运行指令。

环　保

本作品机械件采用 3D 打印 PLA（聚乳酸）材料，可自然降解；气缸为标准件，可回收利用；整机运动控制采用 5 个电磁阀加气缸，旋转采用单电动机传动，可整机做到低功耗运行，在作品可回收基础上做到省电、高效。

创新性

本作品创新点在于设计了多段式组合机械臂，利用连杆式三抓手进行物料抓取工作，可以在运动空间内旋转，进行多角度、多位置抓取物料及搬运工作。其传动采用气缸直接传动，效率高，速度快，位置相对精确。程序容易修改，其结构容易改装，可加装各种传感器从而完成各种不同的作业。

案例3：多层镂空可转动特色玲珑球

案例 4：双驱动自由小车

双驱动自由小车

双驱动自由小车动力来源于镶嵌在棘轮里的涡卷弹簧，两个驱动弹簧可以相互独立运作，也可以同步运作。左边驱动弹簧控制小车直线运动，右边驱动弹簧控制小车曲线运动，使用不同的棘轮、棘爪组合，令小车拥有三种运动模式。小车的主要由齿轮、棘轮、棘爪、轴承、流线型车身及其连接杆和垫片组合而成。小车不仅可以作为展示模型，还因其涉及的知识涵盖了机械、工业造型设计、3D 打印技术等，可以作为一种教学实例模型，丰富学生课堂知识，开拓学生的思维方式。丰富的结构、漂亮的外观使其可以作为一种 3D 打印的展览作品，其独特的设计可以增强观赏性；它还可作为一种装饰摆件，如放在咖啡厅的桌上以及展柜上。将 3D 元素融入日常生活中去，提高对知识领域的学习。小车的优化设计，还能作为大学生毕业设计的一种新方向。

结构简图

实物图

爆炸图

1—直线齿齿轮
2—曲线齿齿轮
3—涡卷弹簧及其外壳
4—车轮
5—连接杆
6—车身及其连接套筒

细节描述

轴承

棘轮棘爪咬合点

涡卷弹簧间隔

涡卷弹簧固定处

车轮细节简图

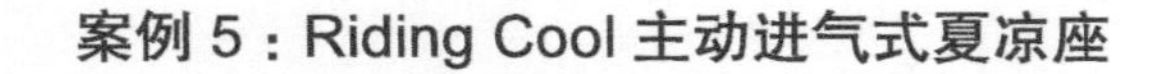

案例 5：Riding Cool 主动进气式夏凉座

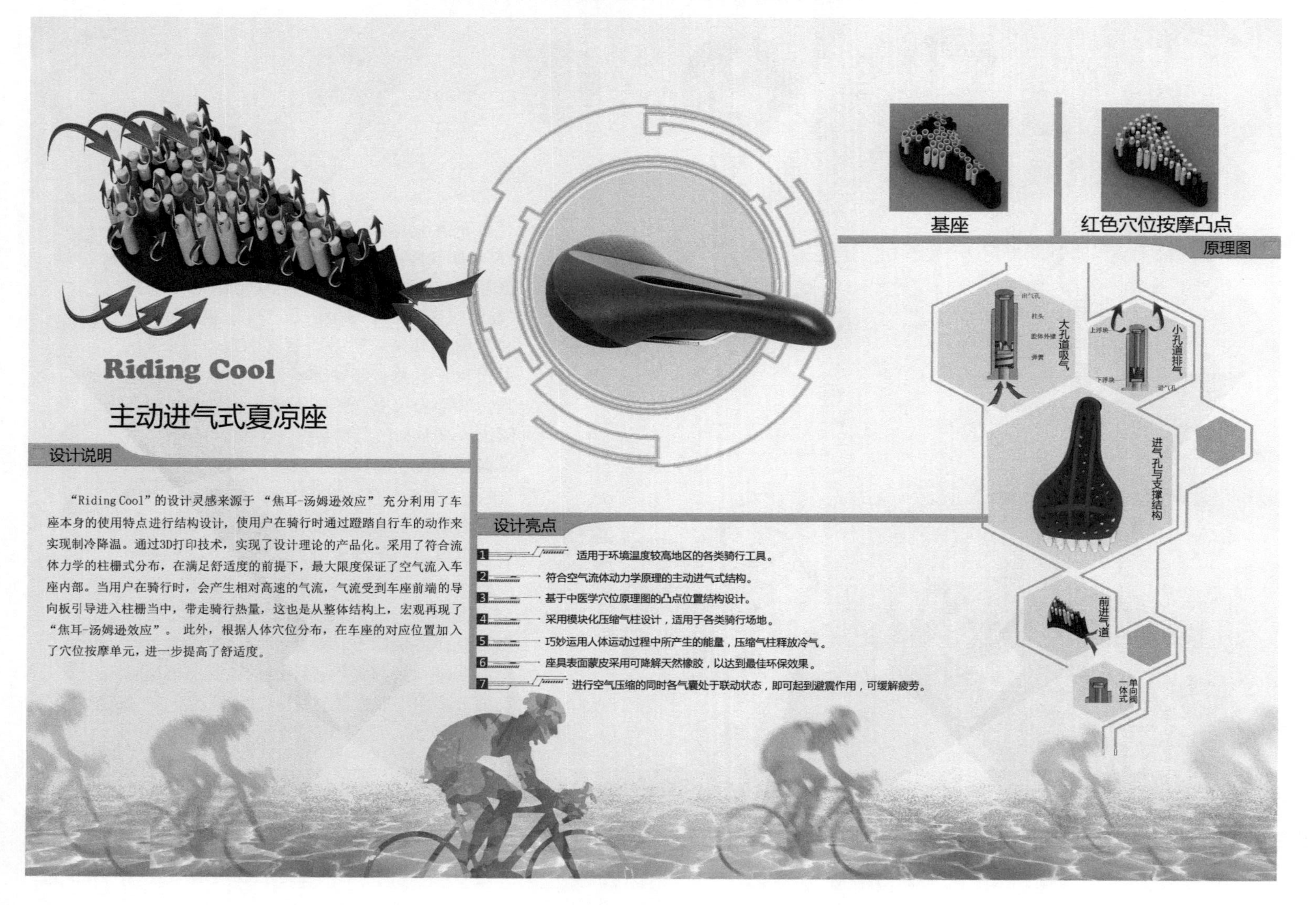

案例 6：茶润金砖

茶润金砖 是为金砖五国的交流定制的一套个性化纪念茶具。以“茶”为主线，通过茶的滋润，体现了丝绸之路活力焕发，滋润金砖各国的发展。
样品制作流程——3D打印（SLA光固化成型）
模型数据准备
模型切片
3D打印
取出成型件
去支撑
清洗
除水分
光固化
打磨
成品
熊猫茶壶
套娃茶罐
茶盘
荷花茶杯
足球茶杯
钻石公道杯
设计创新性：
1. 个性化设计　采用五国标志性元素——中国国宝熊猫、俄罗斯传统工艺品套娃、印度国花荷花、巴西国球足球、南非特产钻石，充分展示了五国的文化特色，具有纪念意义。
2. 包装创新　茶盘上雕刻了五国地理位置。茶具外包装兼具茶盘功能，使包装不再是一次性用品，而具有实用性和观赏价值，体现了低碳环保理念，并且方便携带，体现了人性化的设计。
3. 制作工艺创新　本套茶具为定制茶具，拟采用三维设计→陶泥3D打印→修坯抛光→施釉→烧制的制作工艺，节约成本，有利于个性化的设计（展示品采用光固化3D打印技术制作）。

案例 7：水陆两栖勘探履带车

水陆两栖勘探履带车

功能

水陆两栖履带车在军事和民事领域用途广泛。本作品采用软件设计和3D打印相结合，基于模块化设计的结构可以根据工作任务而改变，不同的无人平台执行不同的任务时加装不同的功能模块，因此对任务与环境的适应性强、易操作、不局限于特定的工作任务。

结构

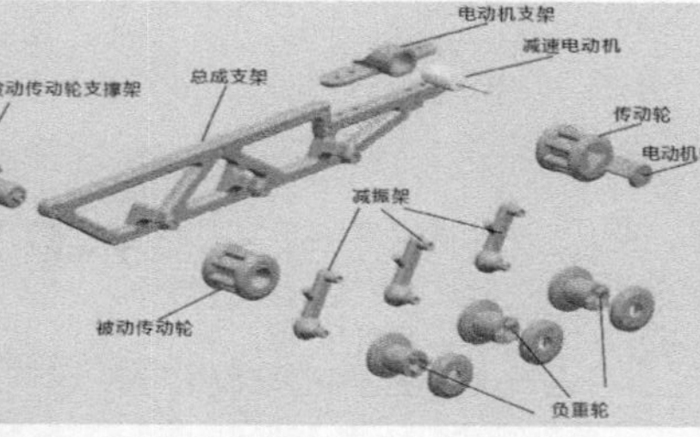

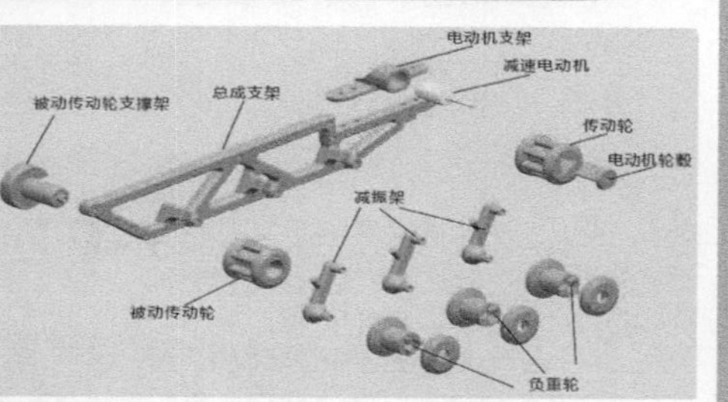

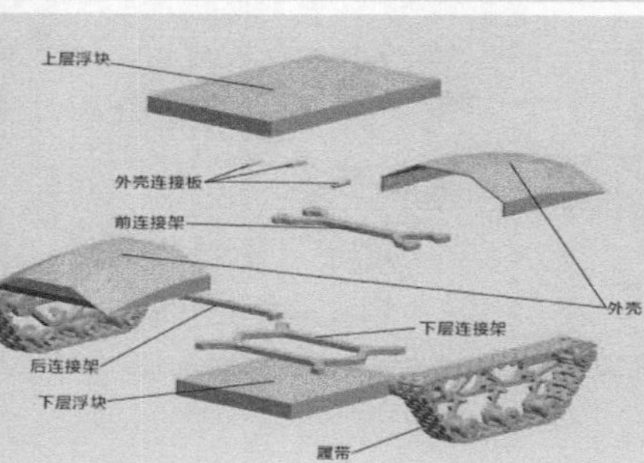

节约成本

- 本作品车体较小，对材料消耗较少。
- 可根据任务的不同来选定适当的电子元件模块，减少负荷。
- 维修和保养成本比较低。
- 本作品采用3D打印技术，制造时间短，工序简单，省时省料。

使用价值

地面无人机动平台作为智能交通系统和未来战斗系统的一个重要组成，在军用和民用两方面都有巨大的应用前景。

环保

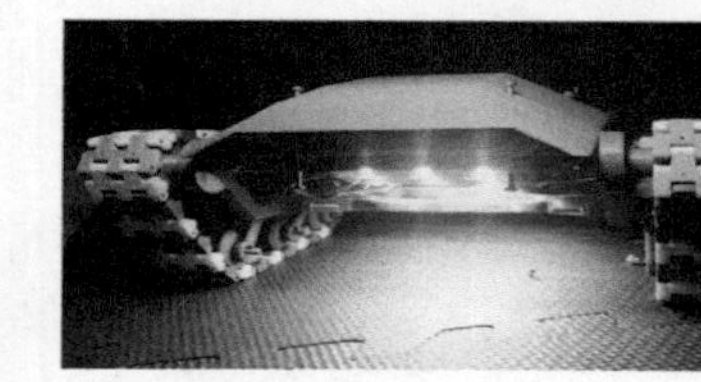

现用的车体材料为PLA（聚乳酸）材料，其具有良好的生物可降解性，不会污染环境。

创新性

随着社会的发展，为了满足军事以及特种作业需求，高新技术装备的发展尤为引人注目，并呈现出向无人化发展的趋势。通过外部挂载不同的功能模块，其可以达到代替人类完成作战、侦察、救护、消防和爆炸物拆除等特种作业。发展无人机动平台能减少人类直面危险的可能，从而减少人员伤亡和资金投入。

案例 8：倾斜拨盘式硬币分类器

案例 9：摩天轮式立体停车库

摩天轮式立体停车库

作品简介

中国目前已成为世界第一汽车大国，停车难也越来越成为城市管理者和有车一族不得不面对的问题。该作品以摩天轮为设计灵感，通过摩天轮的连续式循环运转将车辆的平面停放变为立体停放，大大提高了停车空间的利用率。作品为摩天轮立体停车库模型，实际车库约占地3个小车辆的位置，可停放12辆小中型轿车。车库结构简单，安装方便，可实现车辆自动存取，顶部安装太阳能板，为车库提供电力，绿色环保。车库采用封闭式车厢，避免车辆经受曝晒和雨淋，提高了存放安全性。采用链式传动装置设计，运行时速度稳定、可承载力大。

创新点

1）变平面停车为立体停车，占地少，三个停车位面积可停放12辆车。
2）停车厢内部采用隔热层设计，保证车辆能保持恒温。
3）停车库整体采用组合式设计，便于维修和保养。
4）停车库上端设有太阳能板，利用太阳能为车库系统提供电力，绿色环保。
5）停车库可与小区、商业区建筑相结合，既实用又美观。

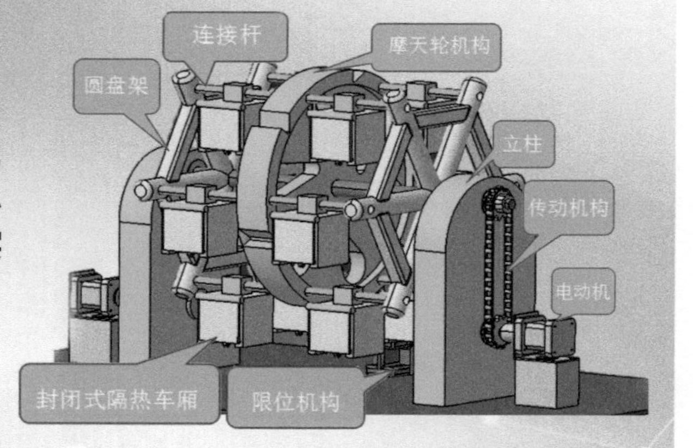

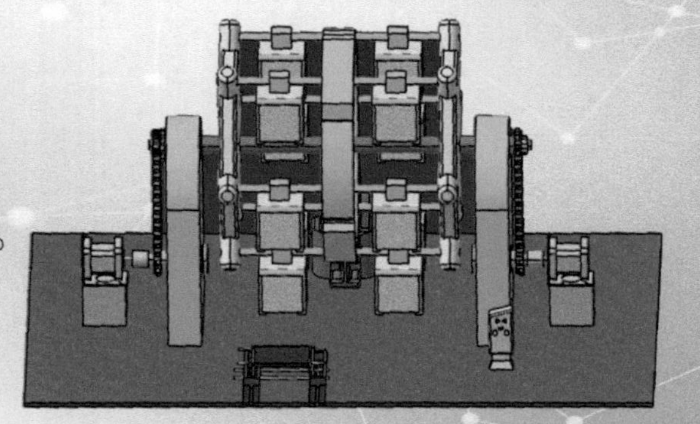

案例 10：盲文日历

盲文日历

作品简介

一、产品设计背景

目前市面上为盲人设计的日历屈指可数，该作品是针对盲人群体及双眼低视力群体所设计的台式日历。盲文日历由表示月份的数字轮，表示十位日期的数字轮，表示个位日期的数字轮和日历支架四个部分组成。盲文日历拼装简单，使用方便，通过转动数字轮可以变更日期。每个数字轮有十二个面，且面上的数字全部采用布莱尔盲文凸点表示，方便盲人群体及双眼低视力群体进行阅读。盲文日历作品不但样式新颖，富有创意，而且轻巧灵便，环保耐用。

二、创作目的及意义

针对盲文日历产品的缺乏，以及纸质盲文日历的不便，我们设计的盲文日历具有以下优势：

1）阅读便捷——每个数字轮有十二个面，且上面的数字全部采用布莱尔盲文凸点表示，方便盲人群体及双眼低视力群体进行阅读。

2）善用空间——与传统台式日历相比，可以节省一定的空间。

3）摆放稳定——底座设计为正方形，不会像传统台式日历一样容易碰倒。

4）环保耐用——与传统纸质日历相比，更加环保，可以重复使用。

5）安装简易——盲文日历由四部分组成，拼装简单。

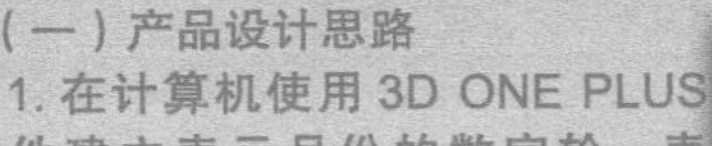

作品设计思路

（一）产品设计思路

1. 在计算机使用 3D ONE PLUS 软件建立表示月份的数字轮，表示十位日期的数字轮，表示个位日期的数字轮的模型，每个数字轮有十二个面，且上面的数字全部彩用布莱尔盲文凸点表示。

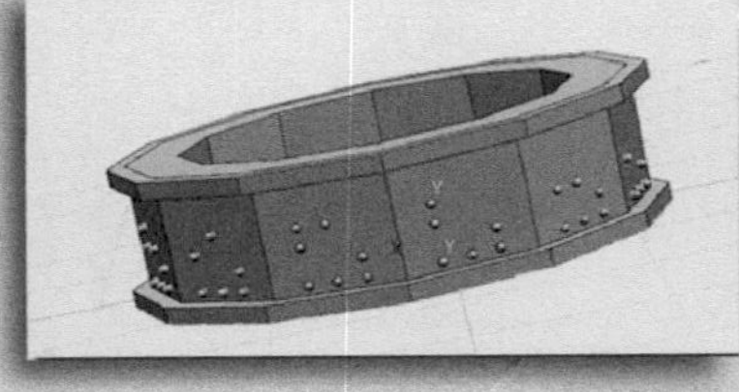

2. 使用 3D 打印机进行模型打印

3. 对作品进行打磨，确保盲文凸点调晰可触摸

4. 将三个数字轮有序地安装在日历支架上

5. 原创盲文日历

（二）产品附加功能

盲文日历除了具有查看日期的使用功能以外，还可以起到装饰居住环境的作用。

案例 11：多功能手摇榨汁机创新设计

Originality

多功能手摇榨汁机创新设计

PRODUCT　DESIGN

设计说明

本设计针对目前市场上手摇榨汁机的缺陷，进行了创新设计，用一个手柄驱动，巧妙利用锥齿轮，将手柄转动分解为两个垂直方向的转动，分别带动刀片旋转和螺旋锥杆转动，同时实现搅碎、榨汁两种功能，使手动榨汁操作变得更加简单省力。

创新点

本作品设计了搅碎功能部件，其拆卸安装简单方便，可根据实际需要增加或去除。

细节展示

刀片

传动装置

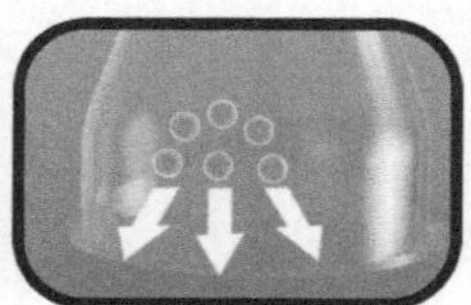

出汁孔

分解图

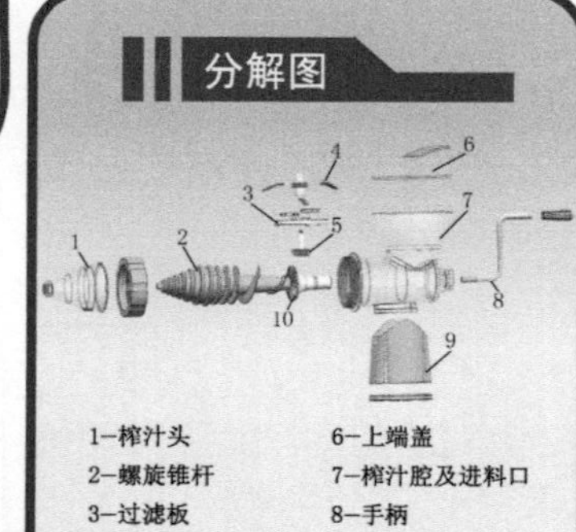

1—榨汁头
2—螺旋锥杆
3—过滤板
4—刀片
5—从动轮
6—上端盖
7—榨汁腔及进料口
8—手柄
9—底座
10—主动轮

案例 12：智能饭盒

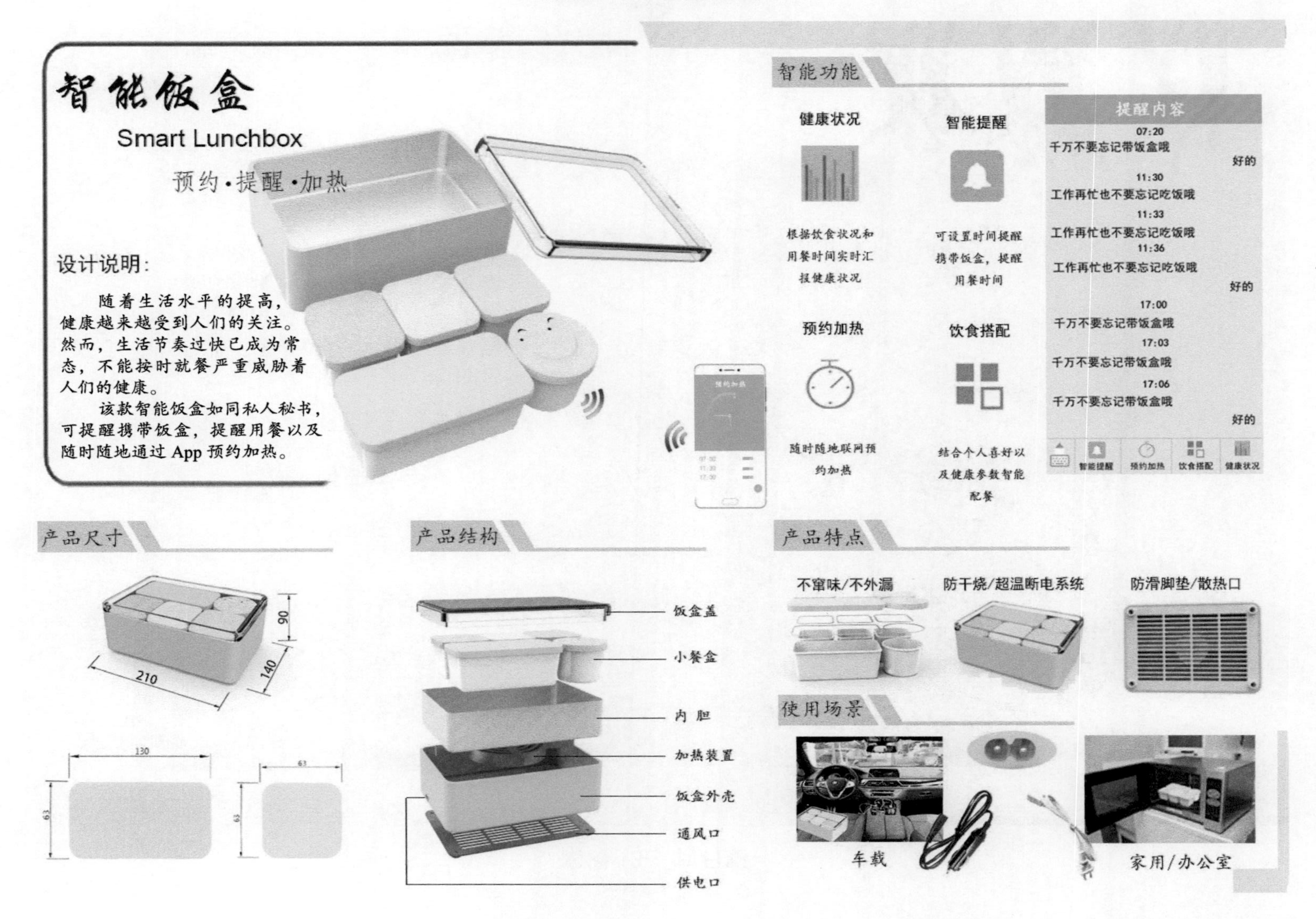
智能饭盒
Smart Lunchbox
预约·提醒·加热
设计说明：
随着生活水平的提高，健康越来越受到人们的关注。然而，生活节奏过快已成为常态，不能按时就餐严重威胁着人们的健康。
该款智能饭盒如同私人秘书，可提醒携带饭盒，提醒用餐以及随时随地通过 App 预约加热。
智能功能
健康状况
根据饮食状况和用餐时间实时汇报健康状况
智能提醒
可设置时间提醒携带饭盒，提醒用餐时间
预约加热
随时随地联网预约加热
饮食搭配
结合个人喜好以及健康参数智能配餐
提醒内容
07:20
千万不要忘记带饭盒哦
好的
11:30
工作再忙也不要忘记吃饭哦
11:33
工作再忙也不要忘记吃饭哦
11:36
工作再忙也不要忘记吃饭哦
好的
17:00
千万不要忘记带饭盒哦
17:03
千万不要忘记带饭盒哦
17:06
千万不要忘记带饭盒哦
好的
智能提醒
预约加热
饮食搭配
健康状况
产品尺寸
90
140
210
130
63
63
63
产品结构
饭盒盖
小餐盒
内 胆
加热装置
饭盒外壳
通风口
供电口
产品特点
不窜味/不外漏
防干烧/超温断电系统
防滑脚垫/散热口
使用场景
车载
家用/办公室

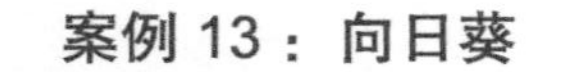

案例 13：向日葵

积极
向上
向日葵
盛开的向日葵又何曾不像我们的青春呢？它们热情活泼，既充满着活力，象征着我们激情飞扬的青春，又象征着我们朝气蓬勃勇往直前的信心

案例 14：“壁虎”杯

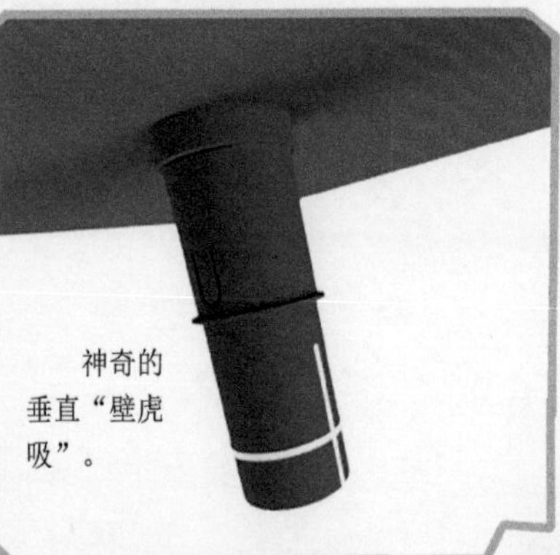

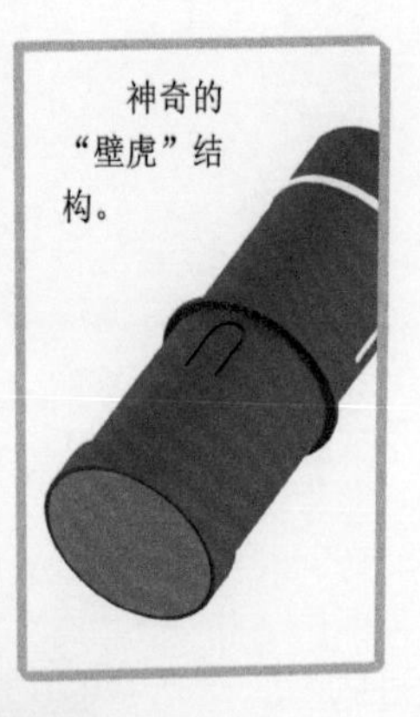

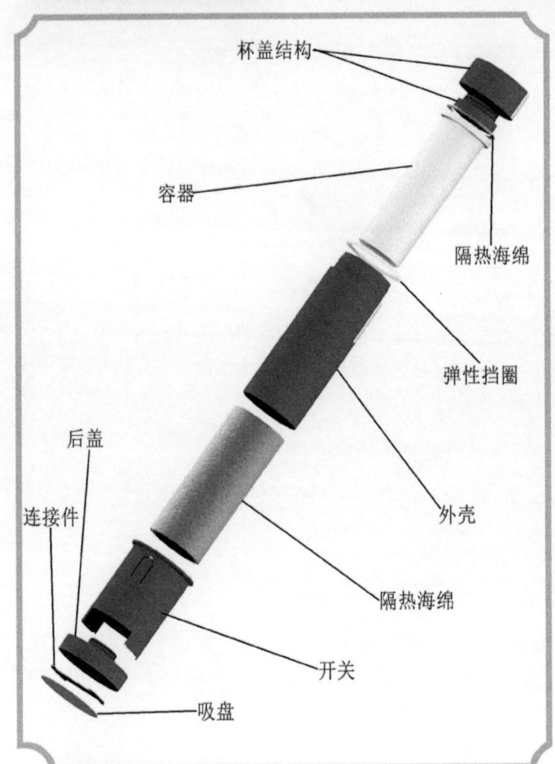

高效保温“壁虎”杯

本产品为一种创新性保温杯，共有 11 个零件。高为 250mm，直径为 50mm。本产品的设计内容包括产品外观、结构优化、保温系统创新以及“壁虎”结构设计。“壁虎”结构可使杯子实现任意角度的“不倒”，可控制开与关，操作简单。产品外观设计让人产生一种水溢出来的视觉感。产品结构设计使其强度更好，成本低。本产品保温系统在真空的基础上加了隔热海绵，达到三层保温以及防烫。

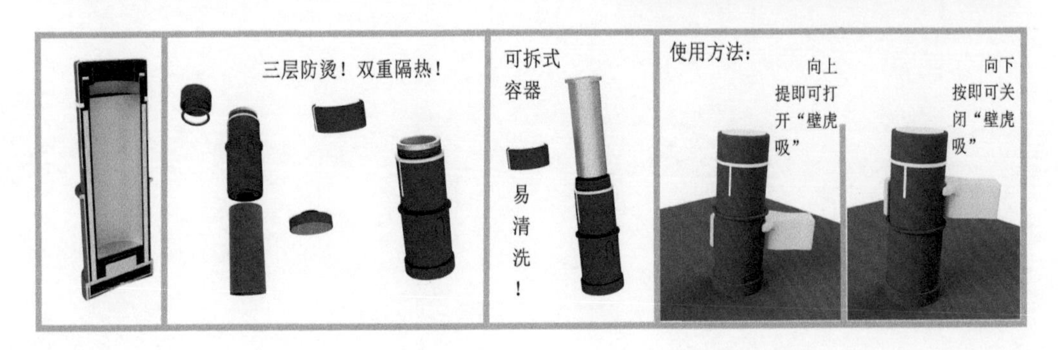